AF523471

Roberto Cambursano
Martin Gut

Tram-Enzyklopädie

Geschichte und Technik der Strassenbahn

EK-Verlag

Impressum

Titelbilder

Oben links: Erstes Pferdetram, das ab 1832 auf der „New York and Harlem Railroad" (USA) kommerziell eingesetzt wurde, Abbildung aus: „Wonders of the railways" von W.S. Kenedy, Verlag Griggs & Co., Chicago 1884
Oben rechts: Ce 2/2 176 und C2 455 der Verkehrsbetriebe Zürich (VBZ) bei der Kalkbreite in Zürich (Schweiz), 2009, Aufnahme: Christoph Wehrli
Unten links: T3 7715 und 7704 auf Linie 4 in Bratislava am Donau-Ufer unterhalb der Burg, 19. Mai 2012, Aufnahme: Stefan Göbel
Unten rechts: Dieselelektrischer Zweisystem-Stadtbahn-Gelenkwagen 436 vor dem Hauptbahnhof Chemnitz, 4. Dezember 2016, Aufnahme: Stefan Göbel

Rückseite

Oben: Tw 5129 und 1561 an der Endhaltestelle Bignami in Mailand (Italien), 1981, Aufnahme: Richard Gerbig
Unten: PCC 2267 ex Kansas City bei SEPTA Philadelphia, April 1982, Aufnahme: Hanspeter Schäppi (Sammlung Richard Gerbig)

ISBN 978-3-8446-6866-7

Bearbeitung, Gestaltung und Bildbearbeitung: Stefan Göbel

Unser Gesamtverzeichnis erhalten Sie kostenlos unter Telefon 0761-70 310 0 oder unter service@eisenbahn-kurier.de

EK-Verlag

Inhalt

Die Autoren

△ Roberto Cambursano AUFNAHME: PRIVAT

Roberto Cambursano, von Beruf Verkehrsingenieur, wurde 1955 in Turin (Italien) geboren. 1981-2016 arbeitete er für die Verkehrsbetriebe Turin (GTT) in verschiedenen Funktionen, u.a. als für den Fahrbetrieb und die kommerzielle Leitung zuständiger Direktor. Er war auf nationaler und internationaler Ebene Mitglied von Kommissionen und Arbeitsgruppen verschiedener Körperschaften (u.a. des Internationalen Verbandes für öffentliches Verkehrwesen, UITP) und Referent bei Zusammenkünften und Seminaren, die insbesondere den Trambetrieb zum Gegenstand hatten. 2013-2019 war er Delegierter der Turiner Sektion des italienischen Ingenieurverbandes (CIFI). Roberto Cambursano interessiert sich seit sehr langem für Verkehrsfragen, vor allem für die Strassenbahn. In Zusammenarbeit mit dem GTT hat er den Turiner Tramverein (ATTS) gegründet, dessen Präsident er seit 2005 ist. Seit seiner Pensionierung widmet er sich der historischen Erforschung des Verkehrsmittels Tram und verfasst diesbezügliche Bücher und Artikel.

△ Martin Gut AUFNAHME: PRIVAT

Martin Gut wurde 1947 in Zürich (Schweiz) geboren. Er unterrichtete Französisch und Italienisch während 29 Jahren an Schulen mit Maturitätsabschluss. In der Freizeit erledigt er Übersetzungen für einen bekannten schweizerischen Eisenbahnfahrzeug- und Tramhersteller, schreibt Artikel für Bahnzeitschriften und betreibt Modellbau. Ferner ist er Aktivmitglied des Vereins Trammuseum Zürich und arbeitete bis zu seiner Pensionierung als Schaffner, Stationsvorstand und Fahrzeugführer bei der Westschweizer Museumsbahn Blonay–Chamby.

Vorwort zur deutschen Ausgabe

In den Zehnerjahren dieses Jahrhunderts existierte kein Buch, das die Geschichte und die Technik der Strassenbahn weltweit und aktualisiert zum Gegenstand hatte. Deswegen entschloss sich Roberto Cambursano, diese Lücke mit dem auf Italienisch geschriebenem Buch „Un mondo di tram, storia e tecnica“, 2017, Verlag Alzani, Pinerolo (TO), zu stopfen.

2018 lernte Martin Gut anlässlich eines Besuches der Mitglieder des Tramclubs „Associazione Torinese Tram Storici“ im Trammuseum Zürich dessen Präsident, Roberto Cambursano, kennen. Sein Buch „Un mondo di tram, storia e tecnica“ weckte sein Interesse, weshalb er dem Autor eine Ausgabe des Textes auf Deutsch vorschlug, da in den deutschsprachigen Ländern das Interesse für das Tram wegen der zahlreichen Strassenbahnbetriebe gross ist.

Die vorliegende Version ist Frucht einer sehr interessanten und intensiven Zusammenarbeit. Das allgemeinverständlich geschriebene Buch wendet sich sowohl an Tramfans wie auch an Techniker denen es als Kompendium dienen kann. Es ist eine um neue Kapitel stark erweiterte Ausgabe, die mit zahlreichen, noch nicht veröffentlichten Aufnahmen und den weltweit neuesten Entwicklungen ergänzt wurde.

Im ersten Teil des Buches wird die Geschichte und die Technik des Transportsystems Strassenbahn weltweit geschildert, in chronologischer Abfolge von 1832 bis heute.

Der zweite Teil hat den Charakter einer eigentlichen „Tramenzyklopädie“: Die Tabellen im Anhang B enthalten aktualisierte Eckdaten sämtlicher Tramnetze. Nach Fachausdrücken und Städten gegliederte Sachregister erleichtern die Suche nach Informationen.

Das System Strassenbahn mit all seinen Aspekten (Betriebsarten, Gleisbau, Stromversorgung, Fahrzeuge etc.) ist derart vielfältig, dass es schlicht unmöglich ist, in einem Buch alle Eigenheiten detailliert zu schildern. Die Autoren mussten sich deshalb eine gewisse Beschränkung auferlegen. Gleichwohl bietet das Buch eine grosse Zahl Informationen, die den Leser interessieren dürften. Für weiterführende Informationen sei auf die Bibliographie verwiesen.

Im Vergleich zur Erstausgabe wurden gewisse italienische, für den heutigen Stand der Tramtechnik zum Teil massgebende Entwicklungen zugunsten anderer, insbesondere im deutschen und englischen Sprachgebiet realisierten Fortschritte, geringfügig redimensioniert.

In den deutschsprachigen Ländern werden teilweise abweichende Wörter für den gleichen Begriff verwendet: In Deutschland zum Beispiel „Betriebshof“ für das Gebäude, in dem eine „Strassenbahn“ (oder eine „Bahn“) über Nacht abgestellt wird, dieweil in der Schweiz ein „Tram“ (sächlich) in einem „Depot“ übernachtet". Um diesen sprachlichen Realitäten gerecht zu werden, haben wir uns bemüht, die in den Ländern üblichen Termini abwechselnd zu verwenden und mit der Formulierung der Sätze allfällige Zweifel über deren Bedeutung auszuräumen.

Unser herzlichster Dank gilt unter anderem Richard Gerbig (Zürich), Andreas Hotz (Zürich), Urs Leemann (Zürich), Leo Sullivan (Boston) und Sergio Viganò (Mailand). Sie haben uns mit ihrem vielseitigen Wissen sehr unterstützt. Ganz besonders freuen wir uns über die sehr konstruktive Mitarbeit von Stefan Göbel vom EK-Verlag, der mit seinem umfassenden Wissen und seiner sehr positiven Haltung gar manche Ergänzung zum Text beigesteuert hat. Zudem hat er viele gute Fotografien zur Verfügung gestellt.

Roberto Cambursano und Martin Gut, Oktober 2022

Einleitung

Von allen Verkehrsmitteln erfreuen sich seit jeher diejenigen, welche auf Schienen verkehren, der Sympathie von vielen Leuten. Wir überlassen es den Soziologen und den Psychologen herauszufinden, warum dem so ist. – Dieses Buch beschäftigt sich nicht mit der Eisenbahn, sondern mit deren kleinen Schwester: der Strassenbahn.

In städtischen Gebieten hat ein Tramnetz den Charakter eines eigentlichen Rückgrats des Verkehrs, das im Verlauf der Jahre anwächst und den örtlichen geschichtlichen Wechselfällen unterliegt. In vielen Städten haben Tramwagen Generationen von Fahrgästen jeglichen Alters befördert, und in jenen, welche den Trambetrieb nie aufgegeben haben, ist diese Beförderungsart etwas Spezielles; sie gehört zum Kulturgut, sie hat in manchen Fällen einen mit dem Stadtnamen verbundenen Kultstatus (als Beispiele seien je eine Stadt auf vier Kontinenten erwähnt: Lissabon, San Francisco, Hongkong sowie Melbourne).

Das Tram hat wie die Eisenbahn heute eine fast zweihundertjährige Geschichte hinter sich: Der erste, öffentliche Personenverkehr auf Schienen in einer Stadt wurde 1832 in New York aufgenommen. Von Pferden gezogene Wagen verkehrten in vielen Städten zuhauf schon in der ersten Hälfte des 19. Jahrhunderts. Danach erfolgte der Übergang zum elektrischen Tram, das Anfang des 20. Jahrhunderts eine goldene Zeit erlebte, die durch fortlaufende Netzerweiterungen und technische Neuerungen charakterisiert war.

Die Strassenbahn war in der ersten Hälfte des letzten Jahrhunderts der wichtigste Verkehrsträger sowohl des Stadtverkehrs wie auch auf den Verbindungen zu den umliegenden Vororten und Nachbarstädten in den Agglomerationen. Dann aber löste die in Amerika beginnende und nachher auf Europa überschwappende Motorisierung der Bevölkerungsmassen eine eigentliche, schwere „Existenzkrise“ aus: Es verbreitete sich die Überzeugung, dass das Tram ein veraltetes, langsames und lärmiges Verkehrsmittel sei, das den von ihm belegten Platz dem nunmehr fast für alle erschwinglichen Automobil abzutreten habe; weniger begüterte Zeitgenossen konnten ja den „moderneren“ Autobus benützen. Deswegen wurden nunmehr in vielen Fällen sowohl das Gleisnetz wie auch die Fahrzeuge nicht mehr unterhalten oder erneuert, was die Überzeugung, die Strassenbahn müsse beseitigt werden, weiter verstärkte und in den 1950er und 1960er Jahren zur Einstellung einer sehr grossen Zahl von Trambetrieben führte. Bald aber zeigte der rasant zunehmende Motorisierungsgrad die Grenzen des mit dem Auto verbundenen Mythos auf: immer mehr Staus, immer gravierender werdende, nicht mehr tolerierbare Luftverschmutzung. Dann aber, wie ein Wink des Schicksals, wirkte die Ölkrise in den 1970er Jahren als Katalysator für eine neue, Umweltproblemen zugängliche Haltung, die dem schienengebundenen Verkehr eine neue Zukunft ermöglichte.

Die „Wiedergeburt“ der Strassenbahn in moderner Form ging von Europa aus und weitete sich auf den Rest der Welt aus; es ist dies eine Entwicklung, die heute noch weitergeht. Die Ansicht, dass Strassenbahnen auf Strecken mit genügender Nachfrage in Ergänzung zu Untergrundbahnen und Bussen ein ideales Verkehrsmittel sein können, setzte sich durch. Neuzeitliche Tramwagen mit elektronisch geregeltem Antrieb sind um einiges länger als die Wagen der Pionierzeit; sie können mit nur einem Angestellten eine grosse Anzahl Fahrgäste weit komfortabler als Pneufahrzeuge befördern. Verkehrt das Tram auf einem eigenen Gleiskörper und erhält es an Kreuzungen mit dem Individualverkehr den Vortritt, kann es eine vergleichsweise hohe kommerzielle Geschwindigkeit erreichen und den Fahrplan problemlos einhalten. Neuzeitliche Tramwagen sind lärmarm und dank Niederflurbereichen barrierefrei zugänglich.

Zurzeit entstehen immer noch neue Tramnetze; es sind keine Anzeichen dafür da, dass diese Entwicklung aufhören wird. Bald wird es weltweit mehr als 450 Trambetriebe geben; schon heute beträgt deren Länge fast 18.000 km. Es ist deshalb nicht verfehlt, festzustellen, dass das „alte“ Tram nicht nur lebendiger und aktueller als je zuvor ist, sondern dass es ihm als ökologischem Transportsystem gelungen ist, die Rolle als Protagonist, die es vor einem Jahrhundert hatte, wieder einzunehmen, und eine sehr gute Antwort auf die Mobilitätsanforderungen der heutigen Zeit ist.

1 Tram: Wortherkunft und Definitionen

Ein Tram ist ein leichtes Schienenfahrzeug für die Beförderung von Personen, aber auch von Gütern, das im Strassenraum verkehrt und deshalb den Bestimmungen des Strassenverkehrsgesetzes unterstellt ist. Im Unterschied zu Eisenbahnfahrzeugen verkehrt es „auf Sicht“, d.h. der Wagenführer muss das Tram so führen, dass er es im Gefahrenfall sicher anhalten kann.

Belege für das Wort „Tram“ mit der Bedeutung „System für den Transport von Materialien auf Schienen in englischen Minen“ finden sich gegen Ende des 18. Jahrhunderts. Das Wort ist eine Verkürzung des englischen Worts „tramway“, das sich aus „tram“ (ein sehr altes Wort nordgermanisch-skandinavischer Herkunft) und „way“ (Weg) zusammensetzt und in der zweiten Hälfte des 19. Jahrhunderts gebräuchlich wurde. Gemäss der glaubwürdigsten Interpretation ist die ursprüngliche Bedeutung des Wortes „Tram“ ein „Gegenstand aus Holz“, d.h. im vorliegenden Fall die Schwellen, auf denen Schienen verlegt sind. [1] Seltsamerweise legt das Wort „railway“ (Schienenweg) für Eisenbahngleise das Gewicht auf die Schienen, nicht die Schwellen (Tramschienen sind zwar zumeist im Strassenbelag eingelassen, werden aber wie Eisenbahngleise von Spurhaltern oder Schwellen zusammengehalten). Eine weitere These erfreut sich noch einer gewissen Anhängerschaft, obwohl sie von Quellen der Universität Oxford nicht anerkannt wird: Im 1857 erschienenen Buch „The Life of George Stephenson, railway engineer“ leitet der Autor Samuel Smiles das Wort „tram“ vom Familiennamen des Unternehmers Benjamin Outram ab, der 1793 eine kurze Überlandstrecke für den Kohlentransport zwischen Derby und Little Eaton mit Pferdetraktion eröffnet hatte. Diese Art von Transportmittel sei als „Outram-Way“ bekannt gewesen und später verkürzt als „tramway“ bezeichnet worden. Die Kurzform „Tram“ wird in ganz Europa und in den mit dem Kontinent kulturell verbundenen Staaten neben der offiziellen Bezeichnung (in Frankreich „tramway“, in Spanien „tranvìa“, in Italien „tram“ für das Fahrzeug und „tranvia“ für die Strassenbahnlinie, in Deutschland „Strassenbahn“) verwendet. In Amerika ist der Begriff „streetcar“ (= auf einer Strasse verkehrender Wagen) oder umgangssprachlich „trolley“ verbreitet (abgeleitet von „trolley pole“, Stromabnehmerstange, zusammengesetzt aus „trolley“ = Kontaktrolle und „pole“ = Stange), dieweil der Ausdruck „tramway“ für Standseilbahnen verwendet wird. Unter „street railway“ wird dort das Transportsystem verstanden.

Der Begriff „Fahrbahn“ umfasst wie bei der Eisenbahn die Schienen und die Schwellen aus Holz, Stahl oder Beton, wobei das Gleis in den Strassenoberbau integriert oder auf Eigentrasse vom Strassenverkehr getrennt verlegt ist.

Man unterscheidet zwei Typen von Schienen: Auf Eigentrassestrecken werden wie bei der Eisenbahn Schienen mit pilzförmigem Kopf verlegt (sogenannte Vignoles-Schienen), während im Strassenkörper Rillenschienen (Phoenix-Schienen) verwendet werden. Die darauf laufenden Räder haben eine Lauffläche, welche das Gewicht der Fahrzeuge auf die Schienen überträgt, und einen Spurkranz, der das Fahrzeug auf dem Gleis „hält“. Die Spurkränze berühren den Boden der Spurrille nicht. Bei Weichen und Kreuzungen sind ausser in Deutschland die Spurrillen etwas weniger tief, damit die Spurkränze zur Vermeidung von Schlägen auf den Rillenböden laufen. Der Begriff „Spurweite“ bezeichnet die Distanz zwischen den Innenseiten der beiden Schienen. Die Ende des 19. Jahrhunderts festgelegte internationale Spurweite (Normalspur) beträgt 4 Fuss und 8,5 Zoll (1435 mm); sie wurde vom berühmten Lokomotivbauer George Stephenson eingeführt und soll auf den Abstand der Spurrillen in den Strassen zur Zeit der Römer zurückgehen: Diese Spurweite ermöglichte es dem Pferd, bequem und ohne über die anfänglich verwendeten Schienen zu stolpern, den Wagen, dem es vorgespannt war, zu ziehen. Sowohl bei Tram- wie Eisenbahnbetrieben gibt es zahlreiche, von der Normalspur abweichende Spurweiten: Sie reichen von der Schmalspur (im Allgemeinen 1000 mm) bis zur Breitspur in Russland und den umgebenden Ländern (1524 mm) oder Spanien (1668 mm). Kleine Abweichungen von der Normalspur finden sich bei den Trambetrieben von Turin, Mailand und Rom, wo die ursprünglich bei den italienischen Bahnen übliche Spurweite von 1445 mm verwendet wird, aber auch in deutschen Städten: Dresden 1450 mm, Leipzig 1458 mm. In Amerika findet sich die Spurweite 1581 mm in Philadelphia, 1588 mm in Pittsburgh und New Orleans. Die japanischen Städte Tokyo und Hakodate haben 1372 mm Spurweite; es gibt aber auch noch andere, weniger verbreitete Spurweiten.

Ein Tramwagen besteht aus einem oder mehreren miteinander mit Gelenken verbundenen Wagenkästen, die sich über Federn auf Fahrwerke abstützen, in denen die Triebmotoren und die Räder aus Stahl untergebracht sind, welche das Tram auf den Schienen führen. Im Laufe der Entwicklung der Tramwagen kam man vom einfachen, kurzen Wagen mit zwei fest im Rahmen gelagerten Achsen zu zweiachsigen Drehgestellen, die durch Drehzapfen mit dem Wagenkasten verbunden sind und das Befahren von sehr engen Radien mit geringem Verschleiss ermöglichen. In neuerer Zeit gelangen bei Niederflurtramwagen Einzelrad-Radsätze oder Einzelrad-Einzelfahrwerke (EEF) oder auch Radsätze mit sehr kleinem Raddurchmesser zum Einbau.

Ein Mittelding zwischen starr im Rahmen gelagerten Achsen und herkömmlichen Drehgestellen sind Fahrwerke, die nicht mittels Drehzapfen mit dem Wagenkasten verbunden, sondern mittig darunter angeordnet und mit ihm lediglich durch die Aufhängung verbunden sind. Sie können sich nur beschränkt auslenken (Beispiele: Flexity2, Citadis X05, Tramlink). Wie bei den starr im Rahmen gelagerten Radsätzen ist bei diesen Fahrwerken der Verschleiss der Bandagen und Schienen im Vergleich zu herkömmlichen Drehgestellen um einiges grösser.

Für den Antrieb wurden früher wie erwähnt Pferde, dann Dampfkraft oder Druckluft verwendet; heute ist allgemein Gleichstrom mit 600-750 Volt Spannung üblich. Der Strom wird normalerweise von einer Fahrleitung abgenommen, dieweil die Rückführung über die Schienen bewerkstelligt wird. Seit einiger Zeit finden auch fahrleitungslose Systeme Anwendung, bei denen die Speisung durch Leiter, die in einen mittig zwischen den Schienen angeordneten Kanal montiert sind, oder mit im Fahrzeug untergebrachten Akkumulatoren erfolgt. Im letzteren Fall können die Akkumulatoren mit Su-

[1] Im Zürichdeutschen existiert das Wort „Trämel“ = behauener Balken.

percaps (Superkondensatoren) kombiniert werden, die an gewissen, mit Ladestationen ausgerüsteten Haltestellen schnell nachgeladen werden können.
Wie bei den Eisenbahnen kann ein Tram aus einem ein- oder mehrteiligen Fahrzeug oder mehreren Fahrzeugen bestehen (Motorwagen plus nicht motorisierte Anhängewagen oder mehrere Motorwagen). Werden zwei oder mehrere Triebfahrzeuge vom Führerstand des ersten Wagens aus gesteuert, spricht man von Vielfach-, Mehrfach- oder auch – fälschlicherweise – von Doppeltraktion (= beide Führerstände besetzt).
Wie bereits erwähnt, ist die Beförderungskapazität einer städtischen Strassenbahn oder einer (nunmehr seltenen) interurbanen Tramlinie geringer als diejenige einer Vollbahn. Zudem ist der Schutz gegen Kollisionen mit Fahrzeugen des individuellen motorisierten Verkehrs schlechter als bei der Eisenbahn, selbst wenn die Geleise grundsätzlich von der Strasse getrennt sind (ausser bei Kreuzungen mit dem Individualverkehr). Moderne Tramlinien werden heute gerne als „LRT=Light Rail Transit“ bezeichnet (wörtlich übersetzt „Leichtschiene“ [Transport]), um den Unterschied zu den schwerfälligeren (im umfassenden Sinn des Wortes) Eisenbahn- oder Untergrundbahnen hervorzuheben. Es sei darauf aufmerksam gemacht, dass die heutigen „Leichtbahnen“ oder „Stadtbahnen“ sehr unterschiedlich konzipiert sind: vom Einzeltriebwagen, der wie seine Vorgänger den Strassenraum mit den andern Benützern teilen muss, bis zu Gelenkwagen in Vielfachtraktion, die auf ausschliesslich für sie vorgesehenen Streckenabschnitten (z.T. sogar in Tunneln) und mit Priorität bei Kreuzungen mit Strassen verkehren. In Deutschland wird für solche Strecken das Wort „Stadtbahn“, in Frankreich „Prémétro“ und in Italien „Metrotranvia“ verwendet. Noch eisenbahnähnlicher sind die Tram-Train-Betriebe, bei denen die Tramwagen sowohl innerstädtisch wie auch auf eigentlichen Eisenbahnstrecken verkehren (vgl. dazu das Kapitel 11).

2 Erste öffentliche Verkehrsmittel in Städten (vor 1880)

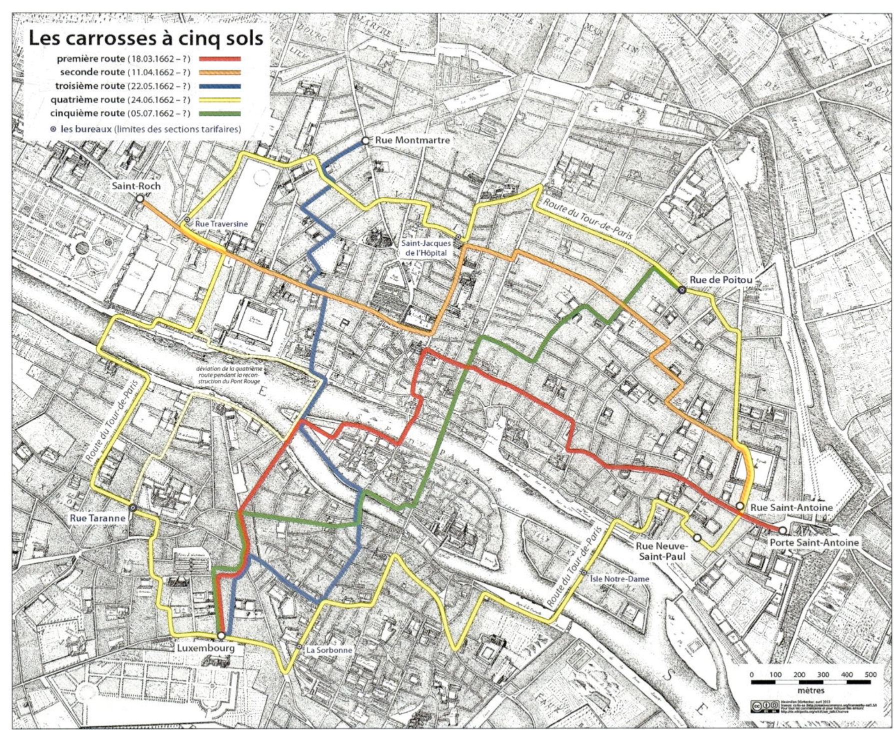

△ **Bild 2.1** • Streckennetz der fünf Linien der „Carrosses à cinq sols", die in Paris (Frankreich) ab 1662 während 15 Jahren in Betrieb waren Abbildung: Chumwa, 2013, Lizenz: Creative Commons Attribution-Share Alike 2.5 Generic (CC BY-SA 2.5)

Vor der Strassenbahn für den öffentlichen Personenverkehr eingesetzte Fahrzeuge

Bis ins 19. Jahrhundert war das Pferd das Traktionsmittel schlechthin für den Strassenverkehr, weshalb es in der ersten Phase des öffentlichen Personenverkehrs in den Städten ganz selbstverständlich auch für das Ziehen der Personenwagen eingesetzt wurde.

Die Idee eines öffentlichen Personenverkehrssystems in Städten geht jedoch sehr viel weiter zurück: Der berühmte Philosoph und Mathematiker Blaise Pascal[2] eröffnete schon 1662 in Paris ein eigentliches Personenverkehrssystem, dem aber leider nur eine kurze Existenz beschieden war.

Erst anderthalb Jahrhunderte später erschienen die Omnibusse, d.h. schwere und grosse, von mehreren Pferden gezogene Wagen, die auf dem herkömmlichen Strassenbelag gemäss einem Fahrplan auf einer oder mehreren Linien eingesetzt wurden.

Das Wort „Omnibus" hat eine interessante Herkunft. Es wurde erstmals in Nantes (Frankreich) verwendet, wo ein gewisser Stanislas Baudry im Jahr 1825 einen öffentlichen Personenverkehr einführte.

Die Bezeichnung geht auf ein Wortspiel auf dem Schild eines Geschäftes für Kopfbedeckungen zurück, das bei einer der beiden Endstationen gelegen war. Dessen Besitzer, ein Herr Omnes, warb mit dem Motto „OMNES OMNIBUS" (Omnes für alle) für seine geschäftlichen Aktivitäten. Daraus sollen die Fahrgäste den Satz „Ich fahre mit dem Omnibus" abgeleitet haben. Dieses Verkehrsmittel wurde rasch auch von andern europäischen Städten (als erste 1828 Paris, gefolgt 1829 von London) und danach von weiteren in der ganzen Welt übernommen. Es erfreute sich grosser Beliebtheit und bestand noch eine gewisse Zeit neben dem sich in Entwicklung befindlichen, auf Schienen verkehrenden „Tramway".

Omnibusse wurden statt Postkutschen als modernere Verkehrsmittel auch auf Überlandstrecken eingesetzt.[3]

Im Verlauf des 19. Jahrhunderts wurden mehr und mehr schienengebundene Fahrzeuge eingesetzt (siehe Abschnitt „Pferdebahnen"). Deren Erfolg erklärt sich mit dem wesentlich geringeren Laufwiderstand von metallenen Rädern auf Schienen als auf Strassenbelägen, was den Traktionsenergieverbrauch reduziert, weniger Lärm als die auf holprigem Pflaster verkehrenden Omnibusse verursacht sowie ein komfortableres Reisen und höhere kommerzielle Geschwindigkeiten ermöglicht. Dank der daraus resultierenden geringeren Gestehungskosten konnten die Tarife ermässigt werden, weshalb fürderhin ein erweiterter Personenkreis mit diesen Wagen regelmässig zur Arbeit fahren konnte. Zuvor wurden sie zumeist nur hin und wieder oder für Vergnügungsfahrten benützt.

Der erste Reisendentransport auf Schienen, der als Vorläufer sowohl des Tram- wie auch des Bahnbetriebs gelten kann, wurde 1807 durch die „Swansea and Mumbles railway" in der Grafschaft Wales auf einer bereits existierenden, für Gütertransporte benutzten Strecke aufgenommen. Dafür wurde ein von zwei Pferden gezogener Flachwagen eingesetzt. Abb. 2.3 zeigt deutlich die hohe Beförderungskapazität des Schienenverkehrs im Vergleich zu den Omnibussen.

Pferdebahnen (von Pferden gezogene Tramwagen)

Der erste städtische Trambetrieb auf Schienen wurde am 26. November 1832 von John Stephenson in New York eröffnet. Stephenson war aus Irland eingewandert; er war Besitzer einer erfolgreichen Wagenfabrik und nahm an jenem Tag mit zwei Wagen den Betrieb auf der vom reichen Bankier John Mason finanzierten „New York & Harlem Railroad" auf, die New York (die Stadt belegte damals nur den südlichen Teil der Insel Manhattan) mit dem Vorort Harlem verband. Die nur

[2] Pascal entwarf für die Stadt Paris ein fünf Linien umfassendes Netz (vier Radial- und eine Ringlinie), die von durch Pferde gezogenen Wagen mit acht Sitzplätzen und uniformierten Kutschern gemäss einem Taktfahrplan und Einheitstarif – deshalb der Übername „Fünf-Sols-Wagen" – befahren wurden. Pascal, der im gleichen Jahr (1662) starb, konnte gerade noch die Eröffnung miterleben, aber der soziale Kontext Frankreichs unter dem Sonnenkönig war für ein derart innovatives Unterfangen noch nicht gegeben, weshalb dieser Transportdienst 15 Jahre später wegen zu hoher Kosten definitiv aufgegeben wurde.

[3] Von den 1830er Jahren an verkehrten in Frankreich und speziell in Grossbritannien (insbesondere zu den Londoner Aussenquartieren, aber auch auf Überlandstrecken) Dampfomnibusse, die sich bis ins erste Viertel des 20. Jahrhunderts hielten.

◁ **Bild 2.2**
Pferdeomnibus auf der Place Pigalle, Paris (Frankreich), 1882, Gemälde von Giovanni Boldini

ABBILDUNG: SAMMLUNG RIZZOLI, MAILAND

1,6 km lange Linie entlang der Bowery Street zwischen der Prince Street und der 14th Street war der erste Abschnitt der ersten Tramlinie und somit Stammmutter aller zukünftigen Tram- und Eisenbahnbetriebe in New York.

Leider ereignete sich am Eröffnungstag auch der erste Tramunfall: Einer der beiden Tramwagen fuhr auf den vorausfahrenden auf, weil der Kutscher die Bremse nicht richtig bediente. Zum Glück gab es keine Verletzten.

Die ersten, von Stephenson gebauten Wagen hatten ein Gewicht von 2,5 t und glichen den damals gebräuchlichen Postkutschen: Drei auf das zweiachsige Fahrgestell montierte Kabinen konnten je zehn Fahrgäste aufnehmen. Die Räder waren, wie heute noch üblich, mit metallenen Bandagen und innen angeordneten Spurkränzen ausgerüstet, welche die Führung des Fahrzeugs im Gleis sicherstellten[4]. Die von zwei Pferden gezogenen Wagen waren mit Blattfedern ausgerüstet. Die Kabinen waren mit luxuriösen Ledersitzen versehen; Trittbretter ermöglichten den Einstieg von beiden Wagenseiten. Der Kutscher sass auf dem Dachrand und führte den Wagen mit Peitsche, Zügel und der bereits erwähnten Handbremse. Der Schaffner half den Fahrgästen beim Ein- und Aussteigen, verkaufte Billette zum Einheitstarif von zehn Cents und gab mit einer Glocke dem Kutscher den Anhalt- und Abfahrtsbefehl.

Ab dem Beginn des folgenden Jahres wurde die Linie etappenweise durch die 4th Avenue bis zur 34th Street auf 6,4 km verlängert[5], und die Fahrzeuge verkehrten alle 15 Minuten.

Das Beispiel New Yorks machte rasch Schule: Schon 1835 wurde in New Orleans die „New Orleans and Carrolton Line"[6]

◁ **Bild 2.3**
Im Jahr 1897 mit Statisten verwirklichte Nachstellung der ersten, 1807 auf der Swansea and Mumbles Railway (Vereinigtes Königreich) erfolgten Personenbeförderung auf Schienen

AUFNAHME: FOTOGRAF UNBEKANNT

◁ **Bild 2.4**
Erstes Pferdetram, das ab 1832 auf der „New York and Harlem Railroad" (USA) kommerziell eingesetzt wurde

ABBILDUNG AUS: „WONDERS OF THE RAILWAYS" VON W.S. KENEDY, VERLAG GRIGGS & CO., CHICAGO 1884

4 Die New Yorker Unternehmung Stephenson & Co. wurde zur wichtigsten Schienenfahrzeugfabrik Amerikas. Sie wurde 1904 durch die Unternehmung Brill in Philadelphia übernommen, die während des „Goldenen Zeitalters" des Trams ihrerseits zum grössten Produzenten von Strassenbahnfahrzeugen wurde und zahlreiche andere Hersteller übernahm.

5 Diese Verlängerung umfasste einen unterirdischen, 500 m langen, „Murray Hill Tunnel" genannten Abschnitt. Es war weltweit der erste von Trams befahrene Tunnel. Er wurde im Tagbau entlang der 4th Avenue (heute Park Avenue genannt) erstellt und erst etwa 20 Jahre später überdeckt. Ab 1871 wurde der ursprünglich auch für Züge mit Dampflokomotiven vorgesehene Abschnitt nur noch von Pferdetramwagen benützt, ab 1898 von elektrischen Trams. 1935 wurde er geschlossen und zwei Jahre später als Unterführung für Automobile wieder in Betrieb genommen.

6 New Orleans ist weltweit die Stadt mit dem ältesten Tramnetz, das ohne Unterbruch bis heute betrieben wird.

eingeweiht, dann aber vergingen 20 Jahre bis zur nächsten Inbetriebnahme einer Pferdetramlinie. Offenbar wurde in dieser Zeit das neue Verkehrsmittel in Frage gestellt; jedenfalls wurde der Trambetrieb in New York aus berechtigten Sicherheitsgründen während einiger Jahre eingestellt.

Dieweil auf nicht in Strassen verlaufenden Strecken Schienen mit „Pilzkopf" verwendet wurden, gelangten in Strassenbereichen L-förmige, nicht mit der Strassenoberfläche bündige, sondern darüber hinausragende Schienen zum Einbau, was Ursache für Unfälle mit Personen und Strassenfahrzeugen war. Glücklicherweise fand dann der französische Unternehmer Alphonse Loubat, der auch in Amerika tätig war, eine Lösung in Form einer Rillenschiene, die in den Strassenbelag eingebettet war.

Dieser Schienentyp wurde 1852 erstmals in New York auf einer neuen Linie verwendet, die entlang der 6th Avenue verlief, d.h. parallel zur „New York & Harlem Railway", welche mittlerweile über Harlem hinaus verlängert worden war. Die Rillenschiene verhalf ab dem Ende der 1850er Jahre dem schienengebundenen öffentlichen Personenverkehr in Städten zum definitiven Durchbruch; er hatte die baldige Einstellung der mit Omnibussen betriebenen Strecken zur Folge, obwohl die Struktur der Fahrzeuge und deren Antriebskraft – die Pferde – vorerst gleich blieben.

Die Rillenschiene erlangte sukzessive ihre definitive, auch heute noch gebräuchliche Form mit der ab 1880 erstmals in Deutschland kommerzialisierten Phoenix-Schiene (benannt nach dem Hersteller).

Paris war weltweit die dritte Stadt, welche einen schienengebundenen Tramverkehr einführte. Nach Ende 1853 erfolgreich verlaufenen Versuchen konnte 1855 die Linie Place de la Concorde–Pont de Sèvres eingeweiht werden. Der Betrieb wurde mit zwei vom unternehmungslustigen Loubat bei Stephenson bestellten Wagen durchgeführt, weshalb die Benützer die Bahn als „chemin de fer américain" (amerikanische Bahn) bezeichneten. Die von der kaiserlichen Verwaltung erlassene Konzession sah die Verlängerung bis zum zentraler gelegenen Palais du Louvre vor, was die Stadtbehörden von Paris aber verhinderten: Abgesehen von zwei kurzen Vorortslinien (1855 von Rueil – seit 1928 Rueil-Malmaison genannt – nach Port-Marly, 1857 von Sèvres nach Versailles) blieb die Linie von Loubat in der französischen Hauptstadt während weiterer ungefähr zehn Jahre die einzige (und zudem wenig ertragreiche) Pferdetramlinie.

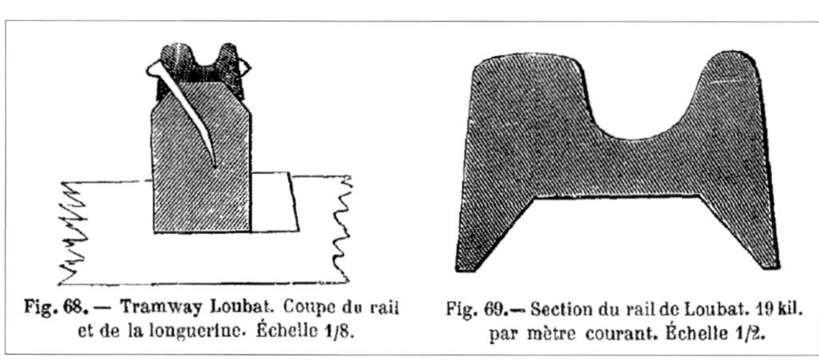

▷ **Bild 2.5** Patentierte Rillenschiene von Alphonse Loubat

Abbildung aus: „Tramways, construction et exploitation", von D. Kinnear Klark, 1880

▷ **Bild 2.6** Standard-Rillenschiene Typ Phoenix, in einer Werbung des Herstellers Wharton & Co.

Abbildung aus: „The Street Railway Journal", 1884

In Amerika hingegen wurden Schlag auf Schlag neue Pferdetrambetriebe eröffnet: 1856 in Boston, 1857 in Santiago de Chile, 1858 in Philadelphia und Mexiko-Stadt, 1859 in Cincinnati, Pittsburgh, Chicago und Rio de Janeiro, 1860 in San Francisco und 1861 in Toronto.

Die Stadt Birkenhead im Nordwesten Englands erhielt als zweite in Europa eine Tramlinie: 1860 nahm der Unternehmer George Francis Train (ein Amerikaner mit passendem Namen) auf einer kurzen Linie zwischen Birkenhead Ferry und dem Woodside Park mit zwei doppelstöckigen Wagen mit offenem Verdeck den Betrieb auf.

Die guten Resultate ermöglichten es Train, Konzessionen für drei von „Street Railways" befahrene Strecken in London zu erlangen (Strecken Marble Arch–Porchester Terrace, Westminster Abbey–Victoria Street und Westminster Bridge–Kennington Gate, Einweihung 1861). Leider war der Erfolg nur von kurzer Dauer, weil der Betrieb auf allen drei Linien wegen vieler Unfälle auf Anweisung der Behörden schon nach wenigen Monaten eingestellt werden musste: Unglücklicherweise hatte Train nicht Rillenschienen vom Typ Loubat, sondern wiederum die über die Strassenfläche ragenden L-förmigen Schienen verwendet. Zudem schätzten die wohlhabenden Kreise die „Konkurrenz" dieser öffentlichen Wagen zu ihren privaten, luxuriösen Kutschen ganz und gar nicht.

Dieweil in der englischen Hauptstadt schon 1863 die weltweit erste Untergrundbahn eingeweiht wurde[7], kam es erst 1870[8] wieder zum Bau einer Tramlinie in London. Konzessionen für Tramlinien auf den Strassen des Londoner Stadtkerns wurden jedoch nie erteilt.

Als erste Schweizer Stadt weihte 1862 Genf einen Pferdebahnbetrieb ein, 1863 die russische Stadt Sankt Petersburg sowie Pest (Ungarn) und Kopenhagen (Dänemark). 1864 folgte Den Haag, ein Jahr später Berlin, Wien, Warschau, 1866 Hamburg und Buda, 1868 Stuttgart, 1869 Brüssel und Liverpool. Turin war die erste italienische Stadt (1871).

In Afrika kam die Stadt Alexandria schon 1860 zu einer Pferdetramlinie, Kapstadt folgte 1863. In Ozeanien wurden Pferdetrambetriebe 1861 in Sydney und 1862 in Nelson eingeweiht, in Asien 1869 in Batavia (dem heutigen Jakarta).

Im letzten Viertel des 19. Jahrhunderts herrschte überall in der Welt ein eigentlicher Tramlinienbauboom (Stadtlinien und Überlandlinien).

[7] Der Betrieb des ersten, nur in geringer Tiefe unter der Strassenoberfläche erstellten Abschnitts der Metropolitan Line wurde am 10. Januar 1863 zwischen Paddington und Farrington Street mit Dampftraktion aufgenommen, was zwar zahlreiche Probleme aufwarf, aber gleichwohl den Anfang des weltweiten Erfolgs dieses Verkehrsmittels bildete und dessen Bezeichnung im nichtdeutschen Sprachraum von der Metropolitan-Linie abgeleitet ist.

[8] Der Fall London ist symptomatisch dafür, weshalb sich Tramnetze in Europa weniger rasch als in Amerika entwickelten: der „Tramways Act" von 1870 verpflichtete die Verkehrsbetriebe zum Unterhalt der Strassenverkehrsfläche links und rechts der Schienen.

◁ **Bild 2.7**
Erstes schweizerisches Pferdetram, fotografiert an der Endstation Place de Neuve in Genf (Schweiz), 1870er Jahre

Aufnahme: zeitgenössische Postkarte

◁ **Bild 2.8**
Pferdetram der Compagnie Générale des Omnibus (CGO), Paris (Frankreich), 1880er Jahre

Aufnahme: zeitgenössische Postkarte

Die alten Omnibuswagen blieben aber vor allem in Europa recht lange in Betrieb (oft parallel zum schienengebundenen Transportmittel), weil die Behörden Konzessionen für schienengebundene Fahrzeuge eher zurückhaltend erteilten und die Verlegung von Gleisen in den engen, kurvenreichen Altstadtstrassen keine einfache Sache war. In Amerika verschwanden sie hingegen wegen der breiten, geradlinig verlaufenden Strassen sehr rasch.

In Europa wurden auch „Hybridomnibusse"[9] in Betrieb genommen, die im Bedarfsfall mit einem oder zwei kleinen in einer Rille laufenden Rädern die Spurführung übernehmen konnten.

In gewissen Fällen waren die Pferdetramwagen der ersten Generation nichts anderes als ehemalige Omnibuswagen, deren Räder für den Betrieb auf Schienen angepasst wurden, aber dank spezieller Mecha-

[9] In England wurde diese von John Greenwood 1861 eingeführte, „Perambulator system" genannte Lenkhilfe in Salford bei Manchester verwendet, ferner in Hamburg, Berlin und Kopenhagen. Dieses System kann als Vorläufer des heutigen „Pneutrams" (vgl. Kapitel 9) eingestuft werden.

▽ **Bild 2.9** • Tramwagen aus der Produktion von Stephenson und Brill

Abbildung aus: „The Street Railway Journal", 1885

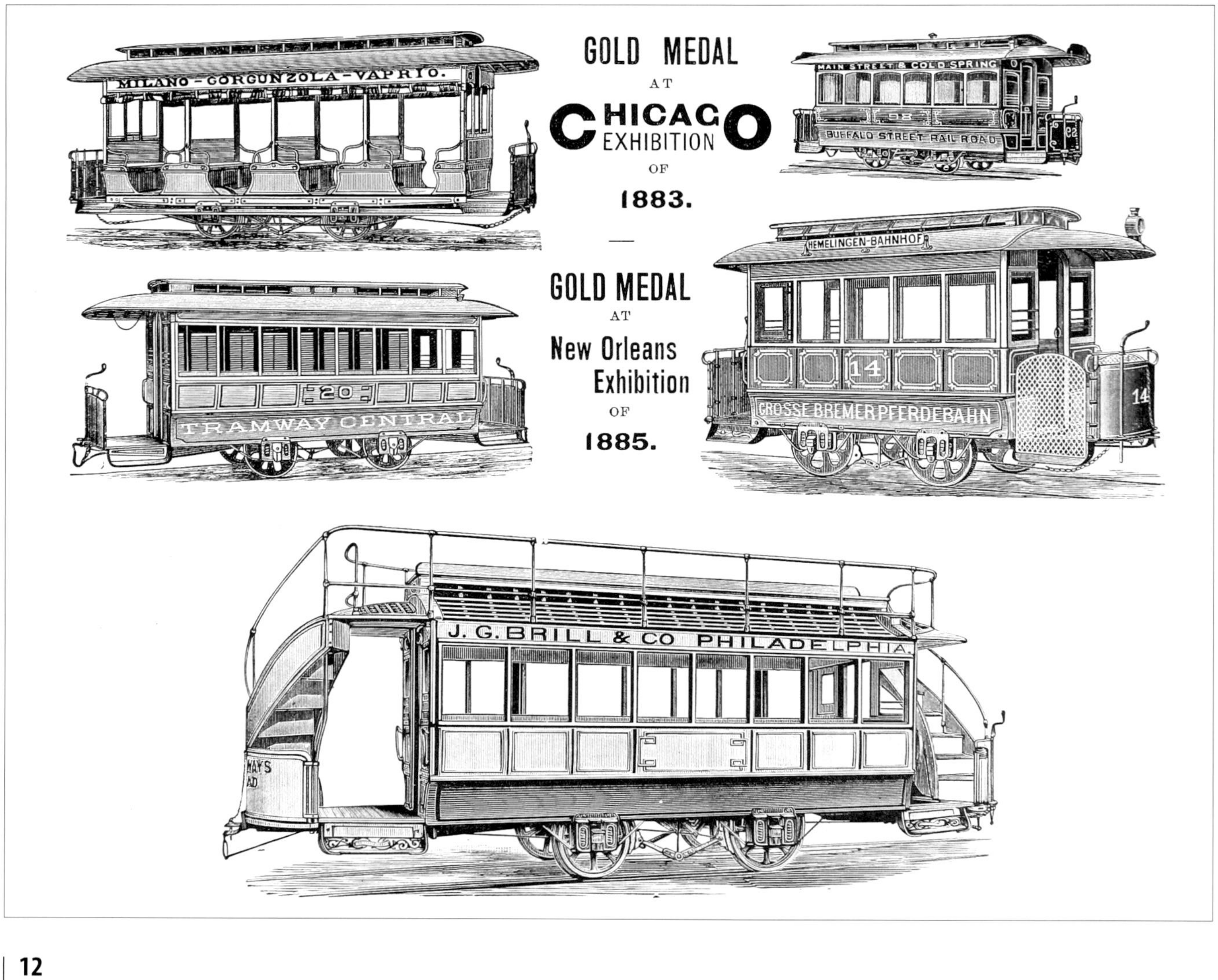

△ **Bild 2.10** • Rowan-Überlanddampftram (gebaut ca. 1889, ausgemustert 1913) der CGO vor dem Louvre in Paris (Frankreich) Aufnahme: zeitgenössische Ansichtskarte, Sammlung RATP

nismen auch weiterhin als herkömmliche Omnibusse eingesetzt werden konnten.[10]

Nach einer „Pionierphase" drängte sich die Vereinheitlichung der Spurweite auf: Die meisten Städte entschieden sich für die Normalspur, andere für die Schmalspur, zumeist für 1000 mm Spurweite, insbesondere Überlandbetriebe und Netze von kleineren Städten.

Andere Länder übernahmen die dort bei Lokalbahnen verwendeten, davon abweichenden Spurweiten.

Im Verlauf der Zeit erfuhren die Fahrzeuge konstruktive Verbesserungen, die zu einer gewissen Standardisierung führten: Plattformen mit Zugangstreppen an beiden Wagenenden, dazwischen, mit Schiebetüren abgegrenzter, gedeckter Fahrgastraum mit Sitz- und Stehplätzen; der Kutscher sass nicht mehr der Witterung ausgesetzt auf der Dachkante, sondern stand unter Dach (wenngleich noch ohne Windschutzscheibe) auf einer der beiden Plattformen und konnte den Wagen mit einer Kurbel bremsen, was viel angenehmer war als die zuvor verwendeten Hebel. Die Wagen hatten eine Länge von etwa 6-7 m und ein Fassungsvermögen von circa 30 Personen (Sitz- und Stehplätze), aber es wurden auch Fahrzeuge mit einem Oberdeck gebaut, das oft kein Dach hatte. Für jeden Wagen mussten ein bis vier Pferde eingesetzt werden, je nach Gewicht des Fahrzeugs, der Anzahl Fahrgäste und der Streckenneigung.

Die Fahrzeuge waren zumeist Zweirichtungswagen und hatten identische Endplattformen. An den Endstationen mussten die Pferde jeweils vor das andere Wagenende gespannt werden. Es gab aber durchaus auch Betriebe, auf denen Einrichtungswagen auf Drehscheiben mit Pferdekraft gewendet werden konnten.[11]

Tramwagen mit Dampftraktion

Wie erwähnt, wurden anfänglich Pferde auch auf Überlandlinien eingesetzt, aber bald setzten sich dafür besser geeignete Fahrzeuge mit Dampfantrieb durch.

Erstmals geschah dies 1859 in Philadelphia mit einem Prototyp, der aus einem Raum für den Antrieb und einem für die Fahrgäste bestand.

Danach setzte sich die Formel „Lokomotive mit Anhängefahrzeug(en)" durch, deren Triebfahrzeuge von kleinen, auf Nebenlinien gebräuchlichen Dampflokomotiven abgeleitet waren. Die Maschinen waren mit einem Wagenkasten versehen; der Lokomotivführer und der Heizer standen beidseits des Kessels und hatten eine gute Sicht auf das Verkehrsgeschehen. Der Stangenantrieb war eingehaust, um die Lager vor dem schädlichen Strassenstaub zu schützen und zu vermeiden, dass Pferde wegen der Drehbewegung der Stangen scheuten.

Die Überland-Dampftrambahnen führten auch Gütertransporte mit Wagen aus, die den bei Eisenbahnen verwendeten sehr ähnlich sahen. In Frankreich wurden die ersten Überland-Dampfstrassenbahnen Ende der 1860er Jahre in Betrieb genommen und verbreiteten sich danach rasch auf der ganzen Welt.

Dampftrams wurden in England, wo bekanntlich die ersten Dampflokomotiven gebaut wurden, ab den 1870er Jahren auch in den Städten erprobt. Die erste Linie mit fahrplanmässigem Betrieb wurde aber 1876 in Paris zwischen dem Bahnhof Montparnasse und der Place Valhubert eingerichtet. Die kleinen Kastenlokomotiven vom Typ Harding zogen einen doppelstöckigen Wagen. Städtische Dampftrambahnlinien verbreiteten sich an verschiedenen Orten, wobei in einigen Fällen – besonders in Europa – umfangreiche Streckennetze gebaut und für eine gewisse Zeit neben andern Systemen (Pferdetram, druckluftbetriebene Wagen und Cablecar) bis zum Aufkommen der elektrischen Tramwagen betrieben wurden.

Störend waren die unangenehmen und giftigen Abgase ganz besonders in den Städten. Abhilfe brachte die 1878 in Paris erstmals eingesetzte, vom französischen Ingenieur Léon Francq[12] erfundene feuerlose Dampflokomotive (Dampfspeicherlokomotive).

Diese danach auch in anderen französischen Städten eingesetzten zwei- oder dreiachsigen (selten vierachsigen) Lokomotiven, welche bis zu zwei Wagen ziehen konnten, waren mit einem Kessel ohne Feuerbüchse ausgerüstet und mussten

[10] Symptomatisch ist der Fall von Paris, wo die Omnibusse zusammen mit den Pferdetrams während der ganzen zweiten Hälfte des 19. Jahrhunderts eingesetzt wurden. Nur die rechten Räder der Pferdetramwagen hatten Spurkränze, die linken waren flach (wie bei Drahtseilbahnwagen). Die vordere Achse konnte gelenkt werden, war aber normalerweise parallel zur Fahrzeugachse blockiert. Sie konnte vom Kutscher mit einem Hebel ausgeklinkt werden, damit das Pferd den Wagen mit einer kleinen Seitwärtsbewegung für das Überholen oder das Kreuzen eines andern Wagens aus der Spurführung herausziehen konnte. Da auf dem selben Gleis Wagen verschiedene, mit einander konkurrierende Gesellschaften fuhren, wurde das „Überholen mit Ab-/Aufgleisen" eine tägliche Praxis, welche es dem Kutscher A ermöglichte, dem Kutscher B die Kundschaft wegzuschnappen.

[11] Eine etwas spezielle, in Amerika entwickelte und auch von einigen europäischen Städten übernommene Lösung war das Abdrehen des Kastens statt des ganzen Wagens.

[12] Eigentlich ist das System Francq eine Verbesserung desjenigen des Amerikaners E. Lamm, das erstmals 1872 in New Orleans erprobt wurde.

▽ **Bild 2.11** • Eine feuerlose Dampflokomotive (Dampfspeicherlok) System Lamm-Francq im Einsatz in Paris (Frankreich). Aus dem Kamin entweicht nicht Rauch, sondern überschüssiger Dampf, den der Dampfkondensator für die Gewinnung von kesselsteinlosem Speisewasser nicht verarbeiten konnte, 1908. Aufnahme: zeitgen. Postkarte

△ **Bild 2.12** • Historischer Dampftramzug mit SLM-Lok in Bern (Schweiz), 2004 Aufnahme: Norbert Aepli, Lizenz: gemeinfrei

△ **Bild 2.13** • Die „Peppersass", erste von Sylvester Marsh 1869 für die Zahnradbahn auf den Mount Washington (USA) gebaute Zahnradlokomotive, die bei der Talstation aufgestellt ist, 2006 Aufnahme: Dan Crow, Lizenz: CC BY-SA 3.0

▽ **Bild 2.14** • Rollmaterial der Kahlenberg-Zahnradbahn in der Talstation Wien-Nussdorf (Österreich), 1875 Aufnahme: M. Frankenstein

deshalb auch keinen Brennstoff mitführen.

Im Depot wurde der Kessel vor der Ausfahrt zu etwa zwei Dritteln mit Wasser gefüllt, das zuvor mit Heissdampf auf etwa 180 °C erhitzt wurde. Der beim Fahren verbrauchte Dampf wurde durch das heisse Wasser laufend nachproduziert. Dank diesem Prinzip konnten die feuerlosen Lokomotiven mehrere Stunden ohne Nachfüllen betrieben werden. Gleichwohl ist der Aktionsradius dieses Systems sehr gering (etwa 15 km) und die Betriebskosten derart hoch, dass es nur in wenigen Fällen angewendet wurde.

Die Dampftraktion eignet sich wegen der schon damals problematischen Umweltverschmutzung (Rauch, Russ, Lärm, giftige Abgase), der zu jener Zeit oft vorkommenden Kesselexplosionen sowie der häufigen Halte und der sehr kurzen, dazwischen liegenden Streckenabschnitte nicht gut für den Einsatz in den Städten. Mit Dampf betriebene Strassenbahnen blieben nur bis zu den Zehnerjahren des 20. Jahrhunderts in Betrieb und wurden dann von elektrischen Trams komplett verdrängt.

Dem Befahren grosser Steigungen sind beim Rad-Schiene-System mit natürlicher Adhäsion Grenzen gesetzt; Trambahnen mit mehr als 10 % Neigung sind sehr selten. Eine Lösung für dieses Problem ist die Zahnstange (künstliche Adhäsion). Die Zahnstange ermöglicht die Überwindung von Steigungen bis zu 50 %; bei noch grösseren Steigungen müssen Standseilbahnen gebaut werden. [13]

Zahnstangen wurden erstmals 1869 von Sylvester Marsh auf der Mount Washington-Bahn eingebaut, gefolgt von der Vitznau-Rigi-Bahn in der Schweiz.

Die Zahnstangen wurden bald verbessert: Die Ausführungen von Riggenbach, Abt und Strub fanden auf der ganzen Welt Verbreitung, sei es auf Eisenbahnstreckenabschnitten oder bei auf eigenem Gleiskörper fahrenden Überlandtramlinien.[14]

[13] Die erste Standseilbahn wurde 1862 in Lyon zwischen dem Platz Croix-Paquet und dem Quartier La Croix-Rousse in Betrieb genommen.

[14] Die ersten Zahnradtramlinien (oder vergleichbaren Eisenbahn-Zahnradstrecken) mit Dampftraktion entstanden 1874 in Wien (Linie Grinzing–Kahlenberg) und Budapest (Városmajor–Széchenyi-hegy, Gyermekvasút, seit 1949 als Linie 60 in die Budapester Verkehrsbetriebe integriert). In Neapel wurde 1888 die Linie Museo–Torretta eingeweiht (erste Zahnradtramlinie, die auf der ganzen Länge auf Strassen verlief).

Cablecars

1873 wurde in San Francisco auf der Clay-Street-Linie ein Tramsystem mit mechanischem Antrieb – der sogenannte „cable car" – eingeweiht, das vom Schotten Andrew Smith Hallidie[15] erfunden worden war. Von dort aus verbreitete sich das neue Verkehrsmittel zunächst nach Ozeanien, wo die weltweit zweite Linie 1881 in der neuseeländischen Stadt Dunedin in Betrieb genommen wurde. Die dritte wurde ein Jahr später in Chicago eröffnet. Europäische Städte eigneten sich wegen der vielfach kurvenreichen Strassen nicht für dieses System, weshalb es nur in London (Highgate-Linie, 1884-1909, und Paris, im Belleville-Quartier, 1891-1924) Anwendung fand.

Ein Cablecar ist ein Fahrzeug, das von einem mittig zur Gleisachse in einem schmalen Kabelschacht untergebrachten, endlosen Stahlseil gezogen wird, welches sich (wie bei einer Drahtseilbahn) auf Rollen abstützt. Der Wagenführer kann sein Gefährt mittels einer Klemmvorrichtung („grip" genannt, 1880 vom Mitarbeiter des Erfinders Hallidie, William Eppelsheimer, verbessert) an das Seil ankuppeln, wenn er abfahren will oder es vom Seil abkuppeln, falls er anhalten will. Ursprünglich wurde das Seil von einer Dampfmaschine angetrieben. Die Geschwindigkeit des Wagens entspricht derjenigen des Zugseils (in San Francisco 15,3 km/h), gleichgültig, ob er hinauf, hinunter oder in der Ebene fährt. Die Klemmbacken sind mit metallischen Verschleissgarnituren belegt: Der Wagenführer kann die Geschwindigkeit verringern, wenn dies der Strassenverkehr erfordert, indem er den mit einer Zahnstange versehenen Kupplungshebel (ähnlich einer Handbremse in Automobilen) weniger fest anzieht, was bewirkt, dass die Klemmvorrichtung auf dem Seil schleift und der Wagen somit langsamer läuft.

Die Wagen sind mit drei Bremssystemen ausgerüstet: eine mit metallenen Klötzen auf die Laufflächen der Räder wirkende Bremse, eine Schienenbremse mit Holzklötzen und eine Notbremse, welche auf die Kabelkanalinnenseiten wirkt. Der Schaffner bedient die auf die hinteren Räder wirkende Bremse und verständigt sich mit dem Wagenführer mit Glockenzeichen. Für das Befahren von Kurven gibt es zwei Systeme, a) „pull curve": Das Seil verläuft genau auf der Längsmittellinie und wird in den Kurven analog zu Drahtseilbahnen mit mehreren Rollen umgelenkt; b) „drift curve" – wurde nur bei engen Kurven und wenn es die Streckenneigung zuliess verbaut: Das Seil wird mit einer beim (ausserhalb des Gleises liegenden) Kreuzungspunkt der beiden Tangenten angebrachten Rolle umgelenkt, weshalb der Wagenführer sein Fahrzeug rechtzeitig vom Seil abkuppeln, mit Schwerkraft durch die Kurve

[15] Die Idee zum Cablecar sei Hallidie nach einem schlimmen Unfall in der Stadt gekommen: Als vier Pferde einen schwer beladenen Wagen eine steile Strasse hinaufzogen, sei eines auf der nassen Pflästerung ins Rutschen gekommen und nach hinten gestürzt. DerWagen begann sich rückwärts zu bewegen, was den Tod aller vier Pferde zur Folge hatte.

△ **Bild 2.15** • Ein Cablecar in der California Street in San Francisco (USA), 1901 — Aufnahme: Archiv Library of Congress

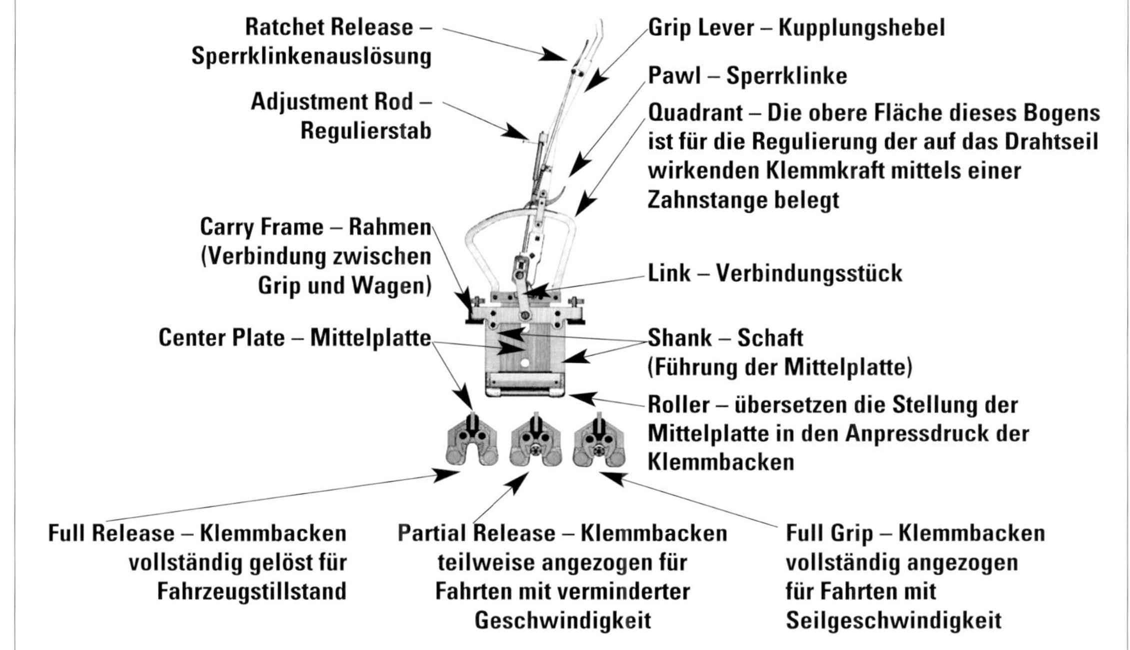

▷ **Bild 2.16** Die von William Eppelsheimer für die Cablecars von San Francisco (USA) entworfene Klemmvorrichtung

Abbildung aus: „The Street Railway Journal", 1880, Beschriftungen ergänzt

◁ **Bild 2.17**
Ein Cablecar wird 2010 an der Endstation der Powell-Mason-Linie in San Francisco gewendet.

Aufnahme: Toni Fisher, Lizenz: CC BY-SA 2.0

◁ **Bild 2.18**
Intensiver Cablecar-Verkehr in Sydney (Australien) um 1900

Aufnahme: Archiv Powerhouse Museum NZ

fahren und danach den Wagen wieder ankuppeln muss.

Bei Kreuzungen kann dasjenige Fahrzeug ohne Auskuppeln verkehren, dessen Drahtseil im Kabelschacht höher gelegen ist; das andere muss ausgekuppelt mittels Schwerkraft über die Kreuzung rollen.

Bei Weichen kann der geradeaus fahrende Wagen am Seil bleiben.

An den Endstationen gelangten Zweirichtungswagen mit ausgekuppelter Klemmvorrichtung über eine Rückfallweiche oder über eine Drehscheibe auf das Gegengleis. Einrichtungswagen wurden auf einer Drehscheibe gewendet.

Das Cablecar-System war zwar vor allem für Strecken mit grossen Steigungen geeignet, wurde aber auch auf flachen Linien verwendet, wie z.B. in Chicago. Diese Stadt hatte Ende der 1880er Jahre bereits das weitaus längste Streckennetz (drei Gesellschaften besassen 710 Wagen, die auf einem Streckennetz von 132 km Länge verkehrten), gefolgt von Melbourne (592 Wagen, 74 km).

Heutzutage gibt es weltweit[16] nur noch drei Linien, alle in San Francisco. Sie sind recht eigentlich eine touristische Attraktion. Alle andern Cablecar-Netze wurden durch elektrische Trambahnen ersetzt[17]. Deren Infrastruktur kam billiger zu stehen und war weniger kompliziert (vor allem bei Verzweigungen und Kreuzungen). Auch war das Tram nicht an eine konstante Geschwindigkeit gebunden und hatte eine grössere Transportkapazität.

Mit Druckluft betriebene Strassenbahnfahrzeuge und weitere Antriebssysteme

Das erste mit Druckluft betriebene Tram nahm 1879 den Betrieb in der französischen Stadt Nantes auf. Der vom polnischen Ingenieur Ludwik Mękarski schon einige Jahre zuvor in Paris ausprobierte und patentierte Antrieb wurde bis zum Ende des Jahrhunderts in weiteren französischen Städten, in London und anderen englischen Städten sowie in Bern eingeführt. In Paris verkehrten Drucklufttramwagen auf sechs Linien.

Das Funktionsprinzip des Drucklufttrams ist einfach: Statt Dampf wie bei der Dampflokomotive wird Druckluft verwendet. Diese wird in einer Zentrale mittels einer Dampfmaschine erzeugt und mit Rohrleitungen an Speisepunkte (zumeist bei den Endstationen) weitergeleitet. Dort wurde die Druckluft mittels Schlauchleitungen in grosse, unter dem Wagenboden angebrachte Druckbehälter geleitet. Von dort aus gelangte sie über einen Regler zu den Zylindern, aber nicht direkt, sondern durch einen zylinderförmigen, mit heissem Wasser gefüllten kleinen Kessel (ein Wärmeaustauscher, „la bouillotte" genannt), der auf dem Führerstand untergebracht war. Dies war eine für das einwandfreie Funktionieren unabdingbare Voraussetzung, weil die sich in den Zylindern entspannende Luft abkühlt (endogener Prozess), was zu deren Gefrieren führt. Die Erwärmung des Kesselwassers konnte auf zwei Arten geschehen: durch einen kleinen, ebenfalls auf der Plattform des Lokomotivführers angebrachten, mit Kohle beheizten Dampferzeuger oder (wie bei den feuerlosen Lokomotiven) durch auf den Druckluft-einspeisestellen ebenfalls vorhandene Dampfleitungen.

Als Achillesferse dieses Systems erwiesen sich schon bald die hohen Betriebskosten (Einspeisestellen, grosser Zeitbedarf für das Nachladen an den Endstationen, begrenzte Autonomie von nur 15 km zwischen zwei Nachladungen, die je etwa 20 Minuten benötigen). Die letzten Druck-

◁ **Bild 2.19**
Ein Druckluft-triebwagen System Mękarski mit einem Beiwagen fährt in Paris während einer Überschwemmung 1910 der Seine entlang.

Aufnahme: zeitgenössische Postkarte

16 Der Cablecar darf nicht mit ähnlichen, noch heute existierenden Systemen verwechselt werden, wie z.B. das „Great Orme Tramway" in Wales oder die „Elevadores" in Lissabon, die eigentliche Drahtseilbahnen (Standseilbahnen) sind, weil die Wagen permanent fest mit dem Seil verbunden sind.

17 Das 1896 in der U-Bahn (Subway) von Glasgow (drittälteste Untergrundbahn nach London und Budapest) in Betrieb genommene System war hingegen identisch mit dem Cablecar-System, mit dem Unterschied, dass die Wagen in Tunneln verkehrten. Es blieb bis 1935 in Betrieb.

lufttrams wurden 1917 in Paris durch elektrische Strassenbahnwagen ersetzt.[18]

Es entstanden in jener von Erfindungen geradezu wimmelnden Zeit auch einige andere Systeme, die aber nicht über das Versuchsstadium hinauskamen oder nur sehr kurze Zeit im Einsatz standen: Gastram, Ätznatron-Tram, Tram mit Federantrieb oder sogar Trams mit Menschen als Antriebskraft![19]

Alle bis jetzt beschriebenen Systeme waren dem elektrischen Tram bezüglich Wirtschaftlichkeit, Leistungsfähigkeit und Sicherheit unterlegen.

Nicht vergessen werden darf, dass ein Pferd täglich nur vier bis fünf Stunden auf einer Strecke von maximal 20 km eingesetzt werden und nur während etwa vier Jahren Dienst leisten konnte, dass es gepflegt und ernährt werden musste, dass es erhebliche Mengen an Pferdemist produzierte, den die Transportunternehmungen entsorgen mussten und der weder zur Bereicherung des Stadtbilds noch zur Hygiene beitrug![20] Auf den grösseren und stärker befahrenen Netzen mussten für jeden Wagen bis zu elf Pferde (fünf Paare plus ein Reservepferd) bereitgehalten werden. Zudem verbraucht ein Pferd im Unterschied zu allen Motortypen auch Betriebsstoff (30 Pfund Getreide pro Tag), selbst wenn es nicht im Einsatz ist, und es kann auch krank werden.[21]

△ **Bild 2.20** • Ein Exemplar der Mękarski-Tramwagen ex Nantes (Frankreich) wird am Sitz des AMTUIR-Museums aufbewahrt.
Aufnahme (2007): Gonioul, Lizenz: CC BY-SA 3.0

△ **Bild 2.21** • Experiment mit menschlicher Arbeitskraft in New Orleans (USA), 1866
Aufnahme aus: Jean Robert, „Histoire des transports dans les villes de France", 1974

▽ **Bild 2.22** • Das letzte New Yorker Pferdetram kreuzt ein mit dem System „Conduit" gespeistes elektrisches Tram, 1917
Aufnahme: Brown Brothers, Archiv New York Times/Broadway, Manhattan (USA)

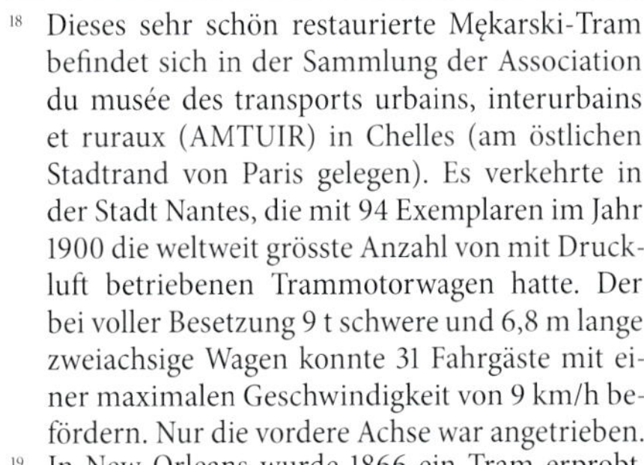

18 Dieses sehr schön restaurierte Mękarski-Tram befindet sich in der Sammlung der Association du musée des transports urbains, interurbains et ruraux (AMTUIR) in Chelles (am östlichen Stadtrand von Paris gelegen). Es verkehrte in der Stadt Nantes, die mit 94 Exemplaren im Jahr 1900 die weltweit grösste Anzahl von mit Druckluft betriebenen Trammotorwagen hatte. Der bei voller Besetzung 9 t schwere und 6,8 m lange zweiachsige Wagen konnte 31 Fahrgäste mit einer maximalen Geschwindigkeit von 9 km/h befördern. Nur die vordere Achse war angetrieben.

19 In New Orleans wurde 1866 ein Tram erprobt, das der Wagenführer mit seinen Armen über ein grosses Rad in Bewegung setzte. Dieses übertrug das Moment mit einem Hebelmechanismus auf ein hinten am Fahrzeug montiertes weiteres Rad, das mit einer Art Schuhe auf den zwischen den Schienen liegenden, gepflästerten Strassenbelag wirkte.

20 Gemäss einer Schätzung existierten in New York im Jahr 1870 etwa 150.000 Pferde, die täglich etwa 5250 t Pferdemist produzierten! Von Pferden gezogene öffentliche Wagen für die Personenbeförderung verschwanden in dieser Stadt erst 1917, als die Bleecker-Street-Linie als letzte Pferdetramlinie aufgehoben wurde.

21 1872 wütete in Amerika eine Pferdegrippe, der Tausende von Pferden zum Opfer fielen, weshalb einige Trambetriebe Menschen für das Ziehen der Wagen rekrutieren mussten.

3 Elektrifizierung (1880-1900)

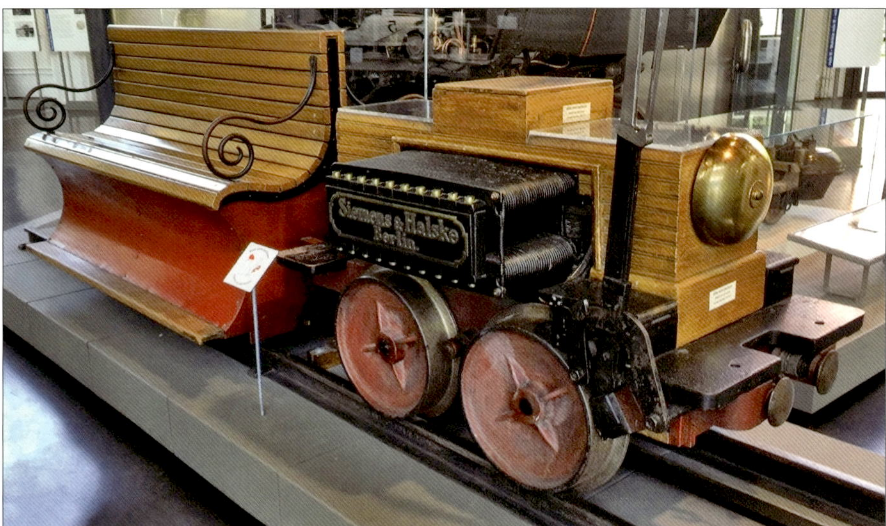

△ **Bild 3.1** • Erste, von Werner Siemens erfundene elektrische Lokomotive; sie stand 1879 während der Berliner Gewerbeausstellung im Einsatz und ist im Deutschen Museum in München (Deutschland) ausgestellt.

Aufnahme (2019): Georg Hehmann

Erste elektrisch betriebene Schienenfahrzeuge

Wie schon erwähnt, waren die ersten öffentlichen Verkehrsmittel allesamt durch ihre geringe Leistungsfähigkeit und die hohen Kosten charakterisiert. Als Alternative bot sich in der zweiten Hälfte des 19. Jahrhunderts der Antrieb der Wagen mit elektrischen Motoren an.[22]

Elektrische Motoren sind Maschinen, die Strom in mechanische Energie verwandeln und deshalb ein Fahrzeug in Bewegung setzen können. Sie sind in einen elektrischen Stromkreis eingebunden, der aus einer Stromquelle, einer Stromübertragung in das Fahrzeug und einer Rückleitung (im Bahn- und Trambereich sind dies meistens die Schienen) zu dessen Schliessung besteht.

Die Stromversorgung kann auch durch in den Fahrzeugen montierte Batterien erfolgen, was aber eine teure und mit den damals zur Verfügung stehenden Batterien eine wenig effiziente Lösung war. Leistungsfähiger war die Speisung mit gegeneinander isolierten Schienen, einer parallel zum Gleis verlaufenden dritten Schiene, mit unterirdischer Speisung durch einen mittig in den Strassenbelag eingelassenen Leiter, mit auf der Strassenoberfläche angebrachten Kontakten oder aber – und dies ist die verbreitetste Methode – mittels einer über den Wagen angebrachten Fahrleitung.

Zu Beginn des elektrischen Zeitalters wurde die für die Speisung der Wagen benötigte Energie in einer Zentrale von Dampfmaschinen, die an einen Dynamo angeschlossen waren, erzeugt (ein Dynamo ist ein Generator, der mechanische Energie in elektrische Energie verwandelt, somit umgekehrt wie ein Elektromotor funktioniert). Die Erzeugung von Elektrizität mit Dampfmaschinen für den Antrieb von Elektromotoren in Schienenfahrzeugen ist um einen Drittel wirtschaftlicher als der Einsatz von Dampfkraft auf Strassenfahrzeugen.

1879, anlässlich der Gewerbeausstellung in Berlin, verkehrte auf einem 300 m langen Rundkurs erstmals eine kleine, von Werner Siemens[23], einem brillanten Erfinder und Industriellen, konstruierte Lokomotive. Dieses Fahrzeug gilt als erstes elektrisches Schienenfahrzeug, als Stammmutter sowohl des elektrischen Trams wie auch der elektrischen Bahntriebfahrzeuge. Diese fast wie ein Gartenbahnfahrzeug oder eine Spielzeuglokomotive anmutende kleine Lokomotive verkehrte mit einer maximalen Geschwindigkeit von 7 km/h auf einem Gleis mit nur 49 cm Spurweite. Die Speisung mit 150 Volt Gleichstrom erfolgte durch einen Schleifer (in Form einer Bürste) von einer mittig montierten Stromschiene; der Stromkreis wurde durch die Räder und die Schienen geschlossen (diese Art von Speisung – Dreileitersystem genannt – wird heute noch von der Modellbahnfirma Märklin verwendet). Der Lokführer sass rittlings auf der Maschine. Die drei Wagen mit doppelter Längsbank boten je sechs Personen Platz.[24]

1880 erprobte der russische Erfinder Fyodor Pirotsky in einem Sankt Petersburger Park den Prototyp eines Miniaturtrams, das aber wegen Geldmangels nicht in Grösse 1:1 gebaut und in Betrieb genommen werden konnte.

Das Jahr 1881 ist das eigentliche Geburtsjahr der Strassenbahn: Die Firma Siemens eröffnete die 2450 m lange, fahrplanmässig elektrisch betriebene Linie Gross-Lichterfelde–Kadettenanstalt (bei Berlin) mit Wagen, die ähnliche Abmessungen wie die Pferdetramwagen hatten. Die Speisung mit 180 V Gleichstrom geschah über die beiden voneinander isolierten Schienen (wie bei den Gleichstrom-Zweileiter-Modellbahnen), und die Motorwagen konnten mit 20 km/h verkehren. Die Grenzen dieses Systems zeigten sich sehr bald: Gefahr von elektrischen Schlägen für Menschen und Tiere bei Berührung beider Schienen, was eine Spannungserhöhung zwecks grösserer Leistung der Fahrzeuge verunmöglichte, sowie grosse Energieverluste wegen mangelhafter Isolierung.

Noch im gleichen Jahr stellte Werner Siemens in Paris anlässlich der Ersten internationalen Elektrizitätsausstellung auf der 500 m langen Strecke zwischen der Place de la Concorde und dem Industriepalast (dort steht heute der Grand Palais) ein zweistöckiges Fahrzeug vor, das den Strom von zwei kleinen Gleitstücken bezog, die je in einem geschlitzten, seitlich mit kleinen Auslegern an Masten angebrachten Rohr liefen und mit dem Fahr-

[22] Ein erster praxistauglicher Gleichstrommotor war schon 1834 von Hermann Jacobi konstruiert worden. 1838 verwendete er erstmals einen elektrischen Motor für den Antrieb eines Schiffes auf dem Fluss Neva in Sankt Petersburg.

[23] Werner Siemens hatte 1847 die Unternehmung „Siemens & Halske“ gegründet. 1888 erhielt er vom Kaiser den Adelstitel „von Siemens“.

[24] Eine weitere, sehr ähnliche Bahn ist die von Magnus Volk 1883 entlang des Strands der englischen Stadt Brighton verwirklichte, „Volk's Electric Railway“ genannte und ursprünglich eine Viertelmeile (etwa 400 m) lange Bahn, deren Länge heute nach verschiedenen Streckenverlängerungen und -verkürzungen eine Meile (1,6 km) beträgt. Sie ist die älteste elektrische Bahn der Welt und unterscheidet sich durch die nicht in der Gleismitte, sondern parallel zu einer der Schienen angeordnete Stromschiene.

zeug durch fliegende Kabel verbunden waren (sog. Schlitzrohrsystem). Der Strom gelangte via positives Rohr in den Wagen und schloss den Stromkreis durch das negative Rohr. Die Schienen wurden somit zur Erdung nicht benutzt. Nach dem Ende der Ausstellung wurde die Strecke zwar abgebaut; gleichwohl war dies die erste Trambahn mit Speisung ab Fahrleitung.

Wiederum 1881 und in Paris wurde auf der bereits bestehenden Linie Montreuil–Place de la Nation das erste von auf dem Fahrzeug untergebrachten Akkumulatoren des Typs Faure[25] gespeiste Tram erprobt. Das von Nicolas Raffard gebaute Tram war ebenfalls zweistöckig; es handelte sich um einen für diesen Zweck mit einem Motor von Siemens ausgerüsteten, gemieteten Pariser Pferdetramwagen. Das System mit eigener Energiequelle an Bord, ohne eine wie auch immer gestaltete externe Stromzufuhr, schien erfolgsversprechend zu sein. Sehr bald zeigte sich aber die geringe Leistungsfähigkeit der damaligen Batterien und somit deren Nichteignung für Traktionszwecke.

1882 erprobte Siemens auf einem 2200 m langen Abschnitt der schon bestehenden Pferdebahnlinie Spandau–Charlottenburg die Stromversorgung mit einem zweiachsigen Kontaktwägelchen, das auf zwei Fahrdrähten lief, vom Motorwagen mit einem Drahtseil hinter sich hergezogen wurde und mit dem Fahrmotor durch fliegende Kabel verbunden war. Dieses Wägelchen wird im Englischen als „troller"[26] bezeichnet und später entsprechend dem Gebrauch des Wortes im Amerikanischen „trolley" (ein mit sich drehenden Rollen ausgestatteter kleiner Wagen, vgl. dazu das schweizerdeutsche Verb „trüle" = drehen) genannt. Dieses rudimentäre und wegen der häufigen Entgleisungen sehr unzuverlässige System fand bei Strassenbahnen in Europa keine weitere Verwendung.

Hingegen wurde eine verbesserte Version des „Schlitzrohrsystems" in drei Ländern realisiert: 1883 in Österreich zwischen Mödling und Hinterbrühl (bei Wien; wesentlich höher – etwa auf 5 m – angebrachte Seitenfahrleitung), 1884 in Deutschland zwischen Frankfurt am Main und Offenbach und 1888 in der Schweiz auf der Strecke Vevey–Montreux–Château de Chillon (erste elektrische Strassenbahn in der Schweiz, nunmehr mit senkrecht über den Fahrzeugen montierter Schlitzrohrfahrleitung). Diese Art der Fahrleitung (insbesondere bei Weichen und Kreuzungen) wurde jedoch als für städtische Trambetriebe wegen der hohen Kosten, des grossen Gewichts der Anlage und der schwierigen Konstruktion von Luftweichen und Kreuzungen als ungeeignet beurteilt.

1883 wurde in Nordirland der erste Abschnitt einer Überlandtramstrecke (als erste weltweit) zwischen Portrush und Bushmills eingeweiht, welche auch die erste elektrische Strassenbahnstrecke auf den britischen Inseln war: das „Giant's Causeway Tramway". Die Spannung betrug 250 V Gleichstrom; die elektrische Ausrüstung der Wagen war von Siemens. Es wurde eine neben dem Gleis mit 914 mm Spurweite angeordnete Stromschiene verwendet. Der Strom für den Trambetrieb wurde zum ersten Mal in einem Wasserkraftwerk produziert. Die Rückleitung erfolgte durch die Schienen.

Dieses für die Strassenbenützer sehr gefährliche System wurde später ausschliess-

▷ **Bild 3.2**
Erstes, von Siemens & Halske gebautes elektrisches Tram in Berlin, 1881

Aufnahme aus: „The Siemens Tram from past to present", Siemens, 2009

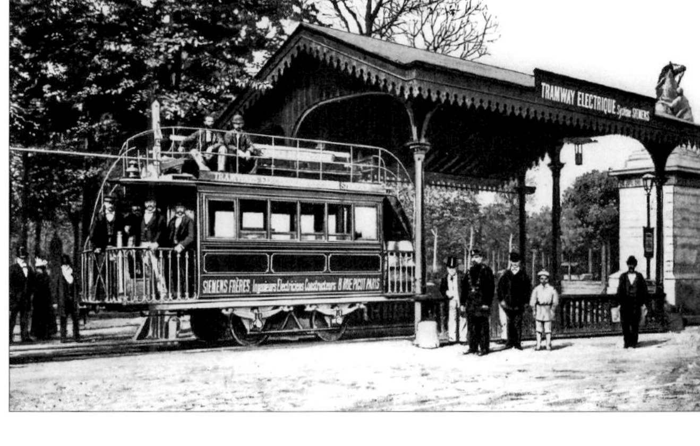

▷ **Bild 3.3**
Erstes Tram mit Speisung ab Fahrleitung, hergestellt durch Siemens & Halske, 1881 an der Internationalen Elektrizitätsausstellung in Paris

Aufnahme: Siemens

▷ **Bild 3.4**
Triebwagen 1 der Frankfurt-Offenbacher Trambahn-Gesellschaft (FOTG) mit Speisung durch Schlitzrohrsystem am Mathildenplatz in Offenbach, um 1890

Aufnahme: Fotograf unbekannt, Lizenz: gemeinfrei

[25] Der erste, vom französischen Chemiker Alphonse Faure erfundene Industrieakkumulator wurde im gleichen Jahr patentiert.

[26] 1882 überraschte der von Erfindergeist geradezu sprühende Werner Siemens in Zusammenarbeit mit seinem nach England emigrierten Bruder Carl Wilhelm mit dem sogenannten „Electromote" (Abkürzung von „electric motion") erneut die Fachwelt: Es handelt sich um ein schienenloses Fahrzeug mit Stromabnahme durch einen Kontaktwagen. Es ist der Vorläufer der heutigen Trolleybusse (Obusse).

◁ **Bild 3.5**
Die 1883 von Leo Daft gebaute Lokomotive „Ampère" in Newark (USA)

Bild aus: „The Street Railway Journal", 1904

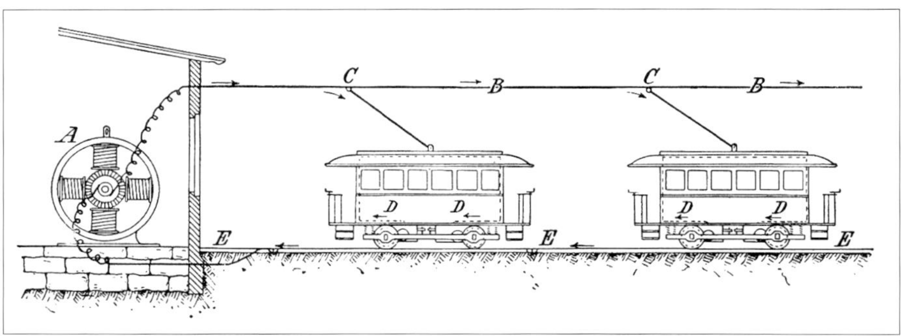

△ **Bild 3.6** • Funktionsschema der elektrischen Speisung mit Fahrleitung

Abbildung aus: „Die elektrischen Strassenbahnen mit oberirdischer Stromzuführung nach dem System AEG", 1894

lich auf Vollbahnen und Untergrundbahnen verwendet.

In jener Zeit begannen auch in Amerika Versuche mit elektrischer Traktion, was sehr bald zu einem technologischen Wettstreit mit Deutschland, respektive den in beiden Ländern ansässigen industriellen Grossunternehmen und den mit diesen verbundenen Elektrizitätswerken, führte.[27]

Zu den Pionieren der elektrischen Traktion in Amerika gehören die Erfinder Thomas A. Edison, der in der kalifornischen Stadt Menlo Park schon 1880 eine kleine elektrische Lokomotive ausprobiert hatte, die aber nicht kommerziell eingesetzt werden konnte, und Leo Daft, ein nach Amerika ausgewanderter Engländer, der 1883 in Newark (New Jersey) ebenfalls eine kleine, von ihm auf den Namen „Ampère" getaufte Maschine verwirklichte. Diese Normalspurlokomotive wurde von einer dritten Schiene mit 120 V Gleichstrom gespeist. Nach einer erfolgreichen Erprobung auf einem 2 km langen Abschnitt einer schon bestehenden Bahnstrecke mit einem mit 10 t beladenen Strassenbahnbeiwagen wurde diese Betriebsart 1885 in Baltimore und New York (auf der 9th Avenue Elevated Railway, Hochbahn) eingeführt, wo sie während einiger Jahre in beiden Städten zufriedenstellend funktionierte.

Daft ist auch Schöpfer einer wenig erfolgreichen Troller-Fahrleitung, erfunden wie so oft in der Geschichte der Technik parallel, aber unabhängig von Siemens in Europa. Sie fand in einigen Städten Amerikas bei Trambetrieben Anwendung.

Erste Versuche in Amerika mit elektrisch betriebenen Strassenbahnwagen im kommerziellen Einsatz gehen auf das Jahr 1884 zurück. Auf einem 1,6 km langen Abschnitt im Stadtzentrum von Cleveland, welcher der East Cleveland Railway gehörte, wurde mit einer primitiven Vorrichtung (System Bentley-Knight) eine unterirdische Speisung erprobt. Wegen der enttäuschenden Resultate musste der Betrieb nach einigen Monaten aber eingestellt und wieder mit Pferdetrams durchgeführt werden. Im darauffolgenden Jahr entstand in Denver (Colorado) eine ebenfalls unterirdische, von Professor Sydney H. Short erfundene Variante dieses Systems, die auf einem kurzen Abschnitt ausprobiert wurde. 1886 konnte auf einer etwa 8 km langen Strecke mit einer verbesserten Variante[28] ein Betrieb nach Fahrplan aufgenommen werden, der aber schon 1887 wegen der ebenfalls nicht guten Erfahrungen eingestellt werden musste.

In Europa wurde 1885 im englischen Seebad Blackpool auch eine Tramlinie mit unterirdischer Speisung in Betrieb genommen, die deren Erfinder, Michael Holroyd Smith, patentieren liess. Leider war die dafür gewählte Strecke – sie verlief dem Strand der Irischen See entlang und war deshalb ständiger Feuchtigkeit und Salz ausgesetzt – gänzlich ungeeignet, weshalb sie 1898 mit einer Fahrleitung wie wir sie heute kennen ausgerüstet wurde. M.H. Smith ist der Stammvater des Londoner „Conduit"-Systems, von dem später noch die Rede sein wird.

Im gleichen Jahr (1885) gelang Charles J. Van Depoele, einem nach Amerika ausgewanderten Belgier, der definitive Durchbruch mit der Speisung ab Fahrleitung, d.h. einem Draht, der in einer gewissen Höhe über dem Gleis mit an Masten befestigten Abspannungen aufgehängt ist. Der Strom gelangt von der Zentrale über die Fahrleitung und eine Stange, an deren Ende eine konkave Rolle angebracht ist, zu den Motoren des Wagens und kehrt via die Räder und die Schienen in die Zentrale zurück.

Seltsamerweise erkannte Van Depoele die Genialität seiner Erfindung nicht, weshalb er 1886 in der Stadt Montgomery eine neue Tramlinie mit dem unzuverlässigen, von Siemens erfundenen Troller-System in Betrieb nahm.

Die Hochkonjunktur des elektrischen Trams

Der eigentliche Durchbruch des elektrischen Trams fand erst 1888 statt: In jenem Jahr eröffnete der Ingenieur Frank Julian Sprague in Richmond (Virginia) einen Trambetrieb mit Wagen, die mit Stromabnehmerstangen ausgerüstet waren, was eigentlich nur eine praktische Anwendung des von Van De Poele erfundenen Systems

[27] Die wichtigsten amerikanischen Gesellschaften in diesem Geschäftsbereich waren Westinghouse Electric, Edison und Thomson-Houston (die beiden letzteren bildeten ab 1892 die Unternehmung General Electric), in Deutschland waren dies Siemens & Halske, die AEG, EAG-Schuckert und die UEG (europäische Filiale der Thomson-Houston, die 1904 in die AEG integriert wurde).

[28] Dieses System, das danach 1889 in Northfleet (England) erneut und wiederum mit negativem Erfolg angewendet wurde, funktioniert mit unter sich in Serie geschalteten Trammotorwagen. Der Strom wurde mit einem unterirdischen Leiter zu in regelmässigen Abständen montierten Speisepunkten („spring jacks" = Federwippen) geführt und gelangte mittels einer „plough" genannten, unter den Wagen montierten Stromabnahmevorrichtung in die Fahrzeuge.

▷ **Bild 3.7** Erstes Tram mit Stromversorgung durch Stromabnehmerstange und Rolle gemäss System Sprague in Richmond (USA)

Aufnahme: Archiv Library of Virginia, 1880er Jahre

▷ **Bild 3.8** Triebwagen 11 mit Rollenstromabnehmer in Christchurch (Neuseeland), gebaut in Philadelphia (USA) und lange Zeit in Dunedin eingesetzt

Aufnahme: Bernard Spragg, NZ, Lizenz: Public Domain

war. Sprague hat aber das Verdienst, das System vervollkommnet zu haben.[29]

Es wurden 40 in vieler Hinsicht innovative Wagen gebaut: zwischen Achse und Fahrzeugrahmen elastisch aufgehängte Motoren (sog. Tatzlagerantrieb), Widerstandsbremse, relativ stark geneigte, an den Endstationen für die Richtungsänderung drehbare Stromabnehmerstange mit Rolle aus Kupfer, Speisespannung 600 V. Diese war ideal für die Erzeugung einer genügenden Leistung der Fahrmotoren. Für die bisherigen, in die Fahrbahn integrierten Systeme war sie aber viel zu gefährlich.

Die 20 km lange Tramlinie der Stadt Richmond wies Abschnitte mit grosser Steigung auf und war deshalb als Versuchsstrecke bestens geeignet. Nach einigen Kinderkrankheiten erwies sich das System Sprague als sehr zuverlässig. Deshalb erlangte das elektrische Tram in Amerika innert kürzester Zeit eine eigentliche Hegemoniestellung, auch aus wirtschaftlichen Gründen, da der Betrieb der Pferdetrams sehr viel teurer war. 1890 gab es in Amerika schon mehr als 1500 km Linien, die von 1200 Wagen befahren wurden, und nur sechs Jahre später waren 23.000 km unter dem Fahrdraht und 40.000 Motorwagen im Einsatz.

Das Wort „Trolley“ gelangte in Amerika zu einer derart grossen Beliebtheit, dass es dort zum Synonym von Tram wurde.[30]

[29] Sprague gründete 1884 die „Sprague Electric Railway and Motor Company“, die 1890 von der Unternehmung Edison (dem früheren Arbeitgeber Spragues) übernommen wurde. Die Gesellschaft Thomson-Houston war ihr Konkurrent; sie hatte das Trolley-Patent von Van De Poele gekauft. Der Name Thomson-Houston blieb auch nach der 1892 erfolgten Fusion mit der Unternehmung Edison in den beiden Filialen in Grossbritannien und Frankreich erhalten (er figuriert in Frankreich nach mehr als 100 Jahren immer noch in der Abkürzung „Alsthom“ – seit 1998 Alstom – für „Alsace Thomson-Houston“).

[30] Eine Variante des Rollenstromabnehmers ist die Ausführung mit einem U-förmigen Gleitschuh anstelle der Rolle, die erstmals 1893 auf der Überlandtrambahn Stansstad–Stans (Schweiz) verwendet wurde. Dieses System wurde durch den deutschen Ingenieur Max Schiemann verbessert und findet sich heute noch auf allen Trol-

◁ **Bild 3.9**
Be 2/2 2 mit Lyrabügel beim Fussballstadion Letzigrund in Zürich (Schweiz), 2018

AUFNAHME: R. CAMBURSANO

◁ **Bild 3.10**
Ein AEG-Trammotor des Typs NB125

BILD AUS: „DIE ELEKTRISCHEN STRASSENBAHNEN MIT OBERIRDISCHER STROMZUFÜHRUNG NACH DEM SYSTEM AEG", 1894

△ **Bild 3.11** • Innenansicht eines elektromechanischen Tramkontrollers (Nockenfahrschalter), 2004
AUFNAHME: STAHLKOCHER, LIZENZ: CC BY-SA 3.0

Stromabnehmerstangen wurden danach auch in der restlichen Welt verwendet. In Europa rivalisierte dieses von der AEG vertretene System während eines Jahrzehnts mit dem Lyrabügel, resp. dessen Weiterentwicklung, dem Pantographen[31] von Siemens.

In jener Zeit waren alle Motorwagen Zweirichtungswagen (d.h. mit an beiden Wagenenden installierten Bedienungselementen). In Amerika wurde auf grösseren Wagen eine Stromabnehmerstange für jede Fahrrichtung montiert, die vom Wagenführer oder Schaffner an den Endstationen mit einem Seilzug bedient wurden. Es musste immer die in Fahrrichtung nach hinten weisende Stange angelegt werden, um Entgleisung der Rolle und daraus sich ergebende Beschädigungen der Fahrleitung zu vermeiden. Manöverfahrten mit nach vorne weisender Stromabnehmerstange sind zwar möglich, dürfen aber nur mit geringer Geschwindigkeit ausgeführt werden.

Eine später eingeführte Neuerung war der „Trolley retriever", d.h. ein Rückholmechanismus, der ähnlich wie die in Autos eingebauten Sicherheitsgurte funktioniert: das Seil für das Herunterziehen der Stromabnehmerstange wird blockiert, wenn diese nach einer Entgleisung der Rolle in die Höhe schnellt. Damit wird verhindert, dass die Stange gegen die Fahrleitungsabspannungen schlägt und diese beschädigt.

Mit einer geringen Verspätung gegenüber Amerika antwortete Europa mit einem 1890 durch den Siemens-Ingenieur Walter Reichel erfundenen Stromabnahmesystem mit Gleitbügeln, das im gleichen Jahr auf der Verlängerung zum Bahnhof Gross-Lichterfelde der 1881 in Betrieb genommenen Linie Gross-Lichterfelde–Kadettenschule erstmals angewendet wurde. Im Unterschied zur Kontaktrolle bestreicht ein Schleifstück die Fahrleitung.

Die erste Version bestand in einem aus eisernen Rohren konstruierten Gestell, auf dessen Enden quer zur Längsachse zwei kleine, rechteckige Rahmen aus Eisen angebracht waren, deren oberer Rand als Schleifleiste diente. Eine verbesserte Version entwickelte Reichel 1893: Es war dies ein direkt auf dem Wagendach montierter Bügel, der für den Fahrtrichtungswechsel drehbar und mit einem leicht gebogenen Schleifstück aus Aluminium versehen war (Lyrabügel; erste Anwendung in Dresden).

Kupfer ersetzte das ursprünglich für den Fahrdraht verwendete Eisen; die Fahrleitung wurde in einem leichten Zickzack aufgehängt, um eine gleichmässige Abnützung des Schleifstücks zu erzielen. Die Stromabnahme mittels Schleifstück statt Kontaktrolle ermöglichte den Verzicht auf komplizierte Führungsstücke bei Weichen und Kreuzungen, die sehr präzis verlegt werden mussten. Nachteilig war die grössere Abnützung der Schleifstücke.

Der klassische Trammotor, der seit Beginn verwendet wurde, ist ein Gleichstrom-Seriemotor (oder Hauptschlussmotor: Der Strom durchfliesst zuerst die Feldwicklung und danach den Rotor), dessen mechanische Charakteristiken sehr nahe bei denen eines „idealen Motors" sind, d.h. ein Motor mit konstanter Leistung über den ganzen Drehzahlbereich, welcher beim Anfahren eine hohe Zugkraft hat und somit eine grosse Stromstärke benötigt, bei zunehmender Geschwindigkeit aber mit abnehmender Zugkraft und kleiner werdendem Strombedarf funktioniert. Die Leistung ist abhängig von der angelegten Klemmenspannung. Die Zugkraft ist ungefähr proportional zum Strom.

leybuslinien und einigen Tramlinien (z.B. in Riga).

[31] Rollenstromabnehmer wurden in Europa erstmals 1890 in Bremen (provisorische Linie von der Börse zur Nordwestdeutschen Gewerbe- und Industrieausstellung im Bremer Bürgerpark) von der Thomson-Houston Electric Company verwendet. Im gleichen Jahr wurde die Strecke Florenz–Fiesole mit diesem System elektrifiziert (erste Linie mit fahrplanmässigem Betrieb), 1891 das Netz von Halle (Saale). Bis 1894 folgten weitere neun Städte, u.a. Kiew, Christiania (das heutige Oslo), und in fünf Städten war das System im Bau. Die Allgemeine Elektricitäts-Gesellschaft (AEG), die aus der 1883 gegründeten Deutschen Edison-Gesellschaft hervorging und die UEG verwendeten den Rollenstromabnehmer. Das Patent der UEG ging 1904 bei ihrer Einverleibung in die AEG an diese über.

▷ **Bild 3.12** Anordnung (v.l.n.r.) des Fahrschalters, des Führerbremsventils und der Handbremse des Museumswagens 502 der Turiner Verkehrsbetriebe (Italien), Erbauer Ansaldo/TIBB 1924

Aufnahme: R. Cambursano, 2017

Auf den ersten Trammotorwagen war oft nur ein Fahrmotor eingebaut, auf allen späteren aber mindestens zwei. Jeder übertrug sein Drehmoment mit einem Untersetzungsgetriebe auf eine Achse („Triebachse" genannt).

Weil es nicht möglich ist, einen gewissen Stromwert zu überschreiten, wenn man Schäden an den Motorwicklungen und am mechanischen Teil der Kraftübertragung vermeiden will, muss die Spannung beim Anfahren „dosiert" werden.[32] Dazu werden sog. Kontroller (oder Fahrschalter) eingesetzt, welche den Motoren die Spannung abgestuft zuführen: Der Wagenführer dreht eine Kurbel langsam von einer Stellung („Fahrstufe" genannt) zur nächsten, was bewirkt, dass die vorgeschalteten Anfahrwiderstände einer nach dem andern ausgeschaltet werden und der Wagen immer rascher fährt. Sind zwei Motoren oder ein Vielfaches davon vorhanden, können diese beim Anfahren in Serie und danach parallel geschaltet werden. Ist die letzte Parallelstufe eingelegt, werden die Motoren mit der maximalen Spannung gespeist (mit der Spannung der Fahrleitung), und der Wagen fährt mit der grössten Geschwindigkeit.[33]

Anfänglich wurden die Motorwagen nur mit einer mechanischen Einrichtung gebremst, die mit einer Kurbel oder einem Handrad bedient wurde. Später kamen elektrische und/oder pneumatische Bremsen hinzu.

Die elektrische oder elektrodynamische Bremse wird mit dem gleichen Fahrschalter bedient, indem man den Hebel in die Gegenrichtung dreht. Dies bewirkt, dass die Fahrmotoren als Generatoren arbeiten: Sie wandeln den durch die Fahrbewegung erzeugten Strom in Bremswiderständen in Wärme um, Stufe um Stufe wie beim Anfahren (die Stellungen des Fahrhebels werden als „Bremsstufen" bezeichnet). Die letzte Bremsstufe ermöglicht auf den meisten Motorwagen in Notsituationen durch Kurzschliessen der Motoren eine maximale Bremskraft.

Die pneumatische Bremse ist von der durch George Westinghouse 1872 für Eisenbahnen erfundenen Druckluftbremse abgeleitet. Mit dem Bremsventil wird den Bremszylindern direkt oder indirekt Druckluft zugeleitet, welche die Bremsklötze an die Radlaufflächen drückt und somit eine Bremsung bewirkt. Die benötigte Druckluft wird durch einen kleinen Kompressor erzeugt und im Bremsluftbehälter gespeichert, wobei der Druck automatisch geregelt wird.

Der Siegeszug des elektrischen Trams begann in Europa später als in Amerika: Auf dem Alten Kontinent waren die Pferdestrassenbahnen in der Volksmeinung gut verankert und weiter verbreitet als auf der andern Seite des Ozeans. Vor allem aber gab es in Europa eine ganze Reihe von Reglementen und Vorschriften für die Nutzung des öffentlichen Grundes, die in Amerika, wo man den privaten Gesellschaften grössere Freiheiten zugestand, keine Entsprechung hatten.

In unseren Städten gab es (und gibt es immer noch) eine starke Empfindlichkeit gegen Eingriffe jeglicher Art in die architektonisch wertvolle Substanz der Altstadtzentren, weshalb die Behörden nur ungern Bewilligungen für das Aufstellen von Masten und die Montage von Abspannungen und Fahrleitungen erteil(t)en.

Deshalb wurden Techniker beauftragt, alternative, weniger auffällige Speisungssysteme zu erfinden… Bemühungen, die in der damaligen Zeit zu keiner brauchbaren und wirtschaftlich vertretbaren Alternative führten.[34]

Aus diesem Grund wurde parallel zu diesen Anstrengungen fast überall die Elektrifizierung der Strassenbahnnetze mit Fahrleitungen weitergeführt und bis zum Beginn des 20. Jahrhunderts abgeschlossen.

Speisung ab Fahrleitung

Die meistverbreitete Art der Speisung ist diejenige mit Gleichstrom ab Fahrleitung, auch wenn sich dieses System wie erwähnt in der Anfangszeit – aber auch in der

[32] Die beiden grundlegenden, bei elektrischen Fahrzeugen zur Anwendung gelangenden Prinzipien sind das „Ohm'sche Gesetz" (formuliert 1827 vom deutschen Physiker Georg Simon Ohm): Es zeigt, dass die von den Motoren aufgenommene Stromstärke I – in Ampère gemessen – aus dem Verhältnis zwischen der Speisespannung (Messeinheit: Volt) und dem eingeschalteten Widerstand R (Messeinheit: Ohm) resultiert: I = V/R. Das Stromwärmegesetz von 1848 des britischen Professors James Prescott Joule besagt, dass die Leistung W (in Watt gemessen) dem Produkt aus der Spannung und der Stromstärke entspricht: W = V x I. Beim Anfahren wird ein Teil der Leistung in den Widerständen in Wärme verwandelt (sog. „Joule-Effekt").

[33] Die Serie-Parallelschaltung ist vom britischen Ingenieur Edward Hopkinson (1849-1898) erfunden worden.

[34] Bezeichnend sind dafür drei Hauptstädte: In Wien und London wurde der Betrieb von Tramlinien im historischen Zentrum nie erlaubt; in Paris durften Fahrleitungen innerhalb der Stadtmauern nicht montiert werden.

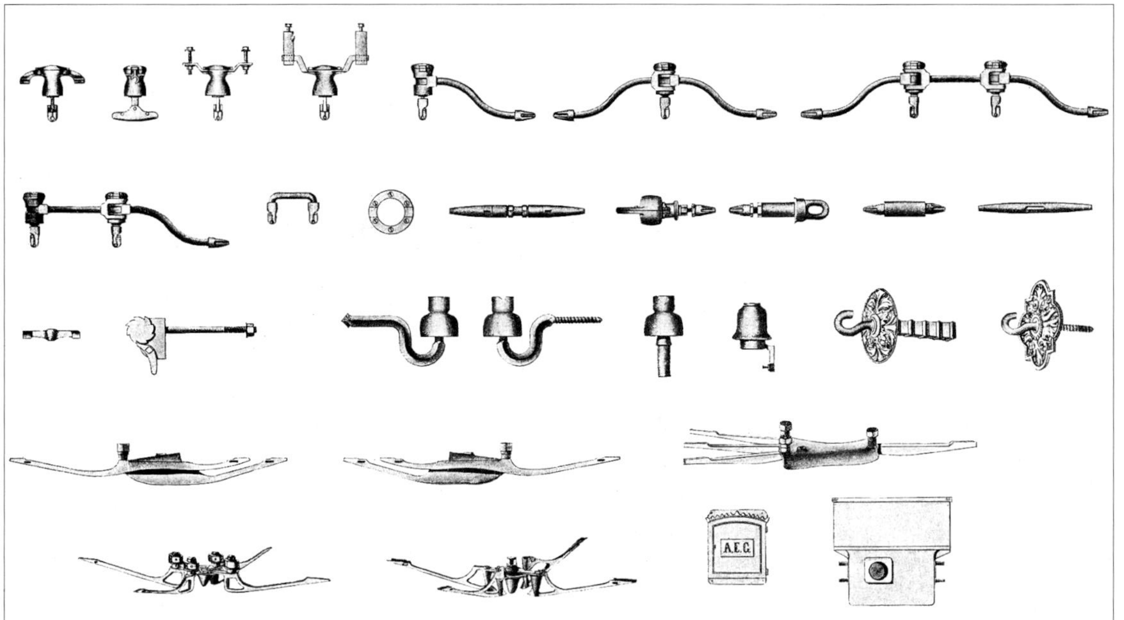

◁ **Bild 3.13** Verschiedene Komponenten für den Fahrleitungsbau im 19. Jahrhundert

ABBILDUNG AUS: „DIE ELEKTRISCHEN STRASSENBAHNEN MIT OBERIRDISCHER STROMZUFÜHRUNG NACH DEM SYSTEM AEG", 1894

△ **Bild 3.14** • Einfacher, deutscher Leiterwagen aus der Anfangszeit für den Bau und Unterhalt der Fahrleitung AUFNAHME AUS: „DIE ELEKTRISCHEN STRASSENBAHNEN MIT OBERIRDISCHER STROMZUFÜHRUNG NACH DEM SYSTEM AEG", 1894

neusten Zeit – nicht allgemeiner Zustimmung erfreuen konnte, resp. kann.

Der in den Elektrizitätswerken produzierte Wechselstrom hoher Spannung wird in Gleichrichterstationen in Gleichstrom von damals 550-600 V umgewandelt. Von dort aus gelangt der Strom zur Tramstrecke, wobei der Pluspol mit der Fahrleitung verbunden wird. Die Fahrleitung besteht aus einer Kupferlegierung; sie ist an Abspannungen aufgehängt, welche an Masten am Strassenrand befestigt oder in Hausmauern verankert sind.

Die Fahrzeuge werden via Lyrabügel, Stromabnehmerstange oder Pantograph mit Strom versorgt. Die Rückleitung des Stroms erfolgt über den Wagenrahmen und die Räder zu den Schienen, welche mit dem Negativpol der Gleichrichterstation verbunden sind, womit der Stromkreis geschlossen wird.[35]

Nachdem – wie schon erwähnt – aus Sicherheitsgründen sehr bald auf die Speisung mit der seitlich des Gleises angeordneten dritten Schiene verzichtet wurde (dieses System wird heute noch bei Untergrund- und einigen Überlandbahnen verwendet, deren Gleisbereich für die Fahrgäste nicht zugänglich ist), wendete man sich einerseits der Speisung ab in den Fahrzeugen montierten Batterien, andererseits der unterirdischen Stromzuführung zu. Erst nachdem sich diese Systeme damals als unzuverlässig erwiesen hatten, konnte sich die Fahrleitung aus praktischen Gründen und wegen der grösseren Sicherheit durchsetzen und gehört seither fast überall zur Ausrüstung von Trambetrieben.

Tramwagen mit Akkumulatoren

Wie schon erwähnt, hatte die Speisung ab Batterie anfänglich und auch heute wieder aus ästhetischen Gründen eine gewisse Verbreitung.

Nachdem ab den 1880er Jahren brauchbare, industriell herstellbare Akkumulatoren zur Verfügung standen, wurden vielerorts erste Versuchsfahrten auf bestehenden Linien durchgeführt. 1890 wurden insgesamt etwa 60 Batterie-Tramwagen in den USA, England und Frankreich kursmässig eingesetzt.

Die Ernüchterung trat jedoch bald ein: Akkumulatoren sind schwer, benötigen viel Platz und ihre geringe Speicherkapazität verunmöglicht den Einsatz des Fahrzeugs während des ganzen Tags. Zudem geben sie unangenehme Gerüche ab.

Anfänglich wurden die entladenen Batterien an den Endstationen ersetzt, was aber sehr teuer und arbeitsintensiv war. Deshalb wurden entlang der Strecke bald Ladestationen mit Anschlusskabeln eingerichtet.

Abgesehen von einigen ganz mit Batterien betriebenen Strecken wurde zumeist – wie auch heute noch – nur in jenen Abschnitten ab Batterie gefahren, wo eine Fahrleitung das Ortsbild „verschandelt" hätte, und auf dem Rest der Strecke ab Fahrleitung.[36] Zusätzlich zum erwähnten geringen Wirkungsgrad waren die Akkumulatoren jener Zeit durch eine unvollständige und langsame Wiederaufladung charakterisiert, weshalb die Speisung der Tramwagen durch Batterien schon im ersten Jahrzehnt des 20. Jahrhunderts überall wieder aufgegeben wurde.

Die Speisung ab Akkumulatoren oder ab Fahrleitung erlebte ein Jahrhundert später (2007) in Nizza eine Wiedergeburt in moderner Form (ausführliche Beschreibung im Kapitel 8).

Speisung aus dem Untergrund

Als einzige Alternative zur Fahrleitung erlangte die Speisung durch einen unterirdi-

[35] In einigen wenigen Fällen erfolgte die Stromrückführung durch einen zweiten Fahrdraht, der parallel zum ersten aufgehängt ist (zum Beispiel in Cincinnati, wo die zweidrähtige Fahrleitung sowohl von den Tramwagen wie auch von den Trolleybussen benützt wurde).

[36] Eine erste Anwendung von Bedeutung wurde 1895 in Hannover auf dem gut 130 km langen Netz auf Teilstrecken gemacht, gefolgt 1896 von Dresden. In Rom wurden Batteriefahrzeuge 1898 in Betrieb genommen, aber bereits 1900 durch Speisung ab Fahrleitung ersetzt.

schen Leiter eine gewisse Verbreitung. Nach den ersten, bereits erwähnten Misserfolgen wurde das von M.H. Smith erfundene Schlitzkanal-System (im Englischen mit „conduit“, im Französischen mit „caniveau“ bezeichnet, auf Deutsch auch Schleifleitungskanal genannt) in einer verbesserten Version in zahlreichen Städten in verschiedenen Varianten angewendet.

In einigen Fällen ermöglichte die unterirdische Stromzuführung die Weiterverwendung von zuvor für Cablecars gebauten Kanälen[37], aber sie wurde zumeist lediglich aus den erwähnten ästhetischen Gründen eingeführt, z.B. in New York, Paris, Berlin, Brüssel, Budapest, Prag, London und Washington. Die Fahrzeuge waren in den meisten Fällen sowohl für die Stromabnahme ab Fahrleitung (vielfach an den Stadträndern) wie auch ab Schlitzkanal (in den Stadtzentren) eingerichtet.

Der Schlitzkanal, in den ein unter dem Wagenfussboden angebrachtes metallenes, beidseitig mit Kontakten versehenes Profil ragte, war zumeist in der Gleismitte angeordnet. Die Kontakte bestrichen die im Kanal angebrachten Plus- und Minusleiter.

Das System ist vergleichbar mit demjenigen der Trolleybusse, bei denen ein Fahrdraht für die Stromzuführung mit dem Plus-, der andere für die Stromrückführung mit dem Minuspol verbunden ist. Im Unterschied zur Speisung ab Fahrleitung werden die Schienen für die Stromrückführung nicht benutzt.

Es wurde auch eine Variante mit zwei Schlitzkanälen ausprobiert (je einer für den positiven und den negativen Pol). Aus einleuchtenden Gründen (Mehrkosten, aufwändige Konstruktionen für die sich bei Weichen und Kreuzungen kreuzenden Pole) fand dieses System aber keine Verbreitung.[38]

In andern Fällen war der Schlitzkanal nicht in der Mittellinie, sondern auf der Innenseite einer der beiden Schienen angebracht.[39]

In einigen Hauptstädten überlebte das Schlitzkanalsystem bis zum Schluss des Trambetriebs: in Paris bis 1937, in London bis 1952[40] und in Washington (weltweit letzter „Conduit“-Betrieb) bis 1962.

Der Speisung mit Schlitzkanal der ersten Generation war aus verständlichen Gründen kein Glück beschieden: hohe Baukosten, komplizierte Herstellung von Weichen und Kreuzungen und der Übergangseinrichtungen vom Schlitzkanal zur Fahrleitung und umgekehrt, Betriebsbehinderungen wegen Verschmutzung der Kanäle. Es wurde in moderner Form ab 2003 in Bordeaux wieder eingeführt („Alimentation par le sol“, APS, vgl. Kapitel 8).

In Europa fand auch ein System mit Oberflächenkontakten eine gewisse Verbreitung.[41] Dieses bestand aus in festen Abständen in den Strassenbelag eingelassenen grossen Rundkopfnägeln, von denen immer mindestens einer vom an der Fahrzeugunterseite montierten Skischleifer bestrichen wurde. Um Stromschläge zu vermeiden, waren jeweils – zumindest theoretisch – nur die sich gerade unter dem Wagenboden befindlichen Rundkopfnägel eingeschaltet; deren Aktivierung erfolgte durch das Gewicht des Schleifers. Nach der Durchfahrt des Trams wurden die Rundkopfnägel durch

▷ **Bild 3.15**
Batterietrams in Paris (Frankreich) beim Laden der Batterien, Endstation der Vorortslinien bei der Puteaux-Brücke

Aufnahme: zeitgenössische Ansichtskarte, 1910er Jahre

▷ **Bild 3.16**
Weiche und drei Kreuzungen mit unterirdischer Speisung des Typs „Conduit“ für das Londoner Tramnetz (Vereinigtes Königreich)

Aufnahme aus: „The Street Railway Journal“, 1894

[37] Relevant ist New York, wo in den 1920er Jahren das grösste Conduit-Speisesystem weltweit vorhanden war.

[38] Das „Doppel-Conduit-System“ wurde 1884 in Boston in Betrieb genommen.

[39] Die auf der Innenseite einer Schiene angebrachte Conduit-Speisung war ein Patent der Firma Siemens & Halske. Sie wurde erstmals 1887 in Budapest verwendet.

[40] In Europa war London mit fast 194 km die Stadt mit dem längsten Conduit-System.

[41] Erste Versuche mit einem Oberflächenkontaktsytem (System Claret/Vuillemier) wurden in Clermont-Ferrand durchgeführt und anlässlich der Exposition universelle, internationale et coloniale von 1894 in Lyon erstmals kommerziell eingesetzt. Zwischen 1896 und 1902 wurde in München eine Versuchsstrecke mit dem Schuckert-System betrieben, mit sehr enttäuschendem Erfolg. 1899 wurde in Tours die erste Linie mit dem weiterentwickelten System Diatto (patentiert durch den Turiner Bürger Alfredo Diatto) ausgerüstet, gefolgt von Paris und weiteren französischen Städten. Das Dolter-System wurde in einigen englischen und französischen Städten verwendet; keines all dieser Oberflächenkontaktsysteme überlebte aber das erste Jahrzehnt des 20. Jahrhunderts.

◁ **Bild 3.17**
Tram ausgerüstet sowohl mit Stromabnehmerstange wie auch für Speisung mit Conduit-Speisung bei einem Portal des 1897 eröffneten „Blackwall Tunnel" in London (Vereinigtes Königreich)

Aufnahme: zeitgenössische Postkarte, gegen 1900

◁ **Bild 3.18**
Tram mit Diatto-Speisesystem (Speisung mit Oberflächenkontakten), Paris (Frankreich),

Aufnahme: zeitgenössische Postkarte, 1900er Jahre

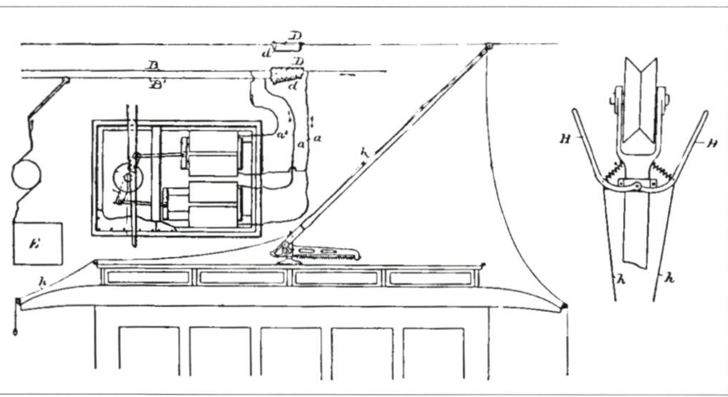

◁ **Bild 3.19**
Funktionsprinzip des durch Stone and Webster erfundenen elektrischen Weichenantriebs

Abbildung aus: „The street railway journal", 1892

eine Feder angehoben und dadurch der Stromkreis geöffnet.
Das Oberflächenkontaktsystem war wegen des unzuverlässigen Ein-/Ausschalt-Mechanismus noch kurzlebiger als die Conduit-Speisung: zu zahlreich waren die Stromschläge, welche Tiere und Menschen trafen.

◁ **Bild 3.20**
„Ventotto"-Wagen mit Weichenstell-„Schlitten" an der rechten Fahrleitung in Mailand (Italien), 1980er Jahre

Aufnahme: Richard Gerbig

Eine Besonderheit und Neuerungen

Während der Elektrifizierung der Tramnetze trieb der Erfindergeist zum Teil seltsame Blüten. Da war zum Beispiel die Idee, die Tramwagen in Serie mit Elektrizität zu speisen (d.h. mit gleicher Stromstärke). Üblicherweise sind Tramwagen, die auf der gleichen Linie verkehren, miteinander in Parallelschaltung verbunden, d.h. sie haben die gleiche Spannung und können unabhängig voneinander fahren.
Zu Beginn der elektrischen Traktion glaubten einige Fachleute einen doppelten Vorteil der Serieschaltung darin zu erkennen, dass die Fahrzeuge mit geringeren Stromstärken betrieben und der Spannungsabfall auf den sich weit von den Einspeisestellen befindlichen Trammotorwagen vermieden werden könnte. Dazu braucht es zwei parallel aufgehängte Fahrdrähte, einer für den Plus-, der andere für den Minuspol, und zwei Tramwagen, von denen der zweite in die Gegenrichtung fährt. Dieses System, das sowohl mit unterirdischer Speisung (in Amerika und England) wie auch mit Fahrleitung (Italien)[42] angewendet wurde, war in der Praxis mit derart grossen Nachteilen verbunden, dass es in sehr kurzer Zeit wieder verschwand. Die Nachteile resultieren aus der Notwendigkeit, das Netz in Speiseabschnitte zu unterteilen, wobei sich in jedem Abschnitt jeweils nur je zwei Wagen aufhalten durften und dem Umstand, dass ein defekter Wagen alle andern stilllegte.
Schon wenige Jahre nach dem Erscheinen des ersten elektrischen Trams wurden elektrische, mit Fahrleitungsspannung betätigte Weichen eingeführt: Die erste, elektrisch betätigte Weiche wurde 1892 durch Stone & Webster erfunden. Das Stellen geschah bei stillstehendem Wagen durch Anlegen der Stromabnehmerstange an ein parallel zur Fahrleitung angeordnetes, spannungsloses Fahrleitungsstück. Das Solenoid (eine Art Elektromagnet) des Stellmechanismus war einerseits mit diesem Fahrleitungsstück, andererseits mit dem Pluspol verbunden. Wurde die erste Fahrstufe eingelegt, gelangte der Minuspol von den Schienen über den Fahrschalter zum Solenoid des Stellmechanismus und die Weiche wurde gestellt.
Die nachfolgende Verbesserung ermöglichte das Stellen der Weiche vom fahrenden Wagen aus, sowohl mit Stromabneh-

42 Die erste Anwendung von in Serie geschalteten Wagen mit Speisung ab Fahrleitung (System „Cattori") erfolgte 1890 in Rom, hatte aber keinen Erfolg und wurde bald wieder durch den Pferdetrambetrieb abgelöst.

▷ **Bild 3.21** Tramwagen mit Drehstromausrüstung von BBC auf dem Netz der Strassenbahn Lugano (Schweiz), 1896

Aufnahme: Archiv BBC

merrolle wie auch mit Schleifstücken[43]: Im ersten Fall wurde die Weiche durch den Kontakt der Rolle mit einem isolierten Fahrleitungsabschnitt gestellt, im zweiten durch den Kontakt des Schleifstücks mit einem rechteckigen, schlittenförmigen Drahtstück, das beidseitig des Fahrdrahts montiert und mit Auffahrschuhen versehen war. Es war etwas tiefer als die Fahrleitung montiert. Das Funktionsprinzip war das gleiche wie beim ursprünglichen Typ. Einwandfreies Funktionieren des Stellmechanismus war nur bei langsamer Fahrt gegeben.

Die Fahrleitung ist in Abschnitte unterteilt, die von Gleichrichterstationen gespeist werden. Im Bedarfsfall (z.B. bei Ausfall einer Gleichrichterstation) können sie miteinander verbunden werden.[44]

Ab den letzten Jahren des 19. Jahrhunderts wurde auch Dreiphasen-Wechselstrom (Drehstrom) für die Speisung der Tramwagen verwendet. Drehstrom wurde zuvor nur für Hochspannungsleitungen gebraucht, aber nicht direkt für die Speisung von Motoren.

Entscheidend für die Entwicklung der Drehstrommotoren waren die von Galileo Ferraris und Niklaus Tesla durchgeführten Studien über drehende Magnetfelder, welche es der preussischen Unternehmung AEG 1889 ermöglichten, den ersten, industriell einsetzbaren Drehstrom-Asynchronmotor patentieren zu lassen.

Das erste, mit Drehstrom betriebene Schienenverkehrsmittel war der 1896 eröffnete Trambetrieb in Lugano.[45]

Zweifellos hat Drehstrom im Vergleich zu Gleichstrom Vorteile: Wegfall von Gleichrichtern, Einfachheit und Robustheit der Fahrmotoren. Nachteilig für den durch ständiges Anfahren und Anhalten gekennzeichneten Fahrbetrieb ist die systeminhärent anzustrebende konstante Drehzahl der Motoren und die komplizierte Fahrleitung bei Weichen und Kreuzungen.

Dies bewirkte, dass die wenigen Trambetriebe mit Drehstrom sehr bald auf Gleichstrom umstellten. Auf Vollbahnen hingegen wurde Drehstrom während längerer Zeit verwendet, in Italien bis 1976.[46]

Die Fahrt mit frequenzbedingt immer gleicher Geschwindigkeit und die Möglichkeit, bei der Talfahrt Energie ohne Verluste zu rekuperieren statt sie in Widerständen zu vernichten, sind Eigenschaften, welche den Drehstrom ganz besonders für Bergbahnen mit grossen Steigungen geeignet machen, weshalb er bis zum Aufkommen der modernen Leistungselektronik am Ende des 20. Jahrhunderts die beste Stromart für diesen Bahntyp blieb.

[43] Auf diese Weise betätigte Weichen gibt es heute nur noch wenige, z.B. in Mailand. In Deutschland sind sie seit 1996 wegen ihrer Nachteile nicht mehr zugelassen, da bei viel Strom verbrauchenden Hilfsbetrieben (Heizung, Fahrgastinformationssysteme etc.) und, insbesondere bei Fahrzeugen in Mehrfachtraktion, die Gefahr besteht, dass sich die Weiche ungewollt umstellt. Um dies im letzteren Fall zu verhindern, konnte bei gewissen Betrieben mit einer Taste die Speisung der Hilfsbetriebe bei der Fahrt über die Weiche unterbrochen werden. Eine andere Lösung war das Ein- respektive Ausschalten der Weichenverriegelung durch Fahrdrahtkontakte. Bei einigen kleineren Betrieben in Tschechien waren Bodenkontakte eingebaut, die von metallenen Bürsten bestrichen wurden (ähnlich den bei der französischen Eisenbahn SNCF verwendeten „Crocodiles"). Leipzig verzichtete auf die Anpassung der Infrastruktur und speiste den zweiten Triebwagen über die Scharfenbergkupplung, sodass dieser stets mit gesenktem Pantograph verkehrte.

[44] 1903 ereignete sich in der Station „Couronnes" der Pariser Metrolinie 2 ein schrecklicher Unfall, dem 84 Personen zum Opfer fielen. Er gab Anstoss für die generelle Speisung der Bahn- und Tramnetze mittels abschaltbaren Abschnitten, was eine grössere Sicherheit garantiert und den Ausfall der Speisung auf dem gesamten Netz verhindert.

[45] Es handelt sich um ein aus drei Linien bestehendes Meterspur-Stadtnetz von 4,9 km Länge. Auf jedem Motorwagen war ein einziger Drehstrom-Asynchronmotor montiert, der unter Zwischenschaltung von Widerständen mit 400 Volt ab einer zweipoligen Fahrleitung (für die dritte Phase wurden die Schienen verwendet) und zwei Stromabnehmerstangen gespeist wurde. Die Maximalgeschwindigkeit betrug 15 km/h; den mechanischen Teil der Wagen lieferte die deutsche Unternehmung Herbrandt, den elektrischen Teil stellte die 1891 gegründete Brown, Boveri & Cie (BBC) her. 1910 wurden die Tramlinien auf Gleichstrom umelektrifiziert.

[46] Speisung mit Drehstrom gibt es heute nur noch auf einigen Zahnradbahnen (z.B. auf der Jungfraubahn, der Gornergratbahn, der La-Rhune-Zahnradbahn in Frankreich und der Corcovado-Zahnradbahn in Brasilien) und neuerdings wieder bei „People-mover"-Systemen in Flughäfen. Seit dem Aufkommen der Leistungselektronik Mitte des 20. Jahrhunderts können Asynchron-Drehstrommotoren dank der Leistungselektronik auch ausgehend von Gleich- oder Einphasenwechselstrom gespeist werden.

◁ **Bild 3.22**
Einer der 50 aus zwei Wagen in Vielfachsteuerung gebildeten Züge in Montréal (Kanada)

Abbildung aus: „Electric Railway Journal", 1918

◁ **Bild 3.23**
Prototyp des elektrischen Strassenbusses von Siemens in Berlin (Deutschland), 1898

Aufnahme: Siemens

◁ **Bild 3.24**
Tramverkehr in New York (USA) mit Pferdetram, Cablecar und elektrischem Tram

Abbildung aus: „The Street Railway Journal", 1893

1897 erfand der Ingenieur Julian Sprague die Vielfachtraktion, welche erstmals auf der Hochbahn von Chicago angewendet wurde. Sie ermöglicht die Fernsteuerung der Antriebsausrüstung aller Motorwagen eines Zuges von einem Führerstand aus, wurde weiterentwickelt und bildete recht eigentlich die Basis für den Betrieb von Untergrundbahnen. In einigen Fällen fand das System auch Anwendung bei Trambetrieben.[47] Anstatt eines Motorwagens mit hoher Leistung, der mehrere Anhängewagen zieht, wurde es dadurch möglich, mehrere Motorwagen mit geringerer Leistung zu kuppeln.

Jeder Motorwagen ist mit einer vollständigen elektrischen Ausrüstung versehen, die vom Kontroller des führenden Fahrzeugs aus fernbedient werden kann, wobei jedes Fahrzeug den Fahrstrom mit dem eigenen Stromabnehmer bezieht.

In den ersten Jahren des 20. Jahrhunderts ersetzte die elektrische Traktion auf Schienen fast überall die andern für den städtischen Personenverkehr verwendeten Systeme. Der Trolleybus steckte noch in den Anfängen; andere Betriebsarten wie der elektrische Strassenomnibus von Siemens waren in Erprobung.[48]

Das Tram etablierte sich als optimale Lösung für den Massenverkehr, sowohl in technischer Hinsicht wie auch aus Umweltschutzgründen. Zur gleichen Zeit verschwanden die anfänglich ästhetisch begründeten Vorbehalte gegen Fahrleitungen auch in den historischen Stadtzentren fast gänzlich, auch deshalb, weil die dicken Speisekabel zwischen den Gleichrichterstationen und der Fahrleitung in den Boden verlegt und die Abspannungen mit optisch leichten Drähten an den Hauswänden oder an eleganten, zum Teil auch für die öffentliche Beleuchtung benützten Jugendstilmasten befestigt wurden. Hinzu kam, dass zu jener Zeit – nach Erreichung der technischen Reife aller Komponenten – die Kosten des elektrischen Betriebs ungefähr die Hälfte desjenigen der Pferdetrambahn und etwa einen Viertel des Omnibusbetriebs betrugen.

[47] Eine wichtige Anwendung wurde 1918 in Montréal verwirklicht, wo 50 von K. McLeod projektierte, aus zwei Triebwagen bestehende Züge in Betrieb genommen wurden. Sie wurden in Vielfachsteuerung von insgesamt sechs Motoren angetrieben.

[48] Als Beispiel sei der „Elektrische Strassenomnibus" erwähnt, der 1898 von der Unternehmung Siemens gebaut und während einiger Zeit in Berlin erprobt wurde, aber nicht über den Status eines Prototyps hinauskam: Es handelt sich um ein Hybridfahrzeug Schiene/Strasse, das auf Gleisen mit Stromabnehmer und Rückleitung durch die kleinen Räder vor der vorderen Achse gespeist wurde und auf der Strasse dank der eingebauten Batterien eine maximale Strecke von 12 km zurücklegen konnte.

4 Das goldene Zeitalter der Strassenbahn (1900-1930)

Tramnetze auf der ganzen Welt

Anfangs des 20. Jahrhunderts wurde das Tram zum wichtigsten Verkehrsmittel in den städtischen Agglomerationen. Obgleich ein bisschen laut und platzraubend, erfreute es sich der Sympathie der meisten Bürger.

Das erste Viertel des 20. Jahrhunderts war eine eigentliche Blütezeit, während derer grosse technische Fortschritte erzielt und die Streckennetze immer länger und dichter wurden, besonders in Europa und in Nordamerika.

Leider existieren aus jener Zeit keine zuverlässigen Statistiken für alle Streckennetze auf der ganzen Welt, wohl aber für die damaligen vier grossen europäischen Staaten: 1910 wurden in Österreich-Ungarn, Frankreich, Deutschland und im Vereinigten Königreich Grossbritannien zusammen 6,7 Milliarden Fahrgäste auf insgesamt 11.500 km Gleisen befördert. 1912 benützten in den Vereinigten Staaten von Amerika 11 Milliarden Fahrgäste das Tram und 1920 (im Jahr der grössten Streckenlänge) fuhren auf 64.300 km Gleisen 74.000 Tramwagen.

Am Ende des 19./Anfang des 20. Jahrhunderts wurden zahlreiche wichtige Neuerungen eingeführt: die Bezeichnung der Linien mit Nummern [49], feste Haltestellen (vorher konnten die Fahrgäste auf Verlangen auf der ganzen Strecke dort aussteigen, wo es für sie am bequemsten war), der Einbau von elektrischen Weichen, die vom Fahrzeug aus gestellt werden konnten (genauere Informationen im Kapitel 3; diese Neuerung machte die Weichensteller arbeitslos) und – früher als bei den Eisenbahnen – die elektrische Schweissung der Schienenstösse.

In den gleichen Jahren wurden auf den wichtigsten Verkehrsachsen einiger Städte die ersten Untergrundbahnen in Betrieb genommen, welche für die Beförderung besonders vieler Fahrgäste geeignet sind. Nach London und New York, wo 1863 die erste Untergrundbahn, resp. 1867 die erste Hochbahn eingeweiht wurde, kamen unterirdische Linien in Budapest (1896), Glasgow (1897), Paris (1900), Boston (1901), Berlin (1902), Liverpool (1903) und New York (1904) in Betrieb. Damit begann ein Zusammenleben von zwei auf Schienen verkehrenden Verkehrsmitteln,

▷ **Bild 4.1** Mühsamer Fahrgastwechsel bei einem seitlich offenen Tramwagen auf dem Broadway in New York (USA), 1913

Aufnahme: Archiv Library of Congress

[49] Zuvor wurden auch Symbole verwendet, z.B. ein Anker für die Linie vom Bahnhof Lausanne zum Hafen von Ouchy. In Zürich trugen die Pferdebahnwagen einen linienspezifischen Anstrich; dies wurde – ergänzt mit Liniennummern – auch auf den ab 2000 in Montpellier in Betrieb genommenen neuen Tramlinien so gehandhabt.

▷ **Bild 4.2** Domplatz Mailand (Italien) in den 1910er Jahren, Wendeschleife („Karussell" genannt) zahlreicher Tramlinien um die Reiterstatue herum

Aufnahme: Broggi

◁ **Bild 4.3**
Eine Weichenstellerin an der Arbeit in Berlin (Deutschland), 1915

Aufnahme: Archiv Library of Congress

◁ **Bild 4.4**
Komplizierte Tramkreuzung vom Typ „Grand Union" in Rochester (USA)

Aufnahme aus: „The Street Railway Journal", 1891

◁ **Bild 4.5**
Ein Angestellter bemalt Linienschilder in Stockholm (Schweden), 1943

Aufnahme: Archivbild aus dem Stockholmer Verkehrsmuseum auf Flickr

◁ **Bild 4.6**
Zwei thermische Motorwagen kreuzen in den 1950er Jahren in Forville (Belgien); am Schluss des langen, mit Zuckerrüben beladenen Güterzugs ist der obligatorische Gepäckwagen angehängt

Aufnahme: Sammlung J.H. Renard (EF)

das nicht immer gut ausging: in einigen Fällen führte dies zur völligen Einstellung von Trambetrieben: 1937 in Paris, 1952 in London und 1956 in New York. In andern Städten, wie z.B. Mailand, wurden nur die parallel zu Untergrundbahnlinien verlaufenden Tramlinien eingestellt.

Elektrische Trams wurden in beträchtlichem Umfang auch auf Überlandbahnen zur Ablösung der Dampftraktion eingesetzt (im Allgemeinen später als in den Städten und nicht überall).

Allein schon in den Vereinigten Staaten von Amerika gab es in den 1910er Jahren mehr als 16.000 Meilen (25.740 km) Überland-Tramstrecken. Das mit 1500 Meilen (2410 km) längste dieser als „Interurban" bezeichneten Netze wurde von der in Los Angeles ansässigen Gesellschaft Pacific Electric betrieben.

In Europa betrug die Länge aller Überland-Trambahnen des Vereinigten Königreichs Grossbritannien, Österreich-Ungarns, Deutschlands und Frankreichs zusammen mehr als 11.000 km. Bemerkenswert waren auch die Netze Kanadas, der Schweiz, Italiens sowie der Niederlande und im Besonderen Belgiens, wo über 4000 km von Überland-Trambetrieben („Chemins de fer vicinaux") befahren wurden.

Die „Belle Epoque" war auch der Zeitraum der grössten Ausdehnung von Touristik-Bahnen und -Trambetrieben, welche in Berggebieten Örtlichkeiten von besonderem Interesse zugänglich machten. In diesem Zusammenhang müssen auch Zahnradbahnen erwähnt werden: Die erste elektrische Tram-Zahnradbahn führte ab 1893 auf den südlich von Genf auf französischem Gebiet liegenden Mont Salève (1379 m). [50]

Vor dem Ersten Weltkrieg gab es auf den fünf Kontinenten insgesamt über 2500 Tramnetze. Die verbesserte Energieproduktion und -verteilung ermöglichten einen immer rationelleren Betrieb mit dichter Wagenfolge. Der Krieg 1914-1918 brachte aber eine gewaltige Erschütterung der Weltwirtschaft: Die dadurch ausgelöste Verteuerung der Rohstoffe hatte eine grosse Inflation zur Folge, welche die Betriebskosten der Strassenbahnen in drastischer Weise in die Höhe trieben.

Hier muss erwähnt werden, dass in jenen Jahren andere Verkehrsmittel, die mittlerweile ihre technische Reife erreicht hatten, mit dem Tram zu rivalisieren begannen:

[50] In Italien wurde 1901 in Genua die Zahnradtrambahn Piazza Principe–Granarolo eingeweiht, 1902 die berühmte Linie Triest–Opicina (damals auf österreichischem Staatsgebiet gelegen), deren Zahnstangenabschnitt 1928 durch ein System mit talseitig die vierachsigen Adhäsionstramwagen schiebenden bzw. bremsenden Standseilbahnwagen ersetzt wurde.

in Europa insbesondere der Trolleybus, der in den Städten zunehmend Tramlinien ersetzte, aber seinerseits nach dem Zweiten Weltkrieg durch den Autobus abgelöst wurde. Symptomatisch ist der Fall der Stadt London.[51]

Es existierten auch Tramwagen mit Verbrennungsmotorantrieb, die jedoch nicht sehr verbreitet waren: In der ersten Hälfte des 20. Jahrhunderts fanden sich einige Exemplare in den Vereinigten Staaten von Amerika, in Mexiko, Japan, Grossbritannien, Frankreich, Belgien, in den Niederlanden, in Schweden und in der Schweiz[52], insbesondere auf Überlandlinien. Die grösste Zahl solcher Wagen verkehrte in Karachi in Pakistan.[53]

Ab Ende der 20er Jahre verursachte die grosse Wirtschaftskrise in Amerika den Konkurs zahlreicher Überlandstrassenbahnen, die wenig ertragreich waren und die zunehmende Konkurrenz durch den motorisierten Individualverkehr zu spüren bekamen.

Städtische Trambetriebe konnten dank technischer und organisatorischer Verbesserungen vorerst überleben, ausser in sehr kleinen Städten, wo der Unterschied zwischen Betriebsaufwand und Ertrag nicht mehr verkraftbare Ausmasse annahm. Gleiches geschah nach dem Zweiten Weltkrieg auch in Europa, eingeleitet bereits vor dem Krieg – wie schon erwähnt – durch Grossbritannien und Frankreich.

Unterirdisch angelegte Strassenbahnen

Die klassische Untergrundbahn ist nicht das einzige Beispiel für unter der Strassenoberfläche auf Schienen geführten öffentlichen Personenverkehr in Städten: Der „Murray Hill Tunnel“ (in Betrieb von 1834-1935) in New York, den wir bereits erwähnt haben, war ohne Zweifel der erste von Tramwagen benutzte unterirdische

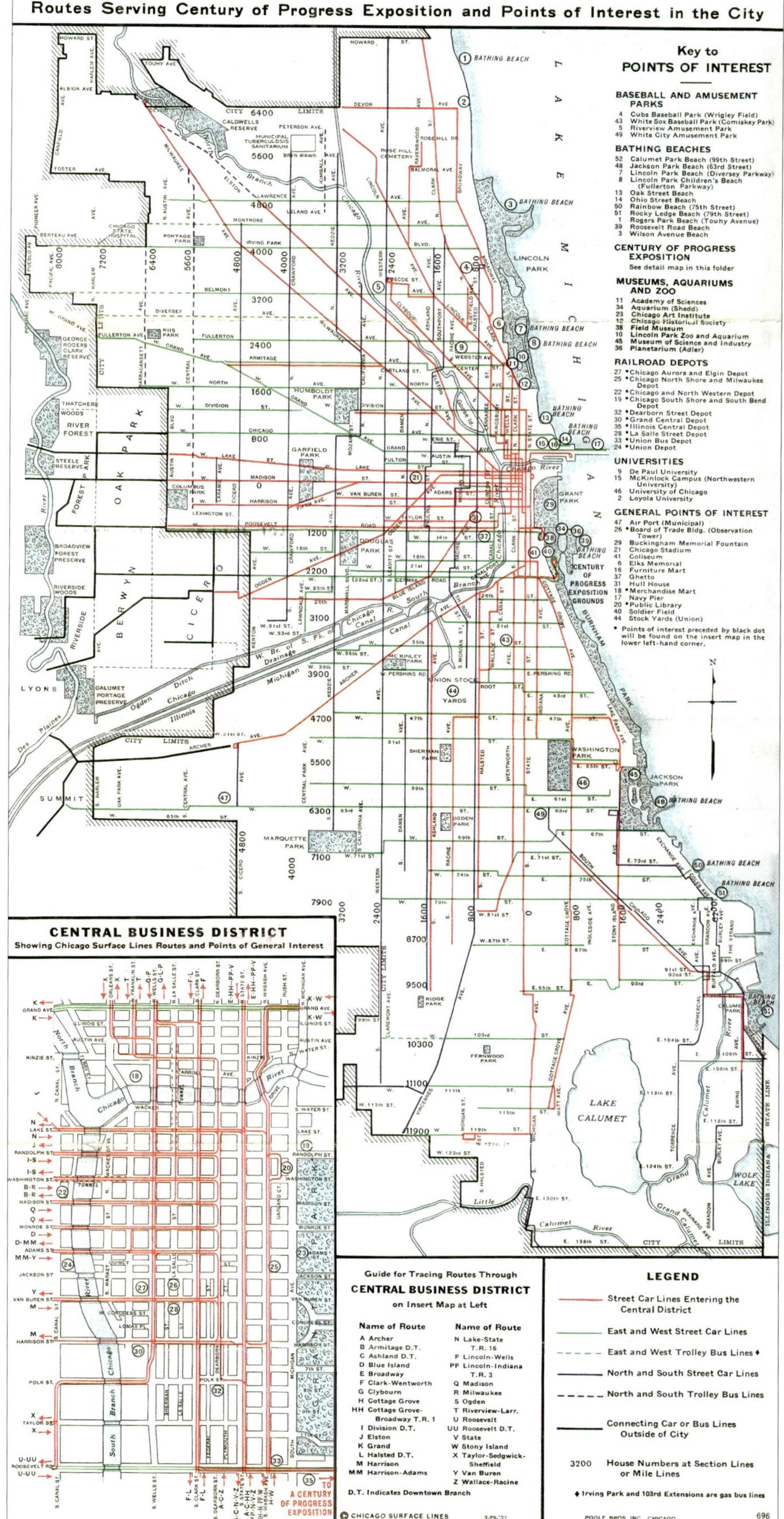

△ **Bild 4.7** • Plan des sehr grossen Tramnetzes von Chicaco (USA), 1933; die Legende weist Strassenbahnlinien, welche ins Stadtzentrum fahren, eine rote durchgezogene Signatur zu. Durchgezogene grüne Linien symbolisieren Tramlinien in genereller Ost-West-Ausrichtung, grün gerissen sind Ost-West-Linien dargestellt, wenn sie mit Trolleybussen betrieben wurden. Die violette Farbe ist Tram- (durchgezogen) und Trolleybuslinien (gerissen) vorbehalten, die in Nord-Süd-Richtung unterwegs sind. ABBILDUNG: ARCHIV ERIC FISHER, LIZENZ: CC BY-SA 2.0

51 In der britischen Hauptstadt verkehrten 1924 schon 5311 (Doppelstock-)Autobusse. 1931 bezeichnete die angesehene „Royal Commission on Transport“ als erste Behörde weltweit Strassenbahnen als „obsoletes Transportmittel“ und empfahl dessen Ablösung durch „andere Transportformen“, weshalb in London die Einstellung von Tramlinien schon 1933 begann und 1952 abgeschlossen wurde. Anfänglich wurde der Trolleybusbetrieb propagiert (Ende der 30er Jahre zählte man in Grossbritannien 5000 Trolleybusse, wovon 1800 in London), aber bereits 1962 wurde die letzte Obuslinie eingestellt.

52 Zusätzlich zu einem thermischen Wagen verkehrte auf der 700 m langen Strecke Bahnhof Rheineck–Talstation Seilbahn Walzenhausen auch ein elektrischer Triebwagen.

53 Das Stadtnetz von Karachi wurde von 1905 bis zu seiner Schliessung 1975 mit Benzintrammotorwagen (maximaler Bestand 64 Einheiten) betrieben, gegen den Schluss auch mit neuen oder aus alten Wagen umgebauten Dieselfahrzeugen.

◁ **Bild 4.8** Gleise im 1897 eröffneten Tunnel „Tremont Street Subway" in Boston (USA)

AUFNAHME: BOSTON TRANSIT COMMISSION, 1898, LIZENZ: GEMEINFREI

Abschnitt. Unterirdische Strecken wurden aber ab Ende des 18. Jahrhunderts auch in anderen Städten gebaut, um den Oberflächenverkehr zu entlasten, vor allem auf Strecken, die von (zu) vielen Strassenbahnlinien befahren wurden.

Dabei handelt es sich um die Vorwegnahme des „Prémétro"-Systems, das sich mehr als ein halbes Jahrhundert später zu verbreiten begann. Es ist charakterisiert durch mehrere, einen unterirdischen Streckenabschnitt benutzende Tramlinien und unterirdische Stationen.

1893 wurde in Marseille der Noailles-Tunnel eröffnet, der anfänglich von feuerlosen Dampflokomotiven des Typs Francq, danach von elektrischen Tramwagen und heute noch von Strassenbahnwagen der neuesten Generation befahren wird.

1897 wurde in Boston der erste Abschnitt des „Tremont Street Subway"[54] in Betrieb genommen, der auch heute noch von vier Stadtbahnlinien, die im Bündel als „Green Line" bezeichnet werden, befahren wird. 1904 konnte in Pittsburgh der ebenfalls noch heute von Stadtbahnlinien benützte „Mount Washington Transit Tunnel" eröffnet werden. Philadelphia folgte 1907 mit dem „Central City Subway"[55], dann wiederum New York mit dem „Williamsburg Bridge Streetcar Terminal" (von 1908-1948 benützt, dort konnten die Fahrzeuge für die Rückfahrt über die Williamsburg Bridge gewendet werden) und 1916 Newark mit dem „Cedar Street Subway"[56]. In San Francisco wurden 1918 der „Twin Peaks Tunnel" und 1928 der „Sunset Tunnel" in Betrieb genommen (beide immer noch benützt). Der 1925 in Los Angeles eröffnete „Belmont Tunnel" wurde 1955 geschlossen; in Washington entstanden 1931-1949 drei kurze Abschnitte, die 1962 alle ausser Betrieb genommen wurden.

In Europa muss der von 1906 bis 1952 betriebene „Kingsway Subway" in London[57] erwähnt werden.

Weitere Verwirklichungen fanden sich in Genua (die „Galleria Certosa")[58] und der „Lindentunnel"[59] in Berlin (1916-1951). Ganz speziell ist auch Stockholm[60], als Vorläufer der „Prémétro".

Technische Entwicklung der Trammotorwagen

Technische Verbesserungen an den Fahrzeugen ermöglichten es, die Sicherheit zu erhöhen, den fahrplanmässigen Betrieb stabiler zu machen und den Komfort der Reisenden und des Personals zu steigern.

Anfänglich nicht vorhandene Türen wurden eingebaut, die Endplattformen gegen die Unbill der Witterung durch Verlängerung des Daches geschützt und die Stirnwände verglast. Immer mehr wurden durch Wände und Türen vom Fahrgastraum abgetrennte Führerstände geschaffen, dank derer der Wagenführer seine Arbeit ungestört und zumeist sitzend verrichten konnte. Durch Kompressoren erzeugte Druckluft wurde für die Bremsung der Fahrzeuge verwendet, aber auch für die Bedienung der Türen und weiterer Hilfsbetriebe (Sander, Fensterwischer, etc.). Mit der Zeit erhielt auch der Schaffner einen Sitzplatz.

[54] Im unter dem Zentrum von Boston angelegten „Tremont Street Subway" waren anfänglich fünf unterirdische Stationen vorhanden. Bei den Tunnelportalen im Norden und Süden verzweigten sich die Tramlinien. Schon im darauffolgenden Jahr wurde mit Verlängerungsarbeiten begonnen, die etappiert während 60 Jahren durchgeführt wurden (letzte Verlängerung 1959).

[55] Der „Central City Subway" wird heute noch von fünf Tramlinien benützt. Der 3,8 km lange Tunnel verläuft unter der zentral gelegenen Market Street, weist acht Stationen auf und wird auch von der blauen Metrolinie auf den beiden mittleren der vier Gleise befahren.

[56] Dieser erste kurze Tunnel wurde 1935 an den neuen „Newark Central Subway" angeschlossen. Er wird heute noch von den beiden Stadtbahnlinien befahren, die bei der unterirdischen Penn Station enden und wo auf die Regionalmetrolinie PATH nach New York City umgestiegen werden kann.

[57] Der „Kingsway Subway" zwischen der Theobalds Road und der Waterloo-Brücke wurde 1908 vollendet und mit dem Conduit-System ausgerüstet. Er verband die bis dahin eigenständigen Tramnetze nördlich und südlich der Themse; in beiden Richtungen wurde im Sieben-Minuten-Takt gefahren. Die Haltestellen Holborn und Haldwych waren im Tunnelbereich angeordnet. Anfänglich konnten nur einstöckige Wagen verkehren, ab 1931, nach Erweiterung des Profils, jedoch auch zweistöckige Fahrzeuge. Der 1952 aufgegebene Tunnel besteht heute noch. Ein Abschnitt (der sogenannte „Strand Underpass") ist in eine Unterführung für den Strassenverkehr umgebaut worden. Interessant ist auch der von der Untergrundbahn (Piccadilly Line) bis 1994 benützte, tiefer gelegene Tunnel zwischen Holborn und Haldwych.

[58] Der 1761 m lange Tunnel wurde 1908-1964 von Trams, danach von Bussen alternierend in beiden Richtungen befahren. Seit 1990 benützt ihn die Linie 1 der Untergrundbahn.

[59] Der „Lindentunnel" ermöglichte 15 Tramlinien die Unterquerung der berühmten Strasse „Unter den Linden" und war eine Verbindung zwischen den nördlich und südlich davon gelegenen Netzen. Er hatte die Form eines umgekehrten „Y": Die nördliche Zufahrt mit vier Gleisen teilte sich im Süden in zwei zweigleisige Strecken auf. Die ganze Anlage (mitsamt der drei Zufahrtsrampen) hatte eine Länge von 1486 m.

[60] 1933 wurde in der schwedischen Hauptstadt eine 1200 m lange Tramunterführung von Slussen nach Skanstull gebaut, die 1950 in die grüne Untergrundbahnlinie integriert wurde. Später wurden weitere, zuvor auf Eigentrasse realisierte Tramstreckenabschnitte der U-Bahn zugeschlagen.

Anfänglich dominierten zweiachsige Wagen mit auf einem metallenen Untergestell montierten, ziemlich rudimentär gefederten, hölzernen Wagenkästen. Letztere bestanden aus einem Balkengerüst aus Hartholz (z.B. Eiche), auf welches Bretter oder Platten montiert waren. Um diese gegen Witterungseinflüsse besser zu schützen, wurden bald Bleche darauf geschraubt, deren Kanten gegen eindringendes Wasser mit Deckstäben geschützt wurden. Der Innenausbau erfolgte ebenfalls mit Holz, z.B. Esche.

Ein sehr grosser Fortschritt waren die in Amerika schon ab Anfang des 20. Jahrhunderts eingeführten, gänzlich metallenen Wagenkästen, die im Kollisionsfall einen ungleich besseren Schutz der Passagiere boten als die aus Holz erstellten Wagenkästen.

Um die Kapazität der Fahrzeuge zu erhöhen, wurden bald entweder Anhängewagen (Beiwagen) eingeführt oder doppelstöckige Motorwagen angeschafft.

Schon in den 1890er Jahren erschienen die ersten Wagen mit zwei zweiachsigen Drehgestellen[61] (Motordrehgestelle mit einer oder zwei angetriebenen Achsen oder Laufdrehgestelle), deren Lauf in Kurven viel besser als derjenige der zweiachsigen Fahrzeuge war, die sich durch geringeren Lärm und Spurkranz- und Schienenverschleiss auszeichneten und die dank grösserer möglicher Länge mehr Fahrgäste aufnehmen konnten. Oft wurden sogenannte „Maximum traction"-Drehgestelle eingebaut, die mit einer Triebachse (mit grösserem Raddurchmesser) und einer Laufachse (mit kleinerem Raddurchmesser) bestückt waren und deren Drehzapfen zwecks besserer Adhäsion nicht im Zentrum, wie bei Drehgestellen sonst üblich, sondern gegen die Triebachse hin angeordnet war.[62] Die auch bündig als „Maximum-Drehgestelle" bezeichneten Fahrwerke ermöglichten auf nicht allzu steilen Strecken die Einsparung eines Triebmotors pro Drehgestell; sie konnten sowohl mit voraus- wie auch mit nachlaufender Triebachse eingebaut werden.

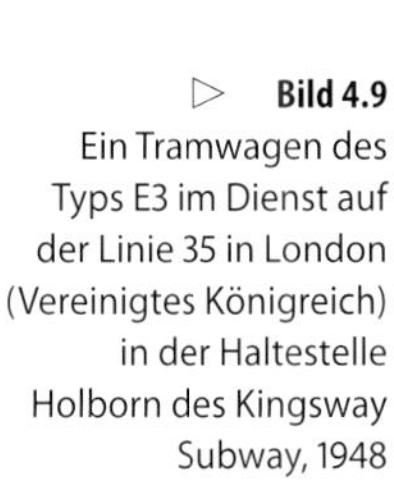

▷ **Bild 4.9**
Ein Tramwagen des Typs E3 im Dienst auf der Linie 35 in London (Vereinigtes Königreich) in der Haltestelle Holborn des Kingsway Subway, 1948

Aufnahme: Stockholmer Trammuseum auf Flickr

Zum Teil sehr grosse Drehgestelltrams[63] waren anfangs des 20. Jahrhunderts in Amerika stark verbreitet, in Europa und im Rest der Welt hingegen aus wirtschaftlichen Gründen (geringe Personal-, aber hohe Material- und Anschaffungskosten) zumeist nur auf Überlandbahnen. Mit

[63] Das grösste Fassungsvermögen eines einteiligen Kastens hatten die 25 von Kuhlman Car Company 1909 für Cleveland gebauten 15,8 m langen Fahrzeuge.

▷ **Bild 4.10**
Fahrgestell der ersten elektrischen, zweiachsigen Tramwagen der AEG

Aufnahme aus: „Die elektrischen Strassenbahnen mit oberirdischer Stromzuführung nach dem System AEG", 1894

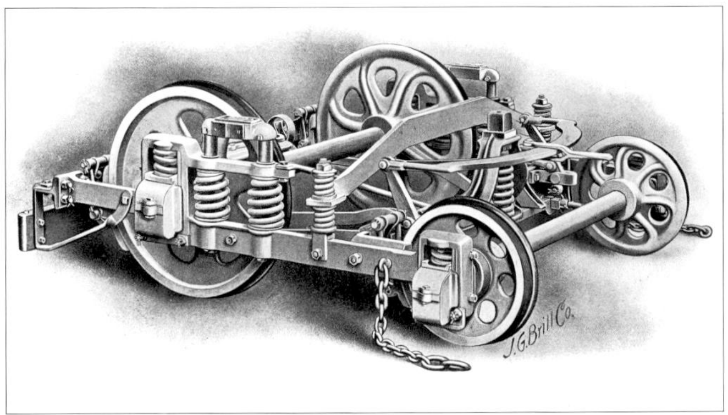

▷ **Bild 4.11**
„Maximum-traction"-Drehgestell, Typ 22

Abbildung: Brill-Katalog, ca. 1900

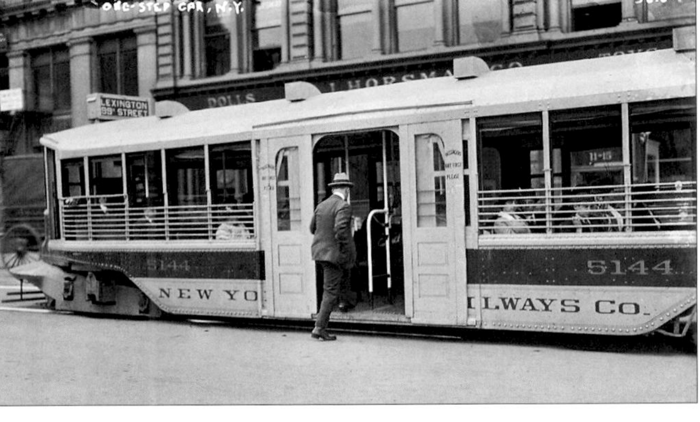

▷ **Bild 4.12**
Ein Niederflurtram des Typs Hedley-Doyle der Serie 5000 im Dienst in New York (USA), erbaut von der Saint Louis Car Company, 1910er Jahre

Aufnahme: Archiv Library of Congress

[61] Erste, zwölf bis 16 m lange Drehgestellmotorwagen wurden zuerst auf amerikanischen Überlandtrambahnen und danach auch von städtischen Betrieben eingesetzt. 1908 verkehrten z.B. auf dem Stadtnetz von Chicago 400 Drehgestellwagen. In Europa erschienen sie erst sehr viel später, mit Ausnahme von Deutschland, wo schon 1905 etwa 1000 solcher Wagen, nur schon allein in Berlin 606 und in München 250, verkehrten.

[62] Das erste „Maximum traction"-Drehgestell wurde 1890 vom in Philadelphia ansässigen Hersteller Brill zum Patent angemeldet (der „Typ 11", aus dem das Modell „Eureka" abgeleitet wurde, welcher eine weite Verbreitung erfuhr und bei dem der Drehzapfen noch näher bei der Triebachse lag).

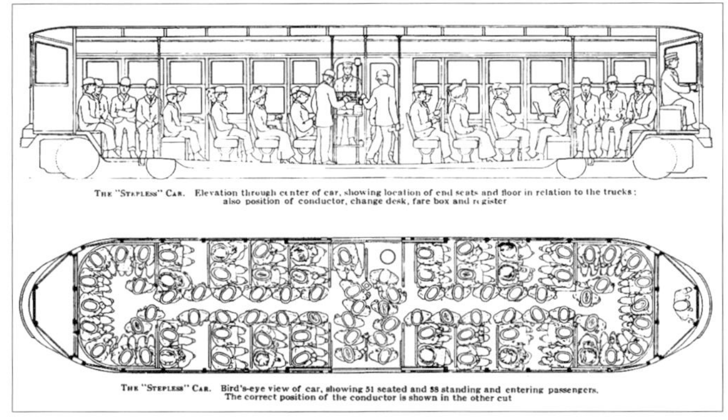

△ **Bild 4.13** • Grundriss und Seitenansicht des Prototyps des „Stepless car" vom Typ Hedley-Doyle für New York
ABBILDUNG AUS: „BRILL MAGAZINE", 1912

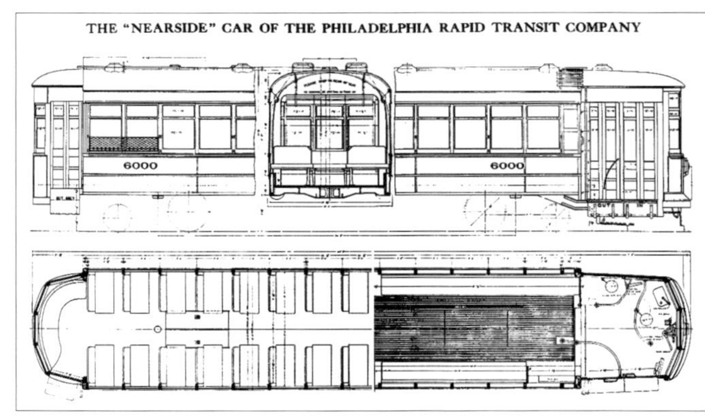

△ **Bild 4.15** • Zeichnung eines „Nearside"-Tramwagens von Philadelphia (USA)
ABBILDUNG: „BRILL MAGAZINE", 1912

◁ **Bild 4.14**
Doppelstocktram Typ F in Wien (Österreich), Hersteller SPG, 1915
AUFNAHME: ARCHIV STADTWERKE WIEN

dem Aufkommen von Drehgestellen fasste der Bau von Einrichtungsfahrzeugen Fuss, die zwar an den Endstationen eine Wendeschlaufe, aber im Gegensatz zu zweiachsigen Wagen nur einen Führerstand und Türen bloss auf einer Seite benötigten, was beim Fahrzeugbau Einsparungen ermöglichte.

Gleichwohl wurden auch Zweirichtungs-Drehgestellwagen gebaut, auch solche mit nur einer, in der Mitte angeordneten Türe, was es ermöglichte, im Zustiegsbereich den Wagenboden tiefer (und somit für die Fahrgäste bequemer) anzuordnen, im Wageninnern aber trotzdem Stufen für den Zugang zu den Wagenenden erforderte.

Revolutionär waren die schon ab 1912 in New York eingesetzten ersten Niederflurwagen[64] mit Fussboden nur 25 cm über der Schienenoberkante, welche von Frank Hedley, Direktor der „New York Railways Company", und dessen Mitarbeiter, James Doyle, projektiert wurden.

Brill lieferte zuvor drei verschiedene „One Step Cars", auch „Stepless Cars" genannte Prototypen, die äusserst innovativ waren und auf dem Tramnetz von Manhattan eingesetzt wurden. Der erste dieser Prototypen war ein 14,2 m langer Zweirichtungswagen aus Stahl mit beidseitigem Mitteleinstieg und zweiteiligen Schiebetüren; die Stromabnahme erfolgte unterirdisch (Conduit-System). Der Wagenboden konnte dank der Verwendung von Maximum-Drehgestellen (Triebachsen gegen das Wagenende) bis über die Mittellinie des Drehgestellachsstandes niederflurig gehalten werden; dabei musste von der Mittelplattform bis zu den als halbkreisförmige Salons gestalteten Wagenenden nur eine geringe Steigung überwunden werden.[65] Der zweite Wagen war ein grosses, doppelstöckiges Drehgestelltram, das dritte hingegen ein kleines, zweiachsiges Fahrzeug mit Batterieantrieb. Beide blieben jedoch Prototypen.

Niederflurfahrzeuge waren auch die beiden doppelstöckigen, eleganten, 1915 in Wien in Betrieb genommenen Wagen, deren Boden auf 40 cm über der Schienenoberkante angeordnet war (nur eine Stufe im Wageninnern), und deren Kasten sich in der Wagenmitte verjüngte, um den Überhang in den Kurven zu verringern.[66]

---

[64] Die allerersten Niederflurwagen waren in Wirklichkeit diejenigen der Linie M1 der Untergrundbahn („Földalatti") von Budapest, die von Siemens 1896 gebaut wurden.

[65] Nach der erfolgreichen Erprobung wurde dieser Tramwagen von Brill in 36 Exemplaren für einige kleinere kalifornische Städte gebaut. Die Saint Louis Car Company stellte in Lizenz 175 Wagen für New York her (Serie 5000); einige weitere Wagen verkehrten in Vancouver (Kanada) sowie Perth und Brisbane (Australien).

[66] Bei den beiden als „F-Wagen" bezeichneten Doppelstock-Tramwagen liess sich die Waggonfabrik Simmering von einem 1912 durch Brill gebauten Prototyp („one step car") inspirieren, der in New York erprobt worden war. Sie waren 13,5 m lang. Dank dem etwas schmaler gestalteten Mittelteil des Kastens konnten die ebenfalls mit Maximum-Drehgestellen ausgerüsteten Fahrzeuge Kurven mit nur 17 m Radius ohne Kreuzungsverbote mit entgegenkommenden Wagen befahren. Leider bewährten sie sich nicht wegen des hohen Gewichts, der geringen Leistung, der grossen Höhe, des schlechten Laufs und der Notwendigkeit, zwei Schaffner einzusetzen, weshalb sie schon in den 30er Jahren ausser Dienst

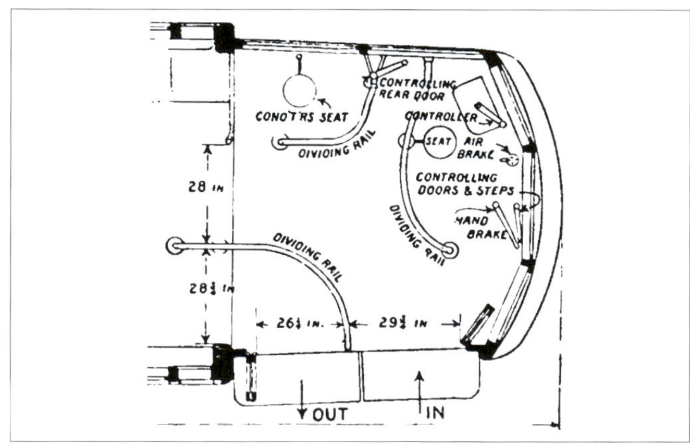

△ **Bild 4.16** • Plan des Eingangsbereichs eines mit dem „Nearside/Pay as you enter"-Fahrgastflusssystem ausgerüsteten, für Buffalo (USA) bestimmten Trams

Abbildung aus: „Brill Magazine", 1911

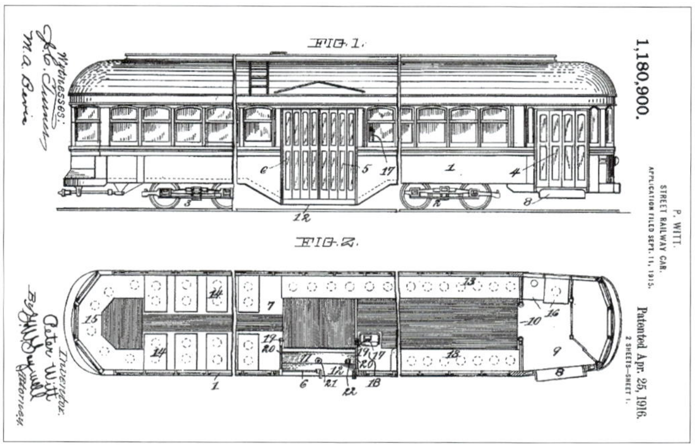

△ **Bild 4.18** • Dem Patent US1180900 (A)-1916-04-25 beigelegte Zeichnungen des Trams gemäss System Peter Witt, 1916

Abbildung: aus dem USA-Originalpatent

Ein- und Aussteigen, Bezahlen des Fahrpreises

In jener Zeit war Nordamerika auch führend hinsichtlich der Art und Weise, wie mit möglichst wenig Zeitverlust ein- und ausgestiegen werden konnte.

Anfänglich waren zwei Systeme üblich: „far side" (Einsteigen nur hinten) und „near side" (Einsteigen nur vorn). In beiden Fällen waren zwei Türen vorhanden: die ziemlich breite Haupttüre war sowohl für das Ein- wie das Aussteigen vorgesehen, dieweil die zweite Türe am entgegengesetzten Wagenende nur für das Aussteigen und/oder für Notfälle diente. Die Wagen waren mit einem Schaffner besetzt, der im Fahrzeug zirkulierte.

In den ersten beiden Jahrzehnten des 20. Jahrhunderts verbreitete sich das die Bezahlung des Fahrpreises rationalisierende „Pay as you enter"-System[67]: Die Fahrgäste bezahlten beim Einsteigen durch die hintere oder vordere, zweiteilige oder breite Türe („far side" resp. „near side"), die mit einem mittig angeordneten Geländer versehen war, damit gleichzeitig auch ausgestiegen werden konnte.

Anfänglich wurde diese Methode auf grossen, von zwei Angestellten (Wagenführer und Schaffner) bedienten Fahrzeugen angewendet; der Schaffner sass bei der Zugangstüre, wo die Reisenden zwangsläufig vorbeikommen mussten.

Eine weitere Verbesserung war die Einführung von „Fare boxes" (kleine Kassetten, in welche die Fahrgäste die Taxe oder den Jeton unter dem Blick des Schaffners einwerfen mussten).

Nach dem Aufkommen eines verbesserten Systems, „pay as you pass" genannt (siehe nachstehend), wurde „pay as you enter" hauptsächlich auf Linien mit geringerem Verkehrsaufkommen und/oder in kleinen Fahrzeugen angewendet, die von einem einzigen Angestellten geführt wurden. Dieses System ermöglichte eine erhebliche Senkung der Betriebskosten. Der Angestellte musste sich nicht um den Fahrscheinverkauf kümmern; das von den Fahrgästen abgezählt eingeworfene Geld blieb bis zur Einfahrt ins Depot in der Kassette.

Ein entscheidender Rationalisierungsschritt für den Trambetrieb erfolgte mit den Motorwagen gemäss „Peter Witt", einem System, das auf den amerikanischen Tramnetzen ab dem Ersten Weltkrieg angewendet wurde. Peter Witt war damals „Street Railway Commissioner" (der für den Verkehrsbetrieb der Stadt Cleveland zuständige Beamte).

genommen wurden.

[67] Das „Pay as you enter"-System wurde 1905 erstmals in Montréal (Kanada) angewendet.

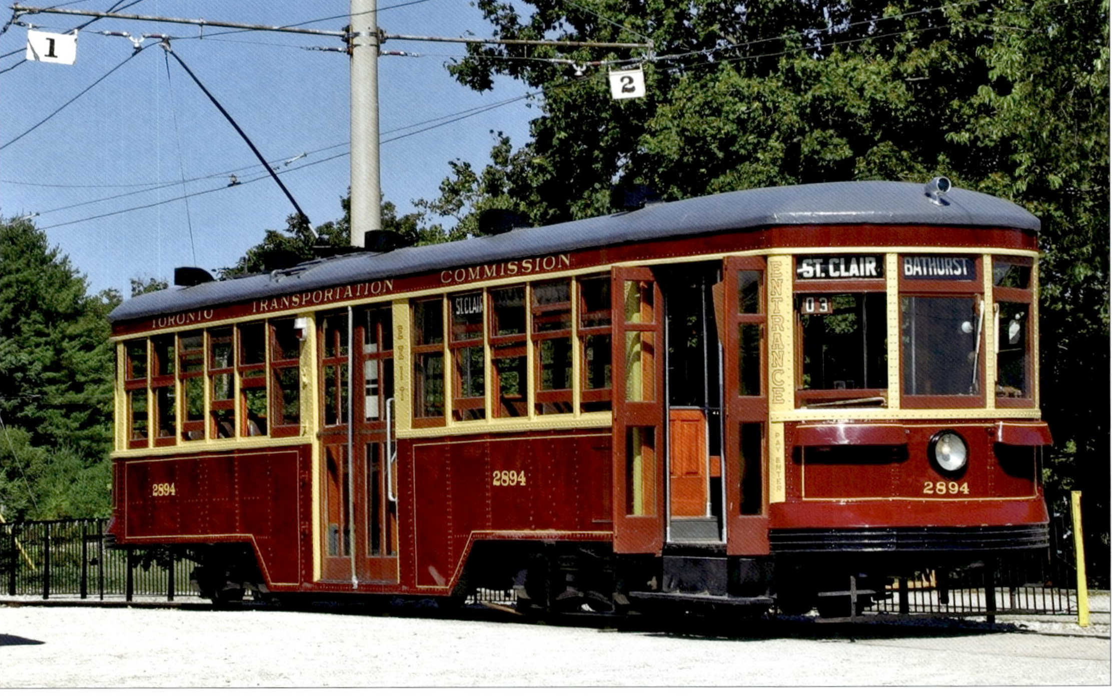

▷ **Bild 4.17**
Ein aus Toronto stammendes Peter-Witt-Tram, aufgenommen 2007 beim Halton County Radial Railway Museum (Kanada),

Aufnahme: DavidArthur, Lizenz: CC BY-SA 3.0

△ **Bild 4.19** • Innenansicht eines in Toronto (Kanada) eingesetzten Peter-Witt-Trams, 1928 AUFNAHME: ALFRED PEARSON/CITY OF TORONTO ARCHIVES, LIZENZ: GEMEINFREI

△ **Bild 4.20** • Dem Patent US1180900 (A)-19196-04-25 beigelegte Zeichnung des Innenraums eines Peter-Witt-Trams, 1916 ABBILDUNG: AUS DEM USA-ORIGINALPATENT

◁ **Bild 4.21**
Birney-Tramwagen 754 der United Traction Co, Albany (USA), ca. 1925

AUFNAHME: FOTOGRAF UNBEKANNT, NEGATIV VIA EBAY

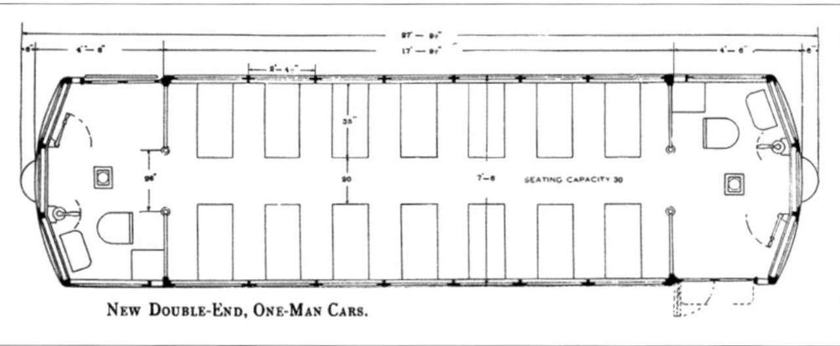

◁ **Bild 4.22**
Sitzplatzanordnung eines „Birney"-Standardwagens des Herstellers Brill

ABBILDUNG AUS: „BRILL MAGAZINE", 1917

Revolutionär waren zwei einfache, aber geniale Konzepte: erstens die Anordnung des Schaffnersitzplatzes nicht mehr an einem Wagenende, sondern bei der mittleren Türe (das System wurde unter der Bezeichnung „pay as you pass" patentiert, später auch „pay-leave" genannt), zweitens die Einführung von Türen mit definierter Funktion: Die vordere Türe ist ausschliesslich für das Einsteigen reserviert, die mittlere für das Aussteigen. Fahrgäste, die längere Strecken zurücklegen, steigen ein, bezahlen den Fahrpreis und nehmen im hinteren, mit zwei doppelten Sitzreihen ausgerüsteten Wagenteil Platz. Personen, die nur kurze Zeit im Fahrzeug verweilen, bleiben im vorderen Wagenteil, in dem nur Längsbänke und viel Platz für stehende Personen vorhanden ist; sie bezahlen beim Aussteigen.
Dieses System reduzierte die Fahrgastbewegungen im Fahrzeug, ermöglichte einen besseren Fahrkomfort, eine raschere Bedienung der Passagiere und dank kürzeren Aufenthaltszeiten an den Haltestellen höhere kommerzielle Geschwindigkeiten. Zudem beseitigte es Warteschlangen an den Haltestellen weitgehend.
Erste, in Serie gebaute „Peter Witt"-Wagen verkehrten in Cleveland, der grössten Stadt von Ohio ab 1915[68]; das Patent wurde 1916 erlassen.
Von da an verbreitete sich das „Pay as you pass"-System mit zunehmendem Erfolg in Nordamerika; wo auch schon ältere Wagen angepasst wurden.
In der restlichen Welt (mit Ausnahme von Italien) begegnete man dem System anfänglich mit Misstrauen, auch weil es sich nicht gut für die Erhebung von strecken-

[68] Ein durch die Verkehrsbetriebe der Stadt Cleveland gemäss den Ideen von Peter Witt hergestellter Prototyp verkehrte schon ab 1912. Die von Brill später übernommene örtliche Unternehmung Kuhlman Car Company stellte 1915-1916 die ersten 130 Fahrzeuge dieses Typs her.

längeabhängigen Tarifen eignet, was ausserhalb von Amerika[69] sehr verbreitet war. Im Laufe der Zeit kamen in verschiedenen Städten auch Zweirichtungswagen oder solche mit einer zusätzlichen Tür für das Aussteigen am hintern Wagenende hinzu, was die beiden ursprünglichen und grundlegenden Konzepte (Schaffner bei der mittleren Tür, die ausschliesslich für das Aussteigen reserviert ist) über den Haufen warf, und derentwegen eine grosse Anzahl Wagen nicht als eigentliche „Peter Witt" bezeichnet werden können. Heute werden üblicherweise unter „Peter Witt" nur die Wagen der ersten, vor dem Zweiten Weltkrieg gebauten Generation verstanden, wobei die Bezeichnung häufig für den Wagentyp statt für das Ein-/Ausstieg- und Fahrausweisbezahlsystem verwendet wird.

1916 wurde in Seattle ein kleiner, wirtschaftlicher und standardisierter, zweiachsiger Motorwagen eingeführt, der nach dessen Erfinder, dem Ingenieur Charles O. Birney (Planer bei der Gesellschaft Stone and Webster), „Birney Safety Car" genannt wurde, und für Einmannbetrieb im „Pay as you enter"-System auf kleinen und mittelgrossen Tramnetzen gedacht war. Auf beiden Wagenseiten war nur eine Türe, in Fahrtrichtung vorne, vorhanden.

Die Bezeichnung „Safety car" ist dem Vorhandensein von mehreren Sicherheitsvorrichtungen zuzuschreiben, unter anderem einer elektropneumatischen Einrichtung, welche das Abfahren bei offengebliebenen Türen verunmöglichte.

Der Erfolg dieses Trams wurde auch durch den kriegsbedingten, zeitweisen Mangel an Arbeitskräften begünstigt. Wegen seines geringen Gewichts und der robusten Konstruktion wurde der „Birney" von verschiedenen Produzenten[70] bis 1941 in etwa 6000 Exemplaren hergestellt. Sein beschränktes Fassungsvermögen, der wegen des fehlenden Schaffners grosse Zeitverlust an den Haltestellen und das niedrige, zahlreiche Entgleisungen verursachende Gewicht führten jedoch bald zu dessen Ersatz durch Drehgestellwagen oder zur Einstellung der kleineren Trambetrieben, auf denen er verkehrte.

In den letzten Herstellungsjahren wurden auch grössere Wagen mit Drehgestellen und zwei Türen pro Wagenseite hergestellt, die den ursprünglichen Wagen nicht mehr glichen, aber aus Patentgründen weiterhin „Birney" genannt wurden.

[69] Philadelphia hatte mit 1500 Exemplaren weltweit den grössten Bestand an Peter-Witt-Wagen, und zurzeit verkehren in Mailand noch am meisten Wagen (125 Fahrzeuge) dieses Typs.

[70] Das erste Exemplar erbaute 1916 die American Car Company, das letzte Brill 1941.

△ **Bild 4.23** • Ein „MRS"-Tram („Moto Rimorchiata Saglio") im Dienst auf der Linie 13 auf dem Platz Porta Maggiore in Rom (Italien), 1993

Aufnahme: S. Göbel

Drehgestelltramwagen auf der ganzen Welt

Die technischen Verbesserungen der Tramwagen wurden ausserhalb von Nordamerika mit einer gewissen Verspätung realisiert.

Ab Anfang der 1920er Jahre mussten die europäischen Tramnetzbetreiber wegen der anhaltend schlechten Wirtschaftslage vierachsige Tramwagen anschaffen, sowohl für städtische Netze wie auch für Überlandlinien. Sie ersetzten zweiachsige Motorwagen mit Anhängern (Beiwagen) und ermöglichten die Einsparung eines Schaffners, aber auch höhere kommerzielle Geschwindigkeiten, einen besseren Fahrkomfort und eine grössere Transportkapazität, Eigenschaften, dank denen das schienengebundene Verkehrsmittel den aufkommenden Konkurrenten Autobus und Trolleybus gegenüber im Vorteil war.

▷ **Bild 4.24**
Ein historisches Tram des Typs „Ventotto" (steht für [19]28) im Anstrich der 1980er Jahre in Mailand (Italien)

Aufnahme: S. Göbel

◁ **Bild 4.25** „Amerikaner"-Tramwagen (Motorwagen LM33 und Beiwagen LP33) in Sankt Petersburg (Russland), 2003

Aufnahme: Michael Russell

△ **Bild 4.26** • Untersetzungsgetriebe Ce 4/4 301-350 („Elefanten") St.St.Z., Zürich (Schweiz), 1929

Aufnahme: Sammlung Richard Gerbig

▽ **Bild 4.27** • Tramwagen des Typs „W" in Melbourne (Australien) im Jahr 1969

Aufnahme: Hospitals Contribution Fund of Australia, Lizenz: CC BY-SA 3.0

In den Jahren vor dem Zweiten Weltkrieg wurden in Europa für städtische Trambetriebe aber gleichwohl nur wenige moderne Wagen (mit Drehgestellen und Wagenkästen aus Metall) gebaut.

Ein in dieser Hinsicht führendes Land war in jener Zeit Italien: Die ersten, modernen Tramwagen für den Römer Stadtverkehr waren die MRS[71], von denen 1927 die ersten beiden Prototypen in Betrieb genommen wurden.

1928 folgten in Mailand die gemäss dem Peter-Witt-System konzipierten „Ventotto"[72], ein Wagentyp, der immer noch im Fahrplaneinsatz ist, mittlerweile den Status einer Ikone einnimmt und als historisches Tram auch andernorts eingesetzt wird.

Auch andere italienische Tramnetze beschafften innert weniger Jahre moderne Tramwagen.[73]

71 Der MRS (Akronym für Moto Rimorchiata Saglio) ist ein von Carminati & Toselli in 133 Exemplaren gebauter, 13 m langer, zweitüriger Einrichtungswagen mit Achsfolge Bo'2', in dem anfänglich ein „wandernder" Schaffner (Pendelschaffner) vorhanden war und der erst später für das „Pay as you enter"-System (mit Einstieg durch die hintere Tür) eingerichtet wurde.

72 Von den schon bei deren Einführung als „Ventotto" („28") bezeichneten Wagen wurden 502 Stück gebaut (Hersteller Carminati & Toselli, Breda, Officine Reggiane, OM, Officine Elettroferroviarie und Tallero); Länge 13,5 m, Breite 2,35 m, Achsfolge Bo'Bo', in den ersten Wagen zwei Türen (Einstieg vorne), danach drei, mit umgekehrtem Fahrgastfluss.

73 Italien ist das europäische Land, in dem Wagen des Typs „Peter Witt" amerikanischer Inspiration am verbreitetsten waren und die auch in zwei weiteren Städten eingesetzt wurden: 1930 entstanden in Turin die beiden Prototypen der Serie 2500, denen 98 Serienfahrzeuge folgten (Länge 13 m, alle Achsen angetrieben, drei Türen). Danach wurden die 117 Wagen der Serie 2100 gebaut (Hersteller ATM, FIAT und SNOS; nur ein Motordrehgestell und etwas kürzer). Aus fast allen dieser Wagen wurden zwischen den 50er und den 80er Jahren zweiteilige Ge-

Weitere wichtige Drehgestellwagen verkehrten in den Niederlanden[74], Deutschland[75], der Schweiz[76] und in der Sowjetunion.[77]

In Australien verkehrten in Melbourne schon ab 1923 die majestätischen Tramwagen der Reihe W[78], die wie die Mailänder „Ventotto" mittlerweile sehr berühmt sind.

Radial einstellbare Radsätze

Wie schon erwähnt, wurden in der ersten Hälfte des 20. Jahrhunderts neben den Drehgestellwagen auch noch sehr kostengünstige, zweiachsige Motorwagen in Betrieb genommen, und dies nicht nur auf kleinen Netzen.

Eine Verbesserung, welche den Spurkranz-, den Schienenverschleiss und das Kreischen der Radsätze in den Kurven verminderte und den Bau von etwas längeren Wagen ermöglichte, war das Fahrgestell mit zwei sich radial einstellenden Radsätzen: Nach einigen Erprobungen in Europa und Amerika liess Brill 1910 ihre Erfindung unter der Bezeichnung „Radiax truck" patentieren. Das System, das in den darauf folgenden Jahren eine gewisse Verbreitung fand, funktioniert mit zwei zwischen den beweglich gelagerten Achsbüchsen und den Längsträgern vertikal angeordneten Stangen, die mit Rückstellfedern ausgerüstet sind, was es ermöglicht, dass sich der Radsatz bis zu einem gewissen Grad radial einstellen kann. Die Rückstellfedern dienen gleichzeitig als Primärfederung.

Besser und weiter verbreitet waren die dreiachsigen Lenkgestelle, die bis zu einer

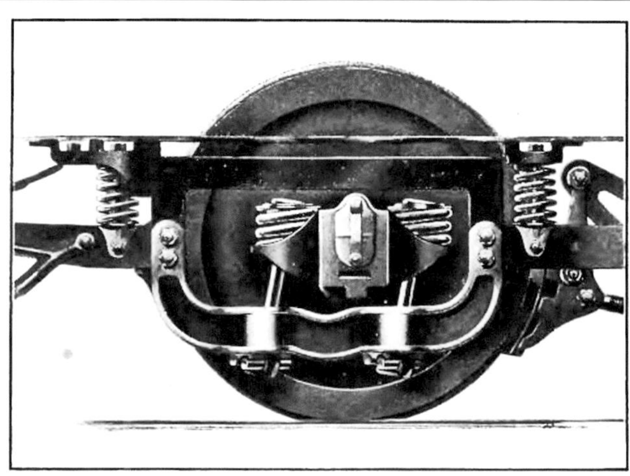

BRILL "RADIAX" TRUCK

It is well worth your while to know the radiating principle of this truck. The links are much longer in the "Radiax" truck than in any other of this class and permit a considerable radial movement of the axles to take place without the links assuming an excessive inclination. The upper end of the links is of hemispherical form and rest in a socket casting at the top of the spring. Note particularly that the lower end of each link has two pins which engage in grooves and realize that at the instant a movement of the link commences one or other of the pins comes out of engagement with its groove, thereby producing an inclination equal to half the distance between the pins, which sets up an immediate and powerful tendency to return to normal position. The arrangement holds the carbody steady on straight track and allows free radiation on curves. The Brill "Radiax" Truck has solid forged side frames.

THE J. G. BRILL COMPANY

PHILADELPHIA - - - PENNSYLVANIA

▷ **Bild 4.28** Werbung für den sich radial einstellenden Radsatz „Radiax"

Abbildung aus: „Brill Magazine", 1912

△ **Bild 4.29** • Ein dreiachsiges Fahrgestell mit Lenkachsen-System „SLM-Winterthur" (Buchli), das zu einem Amsterdamer Tram gehörte, 1960

Aufnahme: SLM-Archiv

lenktriebwagen gebaut (Serie 2800, teilweise immer noch in Betrieb). Den zwei 1930 für Neapel von den Officine Ferroviarie Meridionali gebauten „Peter Witt"-Prototypen folgten vier identische Fahrzeuge, die den Mailänder „Ventotto" sehr ähnlich waren. Die 100 Serienfahrzeuge waren hingegen gemäss der Konfiguration „pay as you enter" gebaut (Türen an den Wagenenden).

74 In Rotterdam wurden 1929-1931 170 Drehgestell-Zweirichtungs-Motorwagen und 20 Beiwagen in Betrieb genommen (Serien 400 resp. 1000, beide mit Mitteleinstieg, Hersteller: Allan, Beijnes, Talbot und Werkspoor).

75 Deutschland, das den Vereinigten Staaten von Amerika vor dem Ersten Weltkrieg die Rolle als Weltleader in Tramtechnik strittig gemacht hatte, interessierte sich zu jener Zeit für andere Erzeugnisse, weshalb seine Fahrzeuge nicht mehr dem neuesten Stand der Entwicklung entsprachen, mit Ausnahme der Dresdner „Hechtwagen" (Beschreibung im Abschnitt „Weitere technologische Verbesserungen"). Die grössten Bestände an neuen Drehgestellwagen hatten München (141 zwischen 1925 und 1930 abgelieferte Fahrzeuge) und Leipzig (56 Wagen mit Mitteleinstieg, welche zweiachsige Niederfluranhängewagen zogen; Inbetriebsetzung 1930-1931).

76 1929-1931 wurden in Zürich 50 Drehgestellmotorwagen in Betrieb genommen. Die wegen ihrer hohen Leistung und des Gewichts (28 t) „Elefanten" genannten Wagen konnten auf einer Steigung von 65 ‰ drei Anhängewagen ziehen. Diese Wagen waren Niederflurfahrzeuge ante litteram: Wie bei den zweiachsigen Motorwagen der Serie 1-28 konnte der Fussboden dank längs montierten Fahrmotoren auf nur 730 mm über dem Strassenniveau angeordnet werden (damals waren Haltestelleninseln noch wenig verbreitet), weshalb zum Ein-/Aussteigen nur zwei Stufen überwunden werden mussten.

77 Das einzige moderne, russische, vor dem Zweiten Weltkrieg gebaute Tram ist das „amerikanisch" (weil stark von den „Peter Witt"-Wagen inspiriert) genannte Drehgestelltram: 232 Motorwagen LM33 und 226 Anhänger LP33, Länge 15 m, Hersteller PTMZ in Leningrad. Diese Wagen blieben in der heute Sankt Petersburg genannten Stadt bis 1979 in Betrieb.

78 Die bis 1956 von der Tramwerkstätte Melbourne in 756 Exemplaren gebauten Zweirichtungswagen der Serie W waren 14,6 m lang, 2,74 m breit und hatten zwei breite Schiebetüren mit vorstehendem Trittbrett in der Wagenmitte sowie je eine kleinere an den Wagenenden. Nach der Ausserbetriebnahme der letzten Wagen 2013 wollte man doch nicht ganz auf sie verzichten: Zwölf Stück werden auf der historischen „Circle line" und drei weitere als Restaurantwagen eingesetzt. Verschiedene Wagen befinden sich in Museen oder verkehren auf Museumslinien anderer Länder.

◁ **Bild 4.30** Historisches Doppeldeckertram ex Lanarkshire Tramways im Summerlee Museum of Scottish Industrial Life in Coatbridge (Vereinigtes Königreich), 2008

Aufnahme: Marsupium, Lizenz: CC BY-SA 2.0

△ **Bild 4.31** • Ein Doppelstocktram im Dienst in Liverpool (Vereinigtes Königreich), erbaut durch die englische Unternehmung Electric Car Company, mit vier Treppen für Trennung der Fahrgastflüsse nach oben resp. nach unten

Aufnahme aus: „Electric Railway Journal", 1912

gewissen Länge Drehgestellfahrzeuge ersetzen konnten und deren Herstellung deshalb preisgünstiger war.

Einige Fahrzeuge dieses Typs waren schon um die Jahrhundertwende dank eines von einem Amerikaner (William Robinson)[79] erfundenen Systems entstanden, aber der eigentliche Durchbruch gelang erst dem Direktor der SLM in Winterthur, Jakob Buchli, der 1930 das erste betriebstüchtige Fahrzeug dieses Typs schuf.[80]

In den folgenden Jahren wurden einige kleine Serien solcher Wagen für die Schweiz und Deutschland hergestellt sowie Umbauten von zweiachsigen auf dreiachsige Wagen realisiert, aber erst nach dem Zweiten Weltkrieg wurden grössere Serien verwirklicht (siehe Kapitel 6).

Dreiachsige Lenkgestellwagen[81] sind besonders gut für kleine Radien geeignet, da sich die Radsätze radial zu den Schienen einstellen, was einen geringen Rad- und Schienenverschleiss ermöglicht. Da diese Wagen mit nur zwei Fahrmotoren ausgerüstet sind, ist ihre Leistung nicht die gleiche ist wie diejenige eines mit vier Triebmotoren ausgerüsteten Drehgestellwagens. Das Adhäsionsverhalten ist aber ausgezeichnet.

Zweistöckige Wagen

Zweistöckige Wagen („Doppeldecker") gab es schon zur Pferdetramzeit. Die elektrischen Doppelstöcker waren normalerweise symmetrisch gebaute Zweirichtungswagen mit Zugangstreppen zum oberen Stock auf beiden Plattformen. Die Stromabnahme erfolgte entweder mit einer Stange pro Richtung oder mit einer in der Wagenmitte montierten Stange, die an der Endstation mit einem Seil in die andere Richtung gedreht werden konnte. Doppelstöcker haben einen gewichtigen Vorteil: grössere Kapazität bei gleicher Länge wie ein einstöckiges Fahrzeug (besonders wichtig in Städten mit schmalen und engen Strassen). Nachteilig ist der hoch gelegene Schwerpunkt (negative Auswirkung auf das Laufverhalten), und der wegen der unbequemen Wendeltreppen[82] langsame Fahrgastfluss.

Das Doppeldeckertram fand in der britischen Welt bald eine grosse Verbreitung. Doppelstöckig waren auch die Trolleybusse, und noch heute werden zweistöckige Autobusse verwendet. Nach den zweiach-

▽ **Bild 4.32** • Prototyp 331 eines Doppelstocktrams Typ „Feltham" mit Zugang in Wagenmitte von 1930, ex London Metropolitan Tramways, aufgenommen 2009 im nationalen Trammuseum in Crich (Vereinigtes Königreich)

Aufnahme: Voogd075, Lizenz: CC BY-SA 3.0

79 Der Prototyp (Hersteller: Newburyport Car Co., Patent „Robinson radial truck") erschien 1889 in Boston, gefolgt bis 1906 von fast 200 hauptsächlich für den amerikanischen Markt gebauten Wagen. Danach, abgesehen von einigen Prototypen, entstanden in Europa 105 dreiachsige Wagen für die belgische Stadt Gent/Gand von sehr spezieller Konzeption, die dort in den 20er Jahren mit fester Mittelachse und schon vorhandenen Lenkachsen rekonstruiert wurden.

80 Es handelt sich um einen Beiwagen für Saarbrücken.

81 Die mittig angeordnete, in Querrichtung verschiebbare Laufachse ist mit Deichseln mit den Triebachsen verbunden und stellt letztere radial zur Schiene ein. In ganz engen Kurven kann sie über das Umgrenzungsprofil des Wagens hinausragen. Der Raddurchmesser ist kleiner als derjenige der Triebachsen.

82 1912 wurde in Liverpool mit den von der United Electric Car Company gebauten Wagen eine Verbesserung mit zwei Wendeltreppen pro Plattform eingeführt (je eine für einsteigende resp. aussteigende Fahrgäste), was aber den Platz für den Wagenführer noch mehr verkleinerte (übrigens war keine Windschutzscheibe vorhanden).

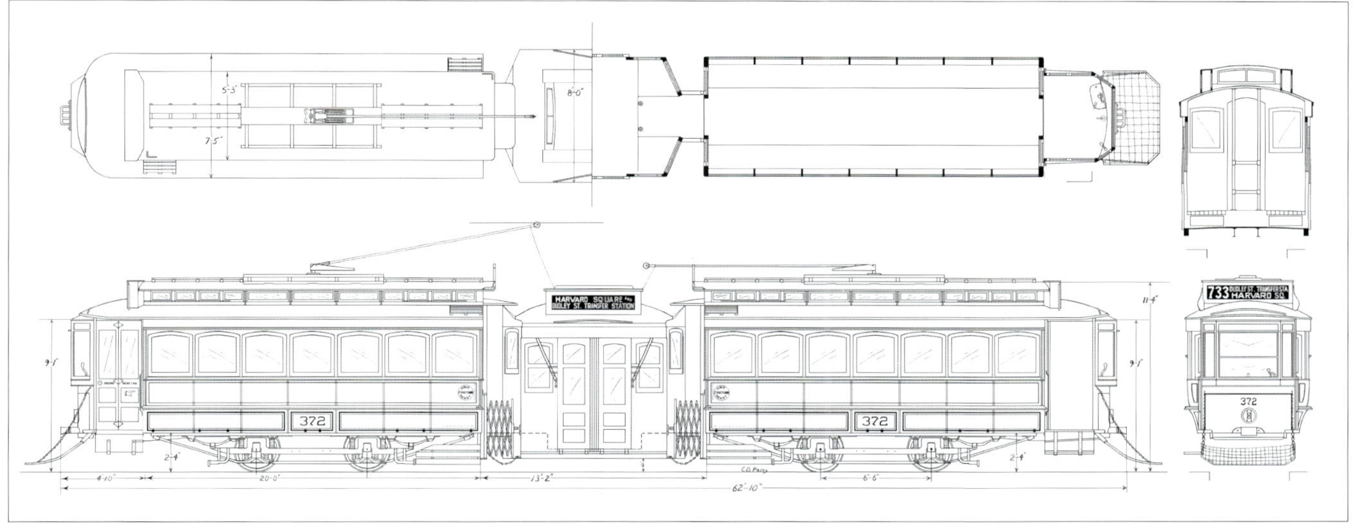

△ **Bild 4.33**• Plan des Bostoner Gelenktrams vom Typ „Zwei Zimmer mit Küche" von 1912 Abbildung: LS 8/2008, Digital nachgezeichnet nach einer Abbildung von C. David Perry, 1962

sigen Wagen wurden auch Doppeldeckerwagen mit Drehgestellen gebaut. Selbst nach der Einführung von Gelenktramwagen blieb die „britische Schule" im Unterschied zu andern Ländern[83] in der ersten Hälfte des 20. Jahrhunderts dem Doppeldeckerkonzept fast vollständig treu[84], meist unter Beibehaltung des pendelnden Schaffners.

Gelenktramwagen

In den grösseren Städten mussten immer mehr Fahrgäste befördert werden, was mit aus nur einem Wagenkasten bestehenden Fahrzeugen nicht mehr bewältigt werden konnte. Zudem waren höhere Betriebskosten (wegen Anhängen von Beiwagen) wie schon erwähnt nicht zu verkraften. Deswegen mussten längere Wagen mit grösserem Fassungsvermögen beschafft werden, was nur in Form von Gelenkwagen möglich war (wenn man von Doppelstockwagen absieht). Die Idee dazu kam (wen wundert das...?) wiederum aus den USA.

△ **Bild 4.34** • Vorstellung des weltweit ersten, durch Brewer und Krehbiel gebauten „Zwei Zimmer mit Küche"-Wagens in Cleveland Bild (einzige verfügbare Originalaufnahme dieses Wagentyps) aus: „The Street Railway Journal", 1893

▷ **Bild 4.35** Tram vom Typ „Zwei Zimmer mit Bad" bzw. Zwei Zimmer mit Küche", Serie 4000, Mailand (Italien), 1968

Aufnahme: J.H. Manara, Lizenz: CC BY-SA 2.0

Die erste Generation von Gelenkwagen bestand aus zwei zweiachsigen, alten Motorwagen mit einem schwebend dazwischen eingereihten, kürzeren Kasten. Solche Wagen konnten mit geringem Aufwand von vielen Betreibern selbst hergestellt werden.

Schon 1892 hatten die Erfinder Brewer und Krehbiel ein solches Gelenkfahrzeug patentieren lassen, und ein von der Kuhlman Car Company gebauter Prototyp verkehrte 1893 in Cleveland unter der Bezeichnung „two rooms and a bath" (zwei Zimmer mit Bad), später auch „two rooms and a kitchen" (zwei Zimmer mit Küche) genannt, aber wegen niedrigen Personalkosten vor dem Ersten Weltkrieg waren kurze Tramwagen damals noch wirtschaftlicher.

Die erste Serie von „Zwei Zimmer mit Küche"-Wagen wurde 1912 in Boston[85] in Be-

[83] Zum Beispiel gab es in Italien Doppelstockwagen nur auf den Überlandstrecken Mailand–Monza und von Rom zu den römischen Schlössern.

[84] Erwähnenswerte, moderne englische Drehgestelltramwagen (mit Leichtmetallkasten und pneumatisch betätigten Türen) in jener Zeit sind die 103 von UCC 1929-1931 für London (drei Prototypen, wovon einer mit einer einzigen Türe im Niederflurbereich in Wagenmitte, und 100 Serienfahrzeuge) hergestellten „Feltham"-Wagen. Sie waren 12,6 m lang und wurden 1952 nach der Schliessung des Londoner Tramnetzes von der Stadt Leeds übernommen. Die 16 Wagen umfassende Serie 255 (Hersteller Brush und ECC) für Leeds hatte eine elektrische Ausrüstung von Metrovick mit innovativem elektropneumatischem Kontroller und Magnetschienenbremsen. Die 1934-1935 von English Electric für Blackpool gebauten 27 Fahrzeuge hatten einen stromlinienförmigen Kasten und wurden deshalb „Balloons" genannt. Bei 13 dieser Wagen war das Oberdeck anfänglich nicht gedeckt, und es war lediglich eine Türe in Kastenmitte vorhanden.

[85] Der schwebende Wagenkasten des Bostoner „Two rooms and a kitchen"-Wagens, gebaut von der Laconia Car Company, war niederflurig und mit einer Einstiegstüre versehen. 1912-1916 entstanden 110 Exemplare in zwei Versionen: Die erste bestand aus zwei zweiachsigen Wagenkästen von älteren Fahrzeugen, die zweite aus zwei Wagenkästen mit Drehgestellen (beide mit da-

Milwaukee's Three-Truck, Two-Man Train Declared Successful*

General Plan of Construction of This Unique Equipment, Operated on Combined Urban and Interurban Property, Is Described and Other Experiences in Various Train Operation Related—Some of the Advantages Are Economy in Platform Labor and Increased Flexibility Over Single-End Trains Both in Service and at Carhouses

By S. B. Way

Vice-President and General Manager Milwaukee (Wis.) Electric Railway & Light Company

MILWAUKEE'S THREE-TRUCK, TWO-MAN TRAIN BUILT FROM TWO OLD DOUBLE-TRUCK CARS

△ **Bild 4.36** • Titelblatt eines Artikels über das erste Gelenktram mit drei Drehgestellen im Dienst in Milwaukee (USA) aus dem Jahr 1920/1921 Abbildung aus: „Electric Railway Journal", 1921

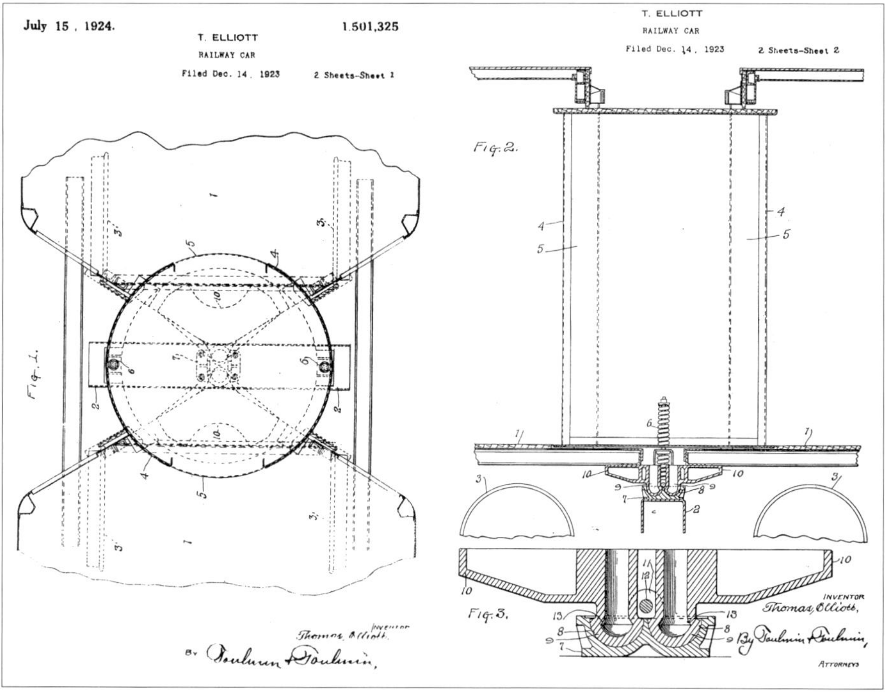

△ **Bild 4.37** • Dem Patent US1501325-1924-07-15 von Thomas Eliott, Mitarbeiter der Cincinnati Car Company, beigelegte Zeichnung des „Karussells" (Wagenübergangsplattform, erstes Patent) Abbildung: aus dem USA-Originalpatent 1924

trieb genommen, der einzigen amerikanischen Stadt, in der dieser Fahrzeugtyp eine gewisse Verbreitung fand.[86]

In Europa machte 1922 Göteborg den Anfang, gefolgt von einigen Prototypen in andern Ländern[87], aber das Land mit der grössten Anzahl solcher Wagen war in der Zwischenkriegszeit Italien[88], das diesen Rang in der Zeit nach dem Zweiten Weltkrieg mit Deutschland teilte.

Die „Zwei Zimmer mit Küche"-Gelenkwagen mit schwebendem Mittelteil wiesen Mängel auf – lärmiger Betrieb, schlechter Wagenlauf, insbesondere in Kurven –, wurden aber in Europa wegen der geringen Herstellungskosten noch bis Anfang der 1960er Jahre gebaut. Bald jedoch zeigte es sich, dass eine technisch ausgereiftere Konstruktion, ohne Verwendung von zweiachsigen Wagen mit starrem Fahrwerk, aber mit Drehgestellen, angestrebt werden musste.

Die Lösung für die Verbesserung des Wagenlaufs war der Einbau eines Jakobs-Drehgestells unter dem Gelenk, benannt nach dem deutschen Ingenieur Wilhelm Jakobs, der es schon 1902 hatte patentieren lassen: Bei diesem Typ stützen sich benachbarte Wagenkästen mit der Hälfte ih-

zwischen schwebend aufgehängtem Mittelkasten).

86 Abgesehen von Richmond (zehn Wagen) gab es in andern amerikanischen Städten nur einige wenige Prototypen, z.B. in New York und Portland.

87 Neben den elf für Göteborg gebauten Einheiten gab es in Europa vor dem Zweiten Weltkrieg nur Prototypen in Oslo, Amsterdam, Dresden, Leipzig, Berlin und Budapest. Erwähnenswert sind die 1934 für die damalige französische Stadt Algier von der französischen Unternehmung Satramo gebauten 26 vollständig neuen Wagen.

88 In Italien entstanden in Mailand die Serien 3000 ab 1932 und 4000 ab 1935 (insgesamt 74 Wagen). In Rom kam 1936 die Serie 5000 (50 Wagen, „Articolate Mater" – Mater ist der Hersteller) in Betrieb. Neapel bekam 1940-1948 vier Prototypen, Turin und Genua ihre „Zwei Zimmer mit Küche" nach dem Zweiten Weltkrieg (Beschreibung im Kapitel 6).

▽ **Bild 4.38** • Gelenktram der Cincinnati Car Company für Detroit (USA) Abbildung aus: „Electric Railway Journal", 1924

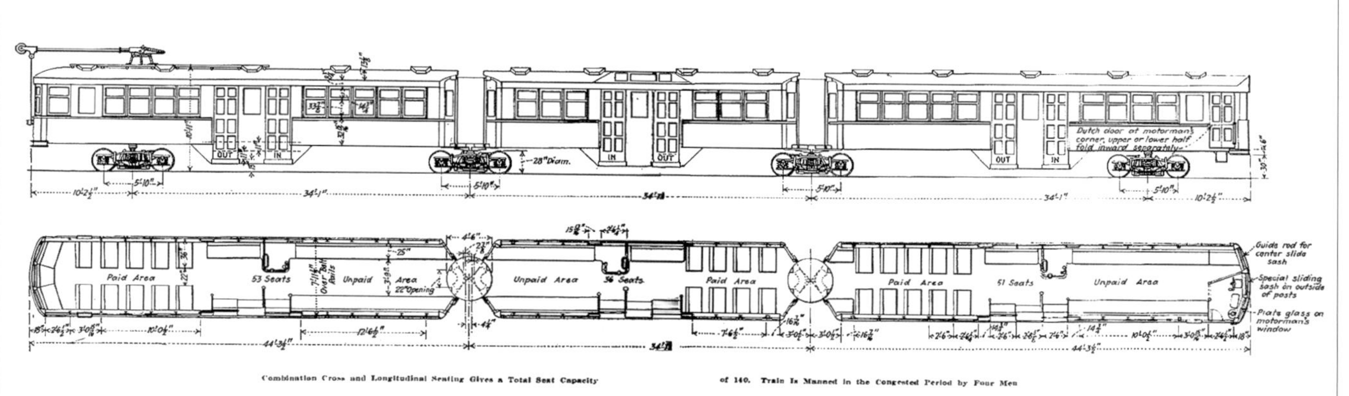

▷ **Bild 4.39**

Harkort-Gelenkwagen 177 mit Jakobsdrehgestellen auf Sonderfahrt in Duisburg (Deutschland) in den 1990er Jahren

AUFNAHME: STEFAN GÖBEL

res Gewichts auf ein gemeinsames Drehgestell ab.

Das erste Tram mit Jakobs-Drehgestell zwischen zwei Wagenkästen wurde 1920 in Milwaukee von der dortigen Tramwerkstätte auf Basis von zwei alten Drehgestellwagen gebaut (gefolgt von 33 Serienfahrzeugen): die beiden Kästen stützten sich mittels stählernen Trägern auf ein kleines, mit einem Drehzapfen versehenes Laufdrehgestell.

Der schmale Durchgang zwischen den Wagenkästen war ähnlich wie bei Eisenbahnwagen mit einem Faltenbalg geschützt.

Eine interessante Besonderheit war, dass der Wagen nur vom Wagenführer und einem Schaffner bedient wurde, der bei einer der zwei zentral angeordneten Mitteltüren sass (die andere Tür war dauernd geschlossen). Somit konnte im Vergleich zu einem Motorwagen mit Beiwagen ein Schaffner eingespart werden, allerdings unter Inkaufnahme längerer Ein- und Ausstiegzeiten.

In den unmittelbar darauf folgenden Jahren wurden in Amerika einige Drehgestell-Gelenktramwagen[89] mit einem verbesserten Übergang zwischen den Wagenkästen gebaut: dem sog. „Karussell", d.h. einer kreisförmigen, auf dem mittleren Drehgestell aufgebauten Plattform als Fussboden zwischen den Wagenkästen und mit halbkreisförmigen seitlichen Wänden versehen.

Insgesamt waren die technischen Lösungen aber noch nicht zufriedenstellend: Abgesehen vom eher engen Übergang verursachte die geringe relative Bewegungsfreiheit der beiden Wagenkästen Nickbewegungen und hohen Verschleiss. Die mittleren Drehgestelle mit kleinem Raddurchmesser hatten schlechte Laufeigenschaften; zudem waren sie nicht motorisiert, weswegen die damit ausgerüsteten Wagen langsamer beschleunigten als die auf den gleichen Gleisen verkehrenden übrigen Wagen.

Die erste Anwendung von Jakobs-Drehgestellen in Europa erfolgte 1926 in Duisburg auf zwei von der Unternehmung Harkort[90] gebauten, zweiteiligen Wagen, die ungleich besser liefen, was dem Umstand zu verdanken war, dass das mittlere Drehgestell gleiche Abmessungen wie die beiden andern hatte.

Diese beiden Fahrzeuge wiesen ebenfalls noch einen sehr schmalen Wagenübergang auf, ein Nachteil, der die Betriebsleitung veranlasste, zwei Schaffner einzusetzen, wie auf den herkömmlichen Anhängewagenzügen, und auf die Beschaffung weiterer Gelenkwagen zu verzichten. Damit ging auch der Vorteil dieser Gelenkwagen (geringere Beschaffungskosten als für einen Motor- und einen Beiwagen) verloren.

In Europa wurden noch einige andere Wagen dieses Typs gebaut[91], aber es mussten weitere 13 Jahre vergehen, bis in Italien eine vollständig befriedigende Lösung für den Bau von Gelenkwagen gefunden wurde (siehe Kapitel 5).

Im Eisenbahnbereich konnte sich das Jakobs-Drehgestell hingegen schon früher durchsetzen.[92]

Weitere technische Verbesserungen

In den 1930er Jahren setzte sich in den Vereinigten Staaten eine weitere, wichtige Verbesserung durch: der halbautomatische Kontroller. Zusammen mit selbsttragendem, leichtem und windschlüpfrigem Wagenkasten aus Aluminium, Schraubenfederung mit integriertem Stossdämpfer,

[89] Es handelt sich aber nur um wenige Fahrzeuge, sowohl für den Stadt- wie den Überlandverkehr. 1924 baute die Strassenbahnwerkstätte der Stadt Baltimore aus alten Fahrzeugen 43 dreitürige Wagen für ihr Tramnetz (Serie 8100), deren beide Wagenkästen gelenkseitig auf ein kleines Drehgestell aufgesattelt waren. Im gleichen Jahr wurde in Detroit ein von der Cincinnati Car Company gemäss dem Patent von Thomas Elliott gebautes Drehgestelltram mit drei Wagenkästen und vier Drehgestellen in Betrieb genommen, das ein Einzelstück blieb: Dieses mit 37,4 m damals längste dreiteilige Zweirichtungstram mit je einer Doppeltüre in der Mitte von allen drei Kästen musste mit vier Angestellten bestückt werden (drei Schaffner, ein Wagenführer). Danach wurden 1927 von der Kuhlmann Car Company 28 zweiteilige Gelenktramwagen an die Stadt Cleveland abgeliefert (Serie 5000).

[90] Der erste Prototyp (Wagen 177) lief in Duisburg bis 1967 im Liniendienst und wurde dann in ein Restauranttram umgebaut und mit Sicherheitsvorrichtungen für den Einsatz auch in den Tunnelabschnitten ausgerüstet. Er musste 2014 nach einem schweren Unfall ausser Betrieb genommen werden.

[91] Bei den niederländischen Überlandbahnen verdienen die zehn modernen, zweiteiligen A600-Gelenkwagen mit drei Drehgestellen erwähnt zu werden. Die 1932 in Betrieb genommenen, von der Unternehmung Beijnes für das NZH-Netz (Noord-Zuid-Hollandsche Tramweg-Maatschappij) gebauten Wagen verkehrten bis 1961 zwischen Leiden und Den Haag.

[92] Der weltweit erste Gelenktriebzug war der dieselelektrische, 1932 in Betrieb genommene „Fliegende Hamburger" der Deutschen Reichsbahn (Reihe 877), von dem ein Exemplar im Hauptbahnhof Leipzig aufbewahrt wird.

△ **Bild 4.40** • Ein historisches Tram vom Typ „Grosser Hecht" mit Beiwagen auf Extrafahrt in Dresden (Deutschland), 2019

AUFNAHME: R. CAMBURSANO

△ **Bild 4.41** • Dreiteiliger Gelenktriebwagen Be 4/4 Nr. 701 in Bern mit gelenkten Einachsdrehgestellen Bauart „Schlieren". Das 1966 gebaute Fahrzeug blieb ein Einzelgänger wie der „Cape Hope" aus dem Jahr 1930.

AUFNAHME: S. GOBEL

elastischen Rädern, Magnetschienenbremse, „Totmann"-Sicherheitseinrichtung, mit Sitzplatz ausgerüsteten Führerständen und ergonomischer angeordneten Bedienelementen, entstand eine Generation von Wagen mit sehr modernen Charakteristiken.[93] Eine ausführliche Beschreibung findet sich im Kapitel 5.

In Europa sind zwei besonders innovative Fahrzeugtypen zu erwähnen. Erstens das 1929 wegen seiner sehr langen, zugespitzten Kastenenden „Hechtwagen" genannte Drehgestelltram der Dresdner Strassenbahn. Dieses technikgeschichtlich sehr interessante Fahrzeug war mit einer besonderen, halbautomatischen und elektromechanischen Steuerung ausgerüstet und konnte 111 Fahrgäste aufnehmen.

Die spezielle Form dieses Zweirichtungswagens, wie auch der Drehzapfenabstand von nur 5 m, waren eine Bedingung, um in Kurven Kreuzungsverbote mit entgegenkommenden Fahrzeugen umgehen zu können. Der Hechtwagen hatte beidseits zwei manuell betätigte Türen.

Das Projekt zu diesem Wagen stammte vom damaligen Direktor der Städtischen Strassenbahn von Dresden, Professor Alfred Bockemühl.

Der Wagenführer sass in einer sehr kleinen Kabine. Er regelte die Geschwindigkeit des Wagens mit Druckknöpfen (je einer für die neun Stufen in Serie und für die sieben Parallelstufen), wobei die Beschleunigung automatisch in Funktion der Last erfolgte.

Zusätzlich zu einer von Hand zu betätigenden Feststellbremse, die auf die Triebmotorwellen wirkte, waren drei Pedale vorhanden: das linke für die vier in den Drehgestellen montierten Magnetschienenbremsen, das mittlere für die Sandstreu-Einrichtung und das rechte für die elektrische Bremse. Eine Druckluftausrüstung war nicht vorhanden; die „Hechte" waren somit eigentliche „All electric"-Wagen. Die 15,5 m langen 33 Wagen waren mit vier Motoren zu 55 kW ausgerüstet, hatten eine hohe Beschleunigung und konnten bei voller Last mit 70 km/h verkehren.[94]

Das zweite Fahrzeug, das lediglich als Prototyp existierte und nie fahrplanmässig eingesetzt wurde, ist ein 1930 von der Unternehmung Christoph & Unmack gebautes, „Cape Hope" genanntes Fahrzeug, das auf dem Tramnetz von Berlin ausprobiert wurde und 1932 anlässlich des Internationalen Strassenbahnkongresses in Den Haag auf dem Netz dieser Stadt während zwei Wochen verkehrte.

Dieser Wagen hatte eine elektrische Ausrüstung von AEG. Sehr speziell waren die unter dem dreiteiligen Kasten angeordneten vier Lenkachsen (je eine an den Enden des ersten und dritten Kastens, die andern beiden unter dem Mittelkasten), die mit Hebeln miteinander verbunden waren. Dies ermöglichte den Verzicht auf die sich bei den „Hechten" stark verjüngenden Wagenenden und eine sehr gute Ausnützung der Hüllkurve. Der Schaffner hatte einen festen Platz; Fahrgastfluss gemäss „Peter Witt", Fahrgastkapazität 105 Personen.[95]

93 Die zwei „Grossen" (Westinghouse und General Electric) führten ab 1929 die elektropneumatischen Anfahrsysteme VA, resp. PCM ein. Ein Vorläufer war das 1897 von F.J. Sprague erfundene System für Mehrfachtraktion, das schon lange auf Untergrundbahnen verwendet wurde. Es wies einen Kontroller mit drei Stellungen (Null, Serie Vollfeld, Parallel Vollfeld) und ein Relais mit konstanter Stromstärke auf, das die Anfahrwiderstände automatisch ausschaltete und somit die Geschwindigkeit erhöhte.

94 Zusätzlich zu den beiden Prototypen wurden bis 1933 von Christoph & Unmack, LHB und Sachsenwerk weitere 31 Wagen gebaut. Nach dem Krieg baute die ostdeutsche Firma LOWA 1954 nochmals zwei Einheiten.

95 Ein ähnliches Tram, das auch ein Einzelgänger blieb, war der dreiteilige Wagen vom Typ „Zwei Zimmer mit Küche" mit vier sich radial zu den Schienen einstellenden Einzelachsfahrgestellen, der 20 m lang war und auf dem Berner Tramnetz von 1966 bis 1990 verkehrte (Be 4/4 401, ab 1986 701; Hersteller SWS und MFO).

5 Höhepunkte des Tramwagenbaus (1930-1945)

△ **Bild 5.1** • Titelseite einer amerikanischen Werbebroschüre für PCC-Trams, 1948

ABBILDUNG: SAMMLUNG R. CAMBURSANO

Das Phänomen PCC

1931 begann in Amerika ein grundlegendes Kapitel in der Geschichte der Strassenbahn: Das „Electric Railways Presidents Conference Committee" der Vereinigten Staaten von Amerika bildete eine Arbeitsgruppe, die sich aus Vertretern von 28 Verkehrsbetrieben und 26 Herstellern zusammensetzte. Als Koordinator wurde der Ingenieur Clarence F. Hirshfeld, Abteilungschef Forschung der Unternehmung Detroit Edison, bestimmt.

Zielsetzung dieser Arbeitsgruppe war die Schaffung eines sehr zuverlässigen Drehgestell-Einheitstramwagens, der dank modernster Technologie mit dem sich ständig mehr verbreitenden Privatauto konkurrieren und kostengünstig hergestellt werden konnte. Der Sitz der Arbeitsgruppe war bei den Verkehrsbetrieben im New Yorker Stadtteil Brooklyn. Sie verwirklichte in drei Jahren harter Arbeit zwei Prototypen[96], die 1934 in New York den fahrplanmässigen Dienst aufnahmen, und danach auf Grund der betrieblichen Erfahrungen gemachte weitere Verbesserungen.

In der Tat entstand ein revolutionäres Fahrzeug: hohes Beschleunigungs-, resp. Verzögerungsvermögen, das den Streckencharakteristiken gut angepasst werden konnte, sehr guter und lärmarmer Lauf, komfortable Inneneinrichtung, ergonomische Führerkabine, modulares Konstruktionskonzept, das die Anpassung an die lokalen Gegebenheiten ermöglichte (Länge und Breite der Wagenkästen, Spurweite, Anordnung und Breite der zwei oder drei Türen, fester/nicht fester Standort des Schaffners, Ein- oder Zweirichtungswagen), und ein modernes Erscheinungsbild, das sich deutlich von den eckigen Kästen früherer Tramgenerationen unterschied.

Der innovative Kontroller ermöglichte eine progressive, ruckfreie Beschleunigung, die von den zuvor gebauten Wagen nicht erreicht werden konnte.[97] Die elektrische Bremsung war sanft und wirksam zugleich; als Notbremse diente eine elektromagnetische Bremse. Auf den ersten Serien war ein Kompressor vorhanden,

[96] Der erste Prototyp (Modell A, Nummer 5200) entstand aus einem „Peter Witt"-Wagen, der zweite (Modell B, Nummer 5300) war ein vollständig neues, von der Pullman Standard Company gebautes Fahrzeug.

[97] Die Höchstgeschwindigkeit betrug 70 km/h. Westinghouse entwickelte für die PCC einen komplett neuen Fahrschalter mit 99 Stufen (Bezeichnung XD-323). Er wurde mit einer Fuss-Schaltung betätigt; je stärker das Pedal gedrückt wurde, umso grösser war die Beschleunigung. Das Pedal übertrug den Aufschaltbefehl an einen kleinen Motor, der einen Schaltarm mit an beiden Enden angebrachten Rollen antrieb, welche die kreisförmig angeordneten Fahr-/Bremswiderstände ein-, respektive ausschalteten. Für die Bremsschaltung war ein weiteres Pedal vorhanden. Die „accelerator" oder „Beschleuniger" genannte Einrichtung ermöglichte ein fast ruckfreies Fahren, war aber wegen der zwei plus zwei dauernd parallel geschalteten Motoren ein eigentlicher Stromfresser. Auch die Unternehmung General Electric lieferte einen ähnlichen Beschleuniger (17KM, in den ersten Versionen pneumatisch angetrieben), der auf 20 % aller Fahrzeuge verbaut wurde.

▽ **Bild 5.2** • Patentzeichnung für die PCC-Wagen, vorgelegt von Dan H. Bell, 1937

ABBILDUNG: AUS DEM USA-ORIGINALPATENT 1938

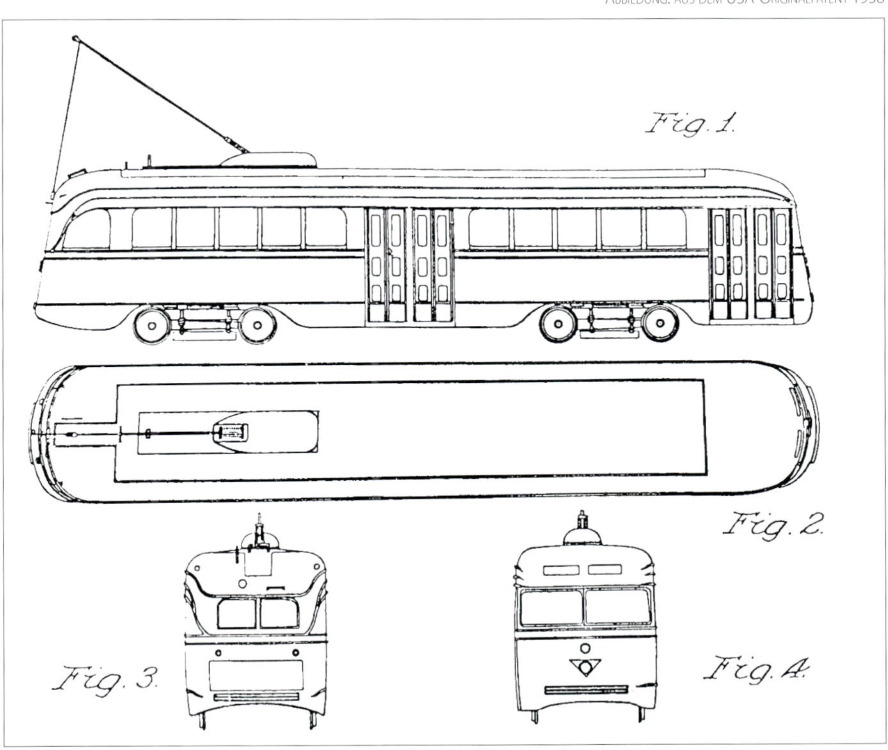

△ **Bild 5.3** • PCC-B2-Drehgestelle, hergestellt von Clark Equipment, in San Francisco, links Drehgestelle vom Typ B-3, 2017 AUFNAHME: STEFAN GÖBEL

△ **Bild 5.4** • Fahrgastraum des PCC-Wagens Nr. 1071 in San Francisco, gebaut 1947 für Twin City Rapid Transit Co., Minneapolis-St. Paul MN, später in Newark NJ, seit 2004 in San Francisco AUFNAHME (2017): STEFAN GÖBEL

▽ **Bild 5.5** • Ansicht des Führerstandes eines PCC in San Francisco. Das rechte Pedal ist für die Beschleunigung, das kleinere links daneben für das Bremsen, ganz links das Totmannpedal AUFNAHME (2017): STEFAN GÖBEL

der Druckluft einerseits für die in Kombination mit der elektrischen Bremse wirkende pneumatische Bremse und andererseits für die Türbetätigung und die Scheibenwischer lieferte. Die jüngeren Versionen waren „All electric"-Wagen[98] (keinerlei Druckluftausrüstung). Die vier Fahrmotoren zu je 55 PS bzw. 40 kW (zwei pro Drehgestell) wurden mit 600 V Gleichstrom gespeist.

Die Gruppe um Hirshfeld entwickelte ein Drehgestell[99] neuer Konzeption, das elastische Räder und eine innovative Aufhängung (Schraubenfedern mit integrierten Stossdämpfern) aufwies. Dank der Verwendung von zahlreichen Gummielementen war dieses Drehgestell lärm- und vibrationsarm.

Im Wageninnern war reichlich Platz für den Personenfluss vorhanden. Auf den beidseitig angeordneten Leder-Doppelsitzen konnten 52-61 Reisende Platz nehmen. Auf den späteren Wagen waren oberhalb der Fenster kleinere Fenster für die stehenden Fahrgäste angeordnet (sog. „standee windows"), die Beleuchtung war stärker als in den früheren Wagen und in den letzten Serien war eine Druckbelüftung vorhanden.

Auch der Ausstattung des Arbeitsplatzes des Wagenführers wurde grosse Bedeutung beigemessen: Die Sicht nach vorne wurde mit einer schräg gestellten Windschutzscheibe verbessert, die Scheibenwischer waren in den „All electric"-Wagen elektrisch angetrieben, der Sitz war bequem und gepolstert, die Fahrzeugsteuerung erfolgte oft mit den Füssen; die Hände waren für das Eingreifen in Notfällen frei. Für grössere Sicherheit war ein „Totmann-Pedal" eingebaut. Dieses muss während der Fahrt ständig gedrückt werden. Wenn dies nicht der Fall ist, z.B. wegen Unwohlseins des Fahrers, hält der Wagen automatisch an.

All diese Neuerungen waren in einen robusten und windschlüpfig gestalteten, 14 m langen Leichtmetallwagenkasten ein-

[98] Elektrische Bremsen werden bei abnehmender Geschwindigkeit immer unwirksamer, weshalb für das vollständige Anhalten eine weitere Bremse unumgänglich ist, z.B. eine Handbremse oder eine pneumatische Bremse. In den „All electric"-PCC waren auf die Motorwellen wirkende Trommelbremsen vorhanden, die – durch ein batteriegespeistes Soleonid gesteuert – das Fahrzeug bei einer Geschwindigkeit von weniger als 1,6 km/h bis zum Stillstand abbremsten. Die Trommelbremsen wirkten deshalb auch als Feststellbremsen, und die bislang üblichen Handbremsen brauchten nicht montiert zu werden. Die Magnetschienenbremsen konnten durch das Drücken des Bremspedals bis zum Anschlag eingeschaltet werden.

[99] Die ursprünglichen Drehgestelle (B1 Schmalspur, B2 Normalspur) wurden später verbessert, neue Bezeichnung B6, resp. B3.

gebaut, weshalb er in der Werbung als „Streamliner“ bezeichnet wurde. Der über zwei Stufen zugängliche Wagenboden war auf „nur“ 81 cm über der Schienenoberkante eingebaut. Das Leergewicht betrug lediglich 15,9 bis 19 t. Ein weiterer Vorteil des PCC-Wagens war, dass er den Bedürfnissen der Betreiber unter Beibehaltung des äusseren Erscheinungsbilds angepasst werden konnte.

Hersteller waren die Saint Louis Car Company (diese Unternehmung lieferte mit drei Vierteln den Löwenanteil aller PCC), Pullman Standard Company, Canadian Car Foundry und Clark Equipment Company. Westinghouse Electric, Westinghouse Air Brake und General Electric steuerten die elektrische und die pneumatische Ausrüstung bei. 1938 baute Brill ebenfalls ein innovatives Tram, das eine gewisse ästhetische und technische (Kontroller) Ähnlichkeit mit den PCC aufwies. Das „Brilliner“ genannte Fahrzeug hatte aber keinen Erfolg; nur wenige Dutzend dieser Wagen konnten verkauft werden.

Die Erprobung der beiden Prototypen in New York war äusserst erfolgreich, weshalb der dortige Trambetrieb als erster eine Serie von 99 Wagen in Auftrag gab; diese Fahrzeuge gingen ab 1936 in Betrieb, kurz nach einem von Pittsburgh bestellten Prototyp. Der gute Ruf dieser Wagen veranlasste weitere Städte in den Vereinigten Staaten, Kanada und Mexiko, PCC-Wagen zu bestellen.[100]

Die zumeist für das „Pay as you enter“-Zahlsystem eingerichteten PCC wurden von den Fahrgästen sehr gut aufgenommen und führten zu mehr als 20 % höheren Frequenzen. In Amerika wurden 4902 dieser Wagen gebaut.[101]

△ **Bild 5.6 •** Ein PCC-Tram von 1948 in den Farben der Kansas City Public Service Company als Fahrschulwagen auf der Strecke der Linie F in San Francisco (USA) AUFNAHME (2018): ROSSANA CONTI

△ **Bild 5.7 •** Ein PCC-Zweirichtungswagen mit zwei Stromabnehmerstangen in den Farben der Philadelphia Suburban Transportation Company (Red Arrow) auf der Linie E in San Francisco (USA) AUFNAHME (2017): STEFAN GÖBEL

Viele weitere, in der Nachkriegszeit in Europa (mit Lizenz oder ohne) gebaute Tramwagen weisen gemäss den Original-PCC-Zeichnungen hergestellte Komponenten auf. PCC-Lizenzen wurden von einer Transit Research Corporation (TRC) genannten Unternehmung erteilt.[102]

Die ersten nicht-amerikanischen PCC wurden in Italien durch FIAT hergestellt. Ab 1942, somit während des Kriegs, verkehrten in Turin der Wagen 3001[103], der

100 Chronologische Reihenfolge der Städte, welche PCC-Wagen bestellten: Brooklyn (New York), Baltimore, Pittsburgh, Boston, San Diego, Los Angeles, Philadelphia, Vancouver, Toronto, Cincinnati, Kansas City, Montréal, Chicago, Washington, San Francisco, Pacific Electric (Los Angeles), St. Louis, Minneapolis, Detroit, Dallas, Illinois Terminal (Chicago), Cleveland, Louisville, Birmingham, Mexiko-Stadt, Johnstown, Shaker Heights (Cleveland).

101 Am meisten amerikanische PCC-Wagen verkehrten in der kanadischen Stadt Toronto (745 Fahrzeuge, davon 205 gebraucht gekauft). Pittsburgh löste mit 400 Wagen die grösste je getätigte Bestellung aus. Die längsten Wagen (15,37 m) gab es in Chicago und San Francisco, die Wagen in Los Angeles gehörten trotz der Spurweite von nur 1067 mm zu den breitesten (2,74 m), Washington hatte die kleinsten amerikanischen PCC-Wagen (geringste Länge von nur 13,41 m, später in Barcelona mit nur 13,25 m angegeben, Breite 2,54 m; ausgerüstet mit Klimaanlage). Spezielle Ausführungen waren die Wagen für Washington (Stromabnahme ab Fahrdraht und unterirdischer Leitung – System „conduit“), diejenigen von Cincinnati mit zwei Stromabnehmerstangen für die auch von den Trolleybussen benutzten zweidrähtigen Fahrleitungen, ohne Verwendung der Schienen für die Rückführung des Stroms, die Zweirichtungsfahrzeuge (bis zu drei Wagen konnten in Vielfachsteuerung verkehren) der Überlandnetze Pacific Electric und diejenigen von Boston (zu zweit in Vielfachsteuerung verkehrende Einrichtungswagen mit Türen beidseits für den Einsatz auf der Hochbahn „elevated railway“). Alle amerikanischen PCC bestanden entsprechend der dortigen Usanz für städtische Betriebe in jener Zeit aus nur einem Wagenkasten.

102 Deswegen ist es manchmal problematisch, ein nicht-amerikanisches Tram als „PCC“ zu bezeichnen: als „PCC“ werden in diesem Buch, entsprechend der vorherrschenden Usanz, jene Wagen bezeichnet, in denen hauptsächlich von TRC patentierte Teile (z.B. Drehgestelle, Form des Wagenkastens, Traktionsausrüstung, Bremsen etc.) verbaut sind.

103 Dieses Fahrzeug hat eine abenteuerliche Geschichte: Mehrmals von Bomben beschädigt

▽ **Bild 5.8 •** PCC-Trams und Obusse benützten 1951 in Cincinnati (USA) die gleiche Fahrleitung

AUFNAHME: METRO BUS, LIZENZ: CC BY-SA 2.0

△ **Bild 5.9** • Triebwagen 3001 in Turin (Italien), der erste europäische PCC-Wagen, 1942 AUFNAHME: ARCHIV GTT, TURIN

◁ **Bild 5.10**
Ein vom Washingtoner Netz stammender PCC-Strassenbahnwagen im Dienst in Sarajevo, 1976

AUFNAHME: LUBMIR KYSELA

▽ **Bild 5.11** • Ein historischer PCC-Wagen im Dienst auf der Linie Ashmont–Mattapan in Boston (USA), 2008
AUFNAHME: DEREK YU, LIZENZ: CC BY-SA 2.0

für die Stadt bestimmt war, und in Madrid der Wagen 1002.[104] Beide Typen waren dreitürig und 13,5 m lang; sie hatten einen elektropneumatischen „PCM"-Kontroller mit Handbedienung statt Pedalen (Lieferant CGE, italienische Filiale von General Electric), und PCC-B2-Drehgestelle ohne Magnetschienenbremsen.

Ab den 1940er Jahren und bis 1958 wurde die PCC-Technologie auch für Untergrundbahnzüge verwendet, die aus mehreren, gekuppelten Einzelwagen oder aus Gelenkfahrzeugen bestanden; erste Inbetriebsetzung in New York, gefolgt von Chicago, Boston und Cleveland.

Als Folge des „amerikanischen Tramskandals" (siehe dazu den Abschnitt „Die Krise kam von Westen" im Kapitel 6) versank das Verkehrsmittel Strassenbahn in den USA weitgehend in Bedeutungslosigkeit. So wurde 1952 das für lange Zeit letzte amerikanische Tram (der für San Francisco bestimmte Wagen 1040) in Betrieb genommen. Zwischen 1950 und dem Anfang der 70er Jahre gelangten abgestellte, aber noch einsatzfähige PCC-Wagen zu den noch nicht eingestellten Tramnetzen und auch zu ausländischen Betreibern.[105]

In Europa wurde die PCC-Technologie noch lange verwendet, sowohl in Westeuropa wie ganz besonders in Osteuropa, wo in der Tschechoslowakei zu Tausenden damit ausgerüstete Wagen (Typ Tatra, siehe dazu das Kapitel 6) gebaut wurden.

Gleichwohl verschwanden die PCC in Amerika nie total aus dem Liniendienst: Nach den letzten, umfangreichen Ausserbetriebsetzungen auf grossen Netzen (Toronto 1995, Newark 2001) wurden einige weiterhin fahrplanmässig auf zwei Linien eingesetzt: Mattapan–Ashmont in Boston, sowie auf der Linie 15 in Philadelphia, was den Anstoss für die neue Mode „Heritage streetcar" (Betrieb mit historischen Fahrzeugen, siehe Kapitel 10) gab und die Auf-

und schon 1943 als nicht reparierbar eingestuft, wurde es nach dem Krieg in der Zentralwerkstätte der Turiner Verkehrsbetriebe mit derart umfangreichen Änderungen rekonstruiert, dass es zu einem Einzelgänger wurde. Der nunmehr mit der Nummer 3501 bezeichnete Wagen wurde nach einer Restaurierung im Jahr 2000 in den Bestand der historischen Fahrzeuge aufgenommen.

104 FIAT konnte 50 identische Wagen für die spanische Hauptstadt herstellen. Nach dem Krieg wurde der Bau von weiteren Fahrzeugen nach Spanien verlegt und von der ortsansässigen Unternehmung CAF in Lizenz weitergeführt (Serie 1000).

105 Der Handel erstreckte sich über drei Kontinente: Amerika, Europa und Afrika; er umfasste ganze Einheiten oder Bestandteile, die für die Rekonstruktion von älteren Wagen dienten. Chronologische Liste der Städte, die gebrauchte PCC kauften: El Paso, Newark, Sarajevo, Tampico, Buenos Aires, Barcelona, Tocopilla, Kairo, Fort Worth und Alexandria (Ägypten).

arbeitung weiterer Fahrzeuge und deren Einsatz auch in San Francisco und El Paso auslöste.
Zu diesen betrieblich eingesetzten Wagen kommen alle von Museen oder privaten Sammlern aufbewahrten, weiteren Fahrzeuge hinzu.

Die PCC waren damals nicht die einzigen modernen Tramwagen

Vor dem Zweiten Weltkrieg wurden auch ausserhalb Amerikas innovative Tramwagen gebaut. Einige von ihnen glichen den PCC auffällig, können aber aus Patentgründen nicht als solche bezeichnet werden.
In Europa tat sich ganz besonders Italien hervor[106], wo neben FIAT auch andere grosse Hersteller von Eisenbahnmaterial wie Ansaldo und Breda Wagen für den inländischen und ausländischen Markt produzierten.
1939 wurden auf der Linie Rom–Cinecittà, die zum STEFER-Überlandbahnnetz gehörte, erstmals zwölf Gelenktramwagen[107] in Betrieb gesetzt, die mit der „Giostra Urbinati" (wörtlich übersetzt: Urbinati-Karussell) ausgerüstet waren. Es ist dies eine kreisförmige, auf dem Jakobs-Drehgestell (Lauf- oder Motordrehgestell) aufgebaute, zweiteilige Plattform als Fussboden im Gelenk zwischen den Wagenkästen, die mit halbkreisförmigen, seitlichen Wänden versehen ist und eine sehr grosse Verbreitung gefunden hat. Diese Plattform war 1938 vom Direktor der STEFER, Ingenieur Mario Urbinati, erfunden und patentiert worden. Sie ermöglicht Drehbewegungen der beiden Wagenkästen in allen drei Richtungen (längs, quer und vertikal) und stellte eine verbesserte Version von in Amerika schon 15 Jahre zuvor entwickelten Systemen dar, die aber wegen ihrer Unzulänglichkeiten keine breite Verwendung gefunden hatten. In den Kurven stellt sich die Plattform immer in der Winkelhalbierenden des durch die beiden Wagenkästen gebildeten Winkels ein, was die mechanische Beanspruchung im Vergleich zu der amerikanischen Lösung erheblich reduziert. Die Erfindung Urbinatis ist ein Meilenstein, dank der die Herstellung von grossen Serien von modernen Gelenktramwagen möglich wurde, d.h. von Fahrzeugen mit drei oder mehr Drehgestellen, resp. zwei oder mehr Wagenkästen, ohne schmale Übergänge von einem Kasten zum andern, mit „durchgehendem" Fussboden und wesentlich geringerem Lärm sowie besserem Komfort als in den früheren Gelenkwagen.
Gelenkwagen sind zwar eine amerikanische Erfindung, sie hatten aber eine Hochburg in Europa und wurden während vieler Jahre fast ausschliesslich dort eingesetzt.[108]

△ **Bild 5.12** • Ein für Belgrad (Serbien) bestimmtes Tram, das in Innsbruck verkehrte und mit den in Genua (Italien) eingesetzten Wagen identisch war. Jetzt gehört es zum Bestand des Tiroler Trammuseums in Innsbruck (Österreich). Aufnahme: S. Göbel

△ **Bild 5.13** • Erstes Gelenktram (Wagen 401 der STEFER) mit Wagenübergangsplattform („Karussell") Typ Urbinati auf Probefahrt zwischen Rom und Cinecittà (Italien), 1939 Aufnahme: Vasari, in: „Rassegna tecnica TIBB"

Obwohl Grossbritannien daran war, mit einer geradezu fanatischen Verbissenheit Tramnetze einzustellen, konnten die für das Land charakteristischen Doppelstockwagen noch von gewissen technischen Verbesserungen profitieren.[109]

[106] Wichtigste Fahrzeuge – Genua: 94 Zweirichtungswagen der Serie 900 mit einem Wagenkasten, ab 1939 gebaut (erste italienische Fahrzeuge mit Magnetschienenbremsen, von vielen als das schönste italienische Tram bezeichnet) und vier Zweirichtungs-Gelenktriebwagen der Serie 1100 von 1942, die nach der Einstellung des Trambetriebs 1966 nach Neuchâtel (Schweiz) gelangten, wo sie noch bis 1988 auf der Linie 5 nach Boudry eingesetzt wurden; Bologna: 29 Zweirichtungswagen von 1935, mit einem Wagenkasten, Serie 200; Mailand: 62 Wagen der Serie 5000 (1936-1939).

[107] Das erste Fahrzeug dieser Serie (Wagen 401) wurde 1978 nach einem schweren Unfall ausrangiert und 2007 von der Associazione Torinese Tram Storici zur Instandsetzung und Wiederinbetriebnahme übernommen.

[108] Eine Ausnahme bildeten die beiden 1941 in Betrieb genommenen vierteiligen und sehr schönen „Electroliner" mit drei Jakobs-Drehgestellen, welche von der Saint Louis Car Company für die Strecke Chicago–Milwaukee gebaut wurden. Sie konnten sowohl wie ein gewöhnliches Tram auf Strassen wie auch mit einer Höchstgeschwindigkeit von 130 km/h auf Eisenbahnstrecken verkehren. Die für 600 Volt Gleichstrom ausgelegten Fahrzeuge bezogen die Traktionsenergie mit zwei Stromabnehmerstangen, waren klimatisiert und hatten ein Bar-Abteil. Seit ihrer Ausserdienststellung 1963 werden beide als Museumsfahrzeuge aufbewahrt.

[109] Der „Schwanengesang" der britischen Tramwagen bestand aus wenigen Hundert modernen Fahrzeugen. Die wichtigsten (alles Doppelstockwagen) waren 175 „Streamliners", die von den Liverpooler Verkehrsbetrieben 1936-1937 gebaut und nach der Einstellung des Trambetriebs an Glasgow abgegeben wurden, die 152 von Glasgow 1937-1941 in Betrieb genommenen „Corona-

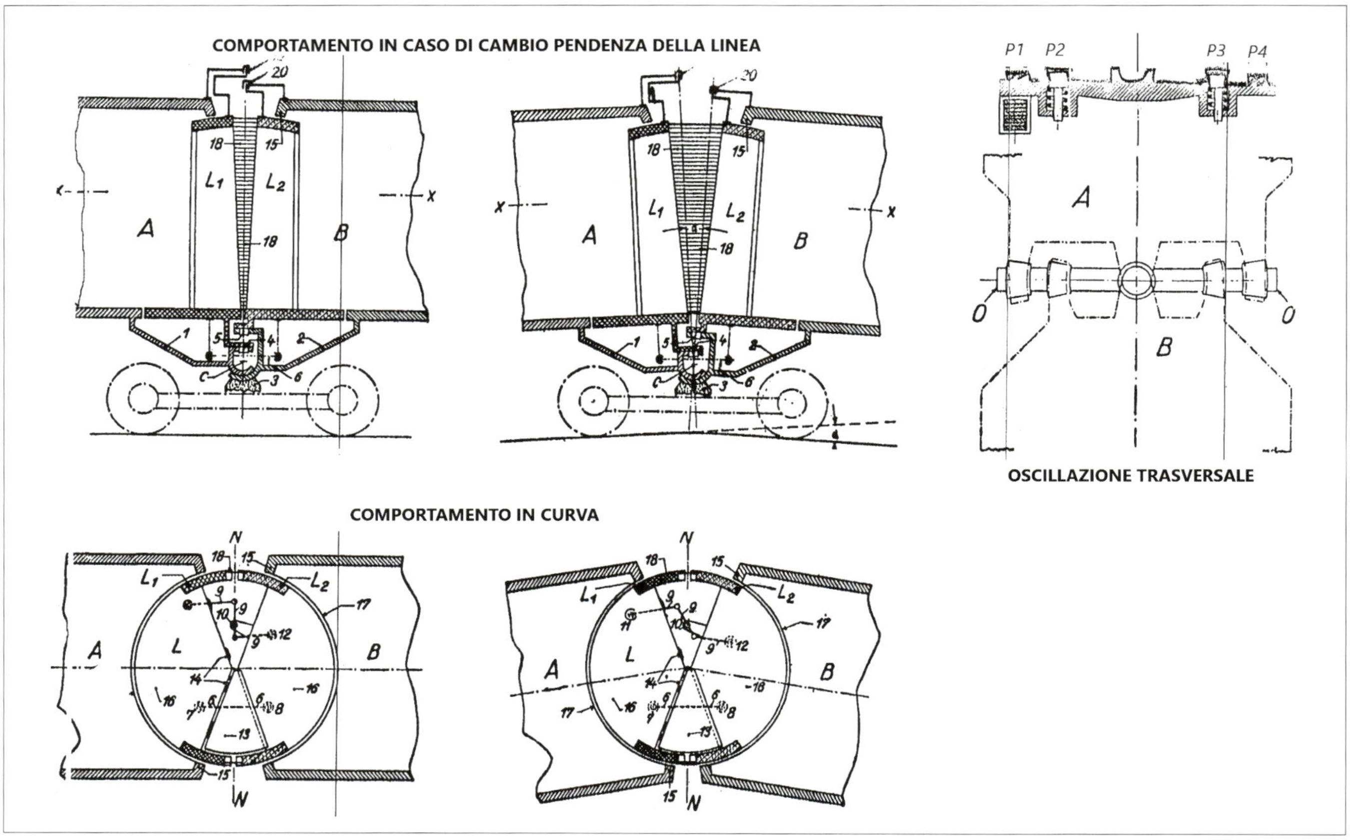

COMPORTAMENTO IN CASO DI CAMBIO PENDENZA DELLA LINEA

OSCILLAZIONE TRASVERSALE

COMPORTAMENTO IN CURVA

△ **Bild 5.14** • Die überarbeiteten Zeichnungen zeigen die Beweglichkeit der Wagenübergangsplattform in der x-, y- und z-Achse — Abbildung: „Rassegna tecnica TIBB“, 1940

△ **Bild 5.15** • Einer der beiden „Electroliner“, welche 1941-1963 auf der Überlandlinie Chicago–Milwaukee (USA) verkehrten — Zeichnung (2006): Voogd075, Lizenz: CC BY-SA 3.0

Die Kriegszeit bremste die Entwicklung von neuen Strassenbahnwagen fast vollständig aus, ausser – wie erwähnt – in Italien und in den neutralen Ländern Schweiz und Schweden. In der Schweiz nahm die Städtische Strassenbahn von Zürich 1939 zwei dreiachsige Wagen mit Leichtstahlkasten und SLM-Lenkgestell in Betrieb und 1940 resp. 1941 je ein modernes Drehgestelltram.[110]

Auf Basis der dabei gesammelten Erfahrungen gab 1944 der Verband Schweizerischer Transportanstalten Normierungsempfehlungen heraus, welche Wagenkastenabmessungen, Fahrgastfluss, Anordnung und Breite der Türen, Einrichtungs- oder Zweirichtungsfahrzeug, Einstiegshöhe, Raddurchmesser, zu installierende Leistung etc. für neue Drehgestell-Tramwagen (zwei Typen Einrichtungsmotorwagen, ein Zweirichtungsmotorwagen und ein Beiwagen) zum Gegenstand hatten. Damit gingen die in der Literatur oft unzutreffenderweise als „Schweizerische Standard-Tramwagen“ bezeichneten Fahrzeuge in die Geschichte ein. Diese Wagen wirkten in der Nachkriegszeit als grosser Stimulus für den Tram-Fahrzeugbau in Belgien, in den Niederlanden und in Skandinavien sowie ab 1949 auch in Deutschland.

In Schweden wurden 1937-1944 einige von den amerikanischen PCC inspirierte, innovative Motorwagen mit zwei Drehgestellen gebaut (Typ M22 für Göteborg), welche die Basis für die einheimische Produktion in der Nachkriegszeit bildeten.

▽ **Bild 5.16** • Ein Glasgower Wagen des Typs „Coronation“ im National Tramway Museum Crich (Vereinigtes Königreich), 1979 — Aufnahme: S. Göbel

tion“-Wagen, gefolgt von den 100 „Cunarder“ (1948-1952), ebenfalls für Glasgow; Beschreibung der technischen Eigenheiten dieser Fahrzeuge in der Fussnote 121.

110 Der leichtere der beiden Zürcher Wagen (Tara 15 t, für Flachlandlinien, mit Tragrahmen aus Stahlblech und mit Alumanblechen verschaltem, aufgesetztem Gerippe aus Anticorodalprofilen) wurde als Typ Ia, der schwerere (19-20 t, für steigungsreiche Linien, Kasten aus Leichtstahl) als Typ Ib bezeichnet.

6 Krisen und schwierige Jahre (1945-1975)

△ **Bild 6.1** • Trams von Los Angeles (USA), die 1956 ihrer Verschrottung entgegensehen

Aufnahme: Fotograf unbekannt, Foto: Archiv der Los Angeles Times/UCLA Library, Lizenz: gemeinfrei

Die Krise kam von Westen

Nach dem Zweiten Weltkrieg nahm die Motorisierung der Bevölkerung in allen Hochkonjunkturländern rapide zu. Um mehr Platz für den Automobilverkehr zu schaffen, wurden zuerst in Nordamerika, danach auch in Westeuropa, Trambetriebe in grossem Ausmass eingestellt. Man ersetzte die Tramwagen durch Busse, die mittlerweile technisch ausgereifter und vor allem billiger geworden waren.

Die Beseitigung der amerikanischen Tramnetze war eine Folge des „amerikanischen Tramskandals" („The General Motors streetcar conspiracy"), der von einigen grossen, privaten Unternehmungen angezettelt wurde, welche in einer von General Motors präsidierten, National City Lines (NCL) genannten Holding zusammenarbeiteten: Zwischen 1936 und 1950 kaufte die NCL über 100 Betriebe des öffentlichen Verkehrs in 45 amerikanischen Städten auf und ersetzte die Tramwagen durch von GM hergestellte Autobusse.[111]

In der Öffentlichkeit regte sich dagegen Widerstand. Befeuert durch die Massenmedien, kam es deswegen 1948 zu einem Gerichtsverfahren beim Obersten Gerichtshof, das aber zu nichts führte, genauso wenig wie 1974 eine Anfrage im Senat: Es setzte sich die Ansicht durch, dass das Ende der Strassenbahn wegen der Gründe, welche die Krise ausgelöst hatten, auch ohne die Machenschaften von GM gekommen wäre.

Die Einstellungen betrafen sowohl städtische Netze wie auch die in Amerika und in Westeuropa einst sehr verbreiteten Überlandlinien. Dieweil die Krise in den Städten – wie weiter hinten noch gezeigt wird – nur relativ kurze Zeit dauerte und mit der damaligen Mentalität zu erklären ist, verschwanden die Überlandtrambahnen fast total und definitiv, weil der immer grösser werdende Autoverkehr ständig mehr Spuren beanspruchte und deshalb kein Platz mehr für ein Schienentransportmittel vorhanden war.

Wie schon erwähnt, wurde die Herstellung von Tramwagen in Amerika ab Anfang der 1950er Jahre vollständig eingestellt. Auf dem Alten Kontinent glitt die Krise in den Staaten mit freiheitlicher Wirtschaftsordnung in ihre schwärzeste Phase, während in den kommunistischen Ländern das Tram das dominierende Verkehrsmittel blieb und sogar ausgebaut wurde.

Jenseits des „Eisernen Vorhangs"

Es ist einer seltsamen Schicksalsfügung zuzuschreiben, dass von Anfang der 50er Jahre an, mitten im Kalten Krieg, die PCC-Technologie, einst Aushängeschild der amerikanischen Trambetriebe, jenseits des Eisernen Vorhangs übernommen wurde.

Die tschechoslowakische Unternehmung ČKD-Tatra, welche die PCC-Lizenz noch vor der 1948 erfolgten Machtübernahme durch die kommunistische Partei hatte erhalten können, brachte 1951 den ersten osteuropäischen PCC-Prototyp heraus, den T1. Dieses einteilige, 14,5 m lange Fahrzeug mit zwei Drehgestellen konnte 95 Personen befördern, wurde ab 1952 in Prag im fahrplanmässigen Dienst eingesetzt und bildete die Basis für die folgenden Fahrzeuggenerationen.

Fast 20.000 Tatra-PCC der ersten Generationen mit ihren charakteristischen, abgerundeten Formen, zumeist rot-creme gestrichen, wurden während beinahe 40 Jahren sowohl mit einem Wagenkasten wie auch als Gelenkfahrzeug hergestellt und in die Comecon-Länder exportiert.[112]

Auch die ungarische Unternehmung Ganz[113] und die polnische Fabrik Konstal[114]

[111] An diesem Ereignis inspirierte sich der 1988 von Robert Zemeckis geschaffene Film „Falsches Spiel mit Roger Rabbit": Der böse Richter Doom schmiedet einen Komplott, um das Tramnetz von Los Angeles (die „Red cars" der Gesellschaft Pacific Electric) zu beseitigen und durch Autobahnen zu ersetzen.

[112] Total 19.483 Einheiten der ersten Generationen (ohne elektronische Komponenten), wovon 17.704 Wagen mit einem Kasten (Modelle T1, T2, T3, T4), 769 zweiteilige Gelenkwagen mit drei Drehgestellen (K1, K2, K5) und 1010 Drehgestell-Beiwagen mit einem Kasten (B3, B4) hergestellt wurden. Bis zu drei Einkasten-Motorwagen konnten in Vielfachtraktion eingesetzt werden; in der DDR verkehrten sie häufig in der Formation zwei Motorwagen plus ein Anhängewagen. Mit 14.011 Exemplaren ist der T3 der am meisten gebaute Tatra-Motorwagen; der letzte wurde 1989 abgeliefert. Moskau hatte mit 2309 Wagen die grösste Tatra-PCC-Flotte. Die 1970 für das Netz von Kairo gebauten 200 Gelenktrams K5 waren die einzigen für ein nicht-kommunistisches Land.

[113] 1956-1965 baute Ganz 375 Exemplare des bekannten Modells UV (14 m langes Zweirichtungsfahrzeug mit einem Wagenkasten, 94 Plätze, für Vielfachtraktion von zwei Wagen geeignet). Das Fahrzeug wurde in Budapest zu einer Ikone; es blieb bis 2007 in Betrieb. 1967-1978 wurden die 152 27 m langen, dreiteiligen CSMG-Zweirichtungs-Gelenkwagen mit vier Drehgestellen gebaut. Sie weisen 200 Plätze auf, können in Vielfachsteuerung mit einem zweiten Wagen dieser Serie verkehren und werden zum Teil noch heute eingesetzt.

[114] Konstal baute 1948-1962 mehr als 3000 sehr spartanische zweiachsige Fahrzeuge (Typen N bzw. ND und davon abgeleitete Fahrzeuge, insgesamt ca. 1460 Trieb- und 1618 Beiwagen), die von den deutschen Kriegsstrassenbahnwagen (KSW) inspiriert waren. Danach fertigte sie von 1959 bis 1969 mit PCC-Komponenten 848 Wagen des Typs 13N (Vorbild war der T1 von ČKD-Tatra). Zwischen 1967 und 1974 folgten 696 zweiteilige Gelenkwagen mit drei Drehgestellen (Typen 102N/102Na/803N etc.), dieweil 1973 einteilige modernere Drehgestellwagen (Typen 105N/805N) erschienen, von denen bis 1979

◁ **Bild 6.2**
Ein „Red car"-PCC der Gesellschaft Pacific Electric in den letzten Jahren vor der Einstellung des Betriebs bei Atwater in Los Angeles (USA)

Aufnahme (1958): Samhuddy, Lizenz: CC BY-SA 3.0

◁ **Bild 6.3**
Ein Überlandtramzug („Interurban") fährt durch die Station Marpole bei Vancouver (Kanada), 1952

Aufnahme: aus dem Archiv Rob auf Flickr

◁ **Bild 6.4**
Tatra-Trams der Typen T1, T2 und T3 (von links nach rechts) ausgestellt im Trammuseum von Prag (Tschechische Republik)

Aufnahme (2019): R. Cambursano

lieferten zahlreiche Tramwagen an die kommunistischen Länder und führten viele Modernisierungs- und Standardisierungselemente ein.

Die sowjetische Schwerindustrie erzeugte ebenfalls eine gewaltige Menge Tramwagen von geringerem technischen Stand für den wachsenden einheimischen Markt. Die ersten russischen Nachkriegs-Drehgestellwagen wurden 1947 vorerst in Moskau und Leningrad[115] in Betrieb genommen und danach im ganzen Land. Wichtigste Hersteller sind Ust-Kataw[116] (UKVZ) in der Nähe von Tscheljabinsk (in den besten Jahren mit einer verblüffenden Jahresproduktion von 1000 Fahrzeugen und nur noch einer geringen Anzahl nach dem Ende des Kommunismus), und andererseits PTMZ in Leningrad und RVR in Riga.

Die Tatra-Wagen der ersten Generation waren von besserer Qualität als die in Deutschland für den internen Markt wie auch für die Comecon-Länder gebauten, zahlreichen Wagen: Anfänglich wurden diese vom Konsortium LOWA (Lokomotiv- und Waggonbau), einem Zusammenschluss von mehreren Fabriken der DDR, hergestellt; danach konnte sich unabhängig davon die Gothaer Waggonfabrik durchsetzen. Es handelt sich um sehr einfache und billige Wagen, welche die gleichen technischen und ästhetischen Unterschiede aufwiesen wie die Automobile jener Zeit: Es waren hauptsächlich zwei-

1009 Einheiten gebaut wurden. Von 1979-1990 wurden weit über 2000 Fahrzeuge der Typen 105Na und 805Na und spätere noch weitere Varianten gebaut.

115 Es sind dies einerseits die Modelle MTV-82 von RVR (sehr spezielles Äusseres, weil der Kasten identisch war mit demjenigen von Trolleybussen) und LM-47 (Hersteller PTMZ; gefolgt von zahlreichen andern Serien, immer mit der Bezeichnung „LM" = Leningrader Motorwagen).

116 Das robuste und spartanische Modell KTM-5 (die ersten Serien hatten Wagenkästen aus Kunststoff), ein 15 m langes, einteiliges Fahrzeug mit zwei Drehgestellen, hält mit 14.369 zwischen 1963 und 1992 gebauten Wagen den absoluten Weltrekord inne (von den tschechoslowakischen T3 wurden nur geringfügig weniger produziert).

achsige, gemäss veralteten Grundsätzen gebaute Motor- und Anhängewagen, aber auch „Zwei Zimmer mit Küche"-Fahrzeuge.[117]

In Bulgarien und Rumänien entstanden in den Werkstätten einiger Trambetriebe Motor- und Anhängewagen (einteilige oder mehrteilige Fahrzeuge) für ihre Netze. Jugoslawien hob sich von den andern Ländern des Ostblocks dadurch ab, dass es Wagen aus dem Westen[118] importierte, aber auch selbst einige Fahrzeuge herstellte.

Hier muss auch die umfangreiche Herstellung von „Zwei Zimmer mit Küche"-Wagen für den inländischen Markt in Ungarn erwähnt werden.[119]

▷ **Bild 6.5**
Ein Tatra-Gelenktram vom Typ K2 im Dienst auf der Linie 1 in Sarajevo (Bosnien-Herzegowina)

Aufnahme (1983): R. Cambursano

Situation in Westeuropa

Im Westen war die Situation komplizierter.

Aus den erwähnten Gründen verschwanden als erste die Überlandbahnen fast vollständig, mit einigen raren Ausnahmen wie z.B. das belgische „Kusttram", einzige übriggebliebene Linie des einst riesigen Netzes der „Chemins de fer vicinaux", die auf 68 km der Nordseeküste von der französischen bis zur niederländischen Grenze folgt.

Nur in der Schweiz überlebte eine gewisse Anzahl Überlandlinien, die korrekterweise als „Train-Tram" bezeichnet werden müssen, weil sie auf gewissen Abschnitten verkehren, die Nebenbahncharakteristiken aufweisen (siehe Kapitel 11).

Als nächste schlossen zuerst kleinere städtische Netze, wie auch jene mit veraltetem Rollmaterial oder schlechtem Gleiszustand, da den Betreibern die finanziellen Mittel für deren Sanierung fehlten.

Die beiden wichtigsten Nationen, die sich der herrschenden Ideologie der amerikanischen Schule unverzüglich unterwarfen und der stetig zunehmenden Vorherrschaft des Autobusses ohne Verzug Tribut zollten, waren Frankreich und Grossbritannien: Deren Netze verschwanden fast vollständig; wie erwähnt, wurde der Trambetrieb in der französischen Hauptstadt schon 1937 eingestellt und die britische Hauptstadt London folgte 1952.

△ **Bild 6.6** • Tramzug gebildet aus den UV-Triebwagen 3425 und 3424 mit dazwischen eingereihtem zweiachsigen Beiwagen 6036 beim Depot Kelenföld, Budapest (Ungarn) Aufnahme (2001): R. Gerbig

▽ **Bild 6.7** • Historischer Konstal-Gelenkwagen vom Typ 102N in Poznan (Polen) auf Linie 20 im Jahr 2010 Aufnahme: S. Göbel

[117] Unter der Marke LOWA wurden ab 1950 die ersten Standardmotorwagen der DDR hergestellt (ET50, zweiachsig), was zusammen mit der darauffolgenden Produktion durch die Gothaer Waggonfabrik (1954-1956) total 248 Motor- und 443 Anhängewagen ergab. Die wichtigsten Gotha-Tramtypen sind die zweiachsigen T57, T59 und T2, die wie die dazu gehörenden Beiwagen B57, B59 und B2 von 1957 bis 1969 hergestellt wurden, und von denen zurzeit noch einige wenige historische Exemplare in Woltersdorf, Bad Schandau (Kirnitzschtalbahn), Naumburg sowie in der Türkei verkehren. 1959-1967 stellte die Gothaer Waggonfabrik auch 318 Gelenkwagen G4 vom Typ „Zwei Zimmer mit Küche" her. Die 66 einteiligen, vierachsigen Triebwagen T4-62 und die dazugehörigen 122 B4-62 waren mit dem gleichen Fahrschalter wie die Dresdner „Hechte" ausgerüstet. Die Gothaer Waggonfabrik stellte total fast 3000 Tramwagen her.

[118] Sarajevo verwendete 71 amerikanische PCC aus Washington weiter, von denen 20 zu zehn zweiteiligen Triebwagen mit drei Drehgestellen zusammengebaut wurden, dieweil Belgrad 29 belgische PCC erwarb.

[119] 1961-1978 bauten die Verkehrsbetriebe von Budapest und Debrecen 181 Wagen dieses Typs (Spitzname „Bengáli"), von denen die letzten in den Zehnerjahren des 21. Jahrhunderts ausser Betrieb genommen wurden, als letzte „Zwei Zimmer mit Küche" im regulären Dienst.

△ **Bild 6.8** •Die KTM-5 sind die in weltweit grösster Stückzahl gebauten Tramwagen (Hersteller Ust-Kataw); Zug aus zwei KTM-5M5-Tramwagen in Stary Oskol (Russland), 2019 Aufnahme: Michael Russell

△ **Bild 6.11** • Tram des Typs SO in den 1980er Jahren auf der Küstentramlinie („Kusttram") der damaligen belgischen Vicinalbahnen (SNCV) bei Raversijde Aufnahme: S. Göbel

△ **Bild 6.9** •Ein aus einem T57-Motorwagen und zwei Beiwagen gebildeter Museumsumzug in Potsdam (Deutschland) Aufnahme (2017): R. Cambursano

△ **Bild 6.12** • Zwei in Belgien hergestellte PCC-Wagen auf der Linie 68 im Boulevard Chave in Marseille (Frankreich), 1984 Aufnahme: Smiley.toerist, Lizenz: CC BY-SA 3.0

In Frankreich[120] überlebte das Tram nach 1971 nur in Lille (zwei Linien), Saint-Étienne und Marseille (je eine Linie).

[120] Die französische Industrie hatte den Bau von Tramwagen schon Mitte der 30er Jahre vollständig eingestellt, mit Ausnahme der 28 Wagen der Serie 500 für Lille: moderne Drehgestellwagen mit nur einem Wagenkasten, 1950 von Brissonneau et Lotz gebaut. In den beiden andern Städten konnte der Trambetrieb dank dem Kauf von neuen, teils in Belgien gebauten PCC-Wagen aufrechterhalten werden.

Im Vereinigten Königreich, einem Land, das sich einst durch ein besonders weitverzweigtes Netz mit dichten Fahrplänen sowie eine bedeutende Strassenbahnindustrie auszeichnete, wurde die schon vor dem Zweiten Weltkrieg begonnene Einstellung von Trambetrieben mit Entschlossenheit weitergeführt.
Im Unterschied zu Frankreich wurde aber in England die Ausrüstung der Wagen perfektioniert[121], was zu fortschrittlichen Neuerungen auch in der unmittelbaren

[121] Die letzten im Vereinigten Königreich hergestellten Strassenbahnwagen sind – wie schon erwähnt – die 100 doppelstöckigen „Cunarder" („Coronation mkII"), die zwischen 1948 und 1952 in Glasgow in Betrieb genommen wurden, sowie die 25 einstöckigen „Coronation", die 15,2 m lang waren und 1953 für Blackpool von der Unternehmung Charles Robert Ltd. hergestellt wurden und nur einen Mitteleinstieg aufwiesen. Alle diese Wagen wiesen HS44-Drehge-

▽ **Bild 6.10** • „Bengáli"-Gelenktram des Typs „Zwei Zimmer mit Küche" auf der Linie 1 in Debrecen (Ungarn) Aufnahme (2005): Ivók Aurél, Lizenz: CC BY-SA 3.0

▽ **Bild 6.13** • Ein historischer „Coronation"-Tramwagen in Blackpool (Vereinigtes Königreich), 2005 Aufnahme: Jon Bennet, Lizenz: CC BY-SA 2.0

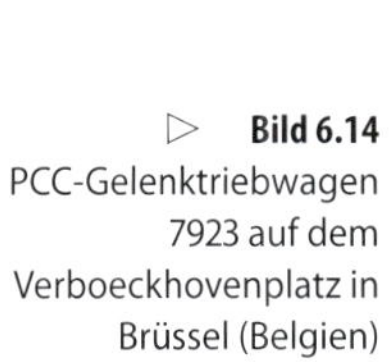
▷ **Bild 6.14**
PCC-Gelenktriebwagen 7923 auf dem Verboeckhovenplatz in Brüssel (Belgien)

Aufnahme (1999): R. Gerbig

▷ **Bild 6.15**
Ein aufgearbeiteter KSW, der schon kurz nach dem Kriegsende im Einsatz war, auf einer Extrafahrt in Augsburg (Deutschland)

Aufnahme (2014): Mailtosap, Lizenz: CC BY-SA 4.0

Nachkriegszeit führte. Diese vermochten jedoch den Niedergang des Systems Strassenbahn nicht zu verhindern.

1945 existierten noch 35 Tramnetze unterschiedlicher Grösse mit einem Wagenpark von etwa 1000 Fahrzeugen. In Manchester verschwand die Strassenbahn 1949, in London wie erwähnt 1952 und als letztes Netz wurde das von Glasgow 1962 stillgelegt.

Es überlebten nur einige wenige, sehr spezielle Betriebe mit touristischem Charakter: die historischen Linien bei Douglas auf der Insel Man und eine einzige, herkömmliche in der Bäderstadt Blackpool. Der Grund für das Überleben letzterer ist die einzigartige Faszination, die von den extravaganten Tramwagen ausgeht (erwähnt seien die „Boat trams" und die „Decorated trams" die auf der 18 km langen Küstenstrecke an einer ununterbrochenen Folge von Spielsalons, Gaststätten und Unterhaltungslokalen vorbeifahren).

Nicht alle westeuropäischen Länder machten gegen das Tram mobil. Die belgische Unternehmung BN-La Brugeoise et Nivelles fertigte innerhalb von 30 Jahren etwa 700 Einkasten-Drehgestellwagen mit elektrischem Teil von ACEC (Ateliers de Constructions Electriques de Charleroi) in TRC-PCC-Lizenz, welche auf verschiedenen europäischen Netzen zum Einsatz kamen. Sie hatten im Vergleich zu den amerikanischen Wagen wegen der in Europa weniger breiten Strassen ein kleineres Umgrenzungsprofil und ein eigenes, markantes Erscheinungsbild.[122] BN[123] baute 1967-1978 auch fast 200 Gelenkwagen, die zum grössten Teil für Brüssel bestimmt waren. Die Produktion von BN endete 1984 mit drei Einkastenwagen für Marseille.

Auch in den Niederlanden wurden von den örtlichen Herstellern Beijnes und Werkspoor[124] weiterhin Strassenbahnwagen für die Trambetriebe des Landes gebaut.

In Luxemburg verschwanden die Tramwagen 1964 hingegen vollständig. – Trambetriebe überlebten somit in diesem wichtigen europäischen Gebiet nur in den belgischen Städten Brüssel, Antwerpen, Charleroi und Gent, in den Niederlanden in Amsterdam, Rotterdam und Den Haag.

Westdeutschland war nach dem Krieg diejenige Nation, welche die bis dahin von den Vereinigten Staaten eingenommene Führungsrolle in der Tramtechnik übernahm und sehr viele Fahrzeuge herstellte.

Der Fall (West-)Deutschland ist sehr speziell: Anfänglich, als das Land zerstört darniederlag und vom Wiederaufbau absorbiert war, gelang es verschiedenen Tramnetzen zu überleben, indem sie Bestandteile von alten Wagen für den Bau von neuen Fahrzeugen benutzten, aber auch dank der Einführung eines neuen, sehr spartanisch ausgerüsteten Fahrzeugs, des „Kriegsstrassenbahnwagens" (KSW)[125]. Die Herstellung dieses zweiachsigen Trams veralteter Konzeption (Motor- und Anhängewagen) ging einschließlich eini-

stelle auf, mit elastischen Einlagen zwischen den Radkörpern und den Bandagen, Sekundärfederung mit Gummielementen, elektromagnetischen Schienenbremsen sowie Kardanantrieben. Auf 45 „Coronations" und je einem Prototyp für Leeds und Glasgow waren automatische Anfahr- und Bremskontroller VAMBAC (Variable Automatic Multinotch Braking and Acceleration Control) verbaut, die 1945 von den Unternehmungen Crompton-Parkinson und Allen West als englische Alternative zu den PCC eingeführt wurden.

[122] Das PCC-Zeitalter begann in Belgien auf dem Überlandtramnetz (SNCV), wo ab 1947 ein aus Amerika stammender Wagen erprobt wurde. 1949 verkehrten auf dem Netz von Den Haag zwei verkürzte und verschmälerte Prototypen. 1950 nahm die SNCV die ersten 24 in Belgien gebauten Einheiten in Betrieb, die 1960 nach Belgrad verkauft wurden. Es folgten 172 Wagen für Brüssel (Serie 7000, davon 91 mit gebrauchten amerikanischen Komponenten gebaut), 166 für Antwerpen und 54 für Gent (als einzige Zweirichtungsfahrzeuge), für die niederländische Stadt Den Haag 234, für Saint-Étienne (Frankreich) 30 Wagen (von den Ateliers de Strasbourg hergestellt) und 19 Wagen für Marseille (Zweirichtungswagen in Vielfachtraktion, Wagenbreite nur 2,02 m, Spurweite 1430 mm) sowie fünf für Belgrad. All diese Wagen waren einteilige Fahrzeuge.

[123] Es wurden einige Serien von Gelenktrams gebaut; die ersten fünf Wagen wurden 1968 auf dem Netz der französischen Stadt Saint-Étienne in Betrieb genommen. Alle weiteren Wagen gingen nach Brüssel: 98 Einrichtungsfahrzeuge mit zwei Wagenkästen und drei Drehgestellen der Serie 7500 im Jahr 1972 (diese Wagen wurden später zu 96 Zweirichtungswagen der Serie 7700 umgebaut), ebenfalls 1972 30 Zweirichtungswagen mit zwei Wagenkästen und drei Drehgestellen der Serie 7800 und 1977 61 Zweirichtungsfahrzeuge mit drei Wagenkästen und vier Drehgestellen der Serie 7900.

[124] Für Amsterdam lieferte Werkspoor 1948-1950 60 dreiachsige Motor- und 50 Anhängewagen mit dem dreiachsigen Buchli-Lenkgestell, und 1957-1968 stellten Beijnes (Betriebseinstellung 1963) und Werkspoor mehrere Serien von 19 m langen, zweiteiligen sowie dreiteiligen Gelenktramwagen (Länge 23,5 m) her, insgesamt 196 Einheiten. In Rotterdam wurden 1956-1957 15 Einteiler und 14 zweiteilige Gelenkwagen schweizerischer Inspiration, welche von SWP mit elektrischem Teil von Metrovick gebaut wurden, in Betrieb genommen und 1969 95 Dreiteiler mit vier Drehgestellen (Hersteller: Werkspoor in Düwag-Lizenz). In Den Haag brillierten hingegen die aus Belgien von 1949 bis 1974 importierten eleganten Einkasten-PCC (Den Haag hatte mit 234 von BN gebauten Wagen die grösste Flotte von „kurzen" PCC in Westeuropa).

[125] Der KSW wurde schon ab 1943 als Ersatz von durch Bombardierungen zerstörte Fahrzeuge von mehreren Herstellern gebaut. Bis 1959 wurden 670 Exemplare (256 Motorwagen und 414 Beiwagen) abgeliefert.

△ **Bild 6.16** • Ein aus einem Düwag-Motor- und Anhängewagen gebildeter „Grossraumwagen"-Zug in der Bethmannstraße in Frankfurt am Main (Deutschland)
Aufnahme (1990er Jahre): S. Göbel

△ **Bild 6.17** • GT6-Gelenkwagen mit Vierachsbeiwagen von Düwag auf der Linie 711 am Hauptbahnhof Düsseldorf (Deutschland)
Aufnahme (1980er Jahre): S. Göbel

▽ **Bild 6.18** • Ein aus einem GT4-Gelenkwagen und zweiachsigem Beiwagen bestehender Tramzug auf der Linie 3 in Stuttgart-Vaihingen Anfang der 1980er Jahre
Aufnahme: S. Göbel

ger Veränderungen bis 1964 weiter, trotz des Wirtschaftswunders.

Im gleichen Zeitaum wurden auch Wagen mit grösserem Fassungsvermögen vom Typ „Zwei Zimmer mit Küche" gebaut[126] (zwei Wagenkasten auf zweiachsigem Fahrgestell oder Drehgestellen, verbunden durch einen kürzeren Mittelkasten), wie auch einige kürzere Gelenkwagen ohne Mittelteil.[127]

Daneben fanden in verschiedenen neuen Tramtypen auch technische Innovationen Anwendung. Als erste müssen die „Grossraumwagen"[128] erwähnt werden, d.h. von den amerikanischen PCC inspirierte Ein- oder Zweirichtungs-Drehgestellwagen mit einem Fassungsvermögen von bis zu 120 Personen, welche für das Ziehen von Anhängewagen des gleichen Typs konzipiert waren. Diese Einheiten wurden später in den grösseren Städten durch Gelenkwagen ergänzt und danach durch diese abgelöst.

Ab 1951 stellte die Unternehmung Düwag (Düsseldorfer Waggonfabrik AG; 1989 von Siemens erworben und zehn Jahre später als eigenständige Marke verschwunden) während eines halben Jahrhunderts grosse Mengen Tramwagen für den heimischen Markt wie auch für das angrenzende Ausland her.

126 Von den westdeutschen Gelenkwagen dieses Typs wurden 1954-1966 in kleinen Serien für verschiedene Städte total 218 Wagen gebaut. Davon waren 132 neu, der Rest entstand aus dem Zusammenbau von Teilen alter Tramwagen. Es wurden mehrere Versionen mit verschiedenen Anordnungen gebaut: Einrichtungs- oder Zweirichtungswagen für Normal- und Meterspur, Achsfolge entsprechend der Herkunft der Wagen (vier, sechs oder acht Achsen). Der erste Prototyp verkehrte ab 1953 in Dortmund, dieweil die ersten „neuen" 31 Wagen des Typs VG (erbaut vom örtlichen Hersteller Falkenried, Orenstein & Koppel sowie Credé) 1954 in Hamburg in Betrieb genommen wurden; den Schluss machte Stuttgart mit der grössten Anzahl Wagen (35 DoT4, 1964-1966). Wegen der Einführung des kondukteurlosen Betriebs wurden in den 70er Jahren einige dieser Fahrzeuge ein weiteres Mal umgebaut.

127 Von diesem Fahrzeug, das man mit „Zwei Zimmer ohne Küche" bezeichnen könnte, wurden 1956-1968 95 Exemplare gebaut. Bremen besass mit 27 Motor- und 27 Anhängewagen die grösste Flotte.

128 Hamburg begann 1949 mit einem Prototyp der Serie V6 (später gefolgt vom Typ V7), von dem Falkenried, LHB und Orenstein & Koppel 1951-1957 194 Motor- und 182 Beiwagen herstellten (grösste Serie dieses Wagentyps für eine Stadt). Düwag baute 1951-1977 405 Drehgestell-Motor- und 460 Drehgestell-Anhängewagen eines mehr oder weniger standardisierten Modells für verschiedene Städte (die grösste Lieferung – 208 Wagen verschiedener Varianten – ging an Hannover). Zwischen 1952 und 1963 wurden zudem weitere, an die spezifischen Bedürfnisse der Betreiber angepasste Tramwagen (305 Motor- und 317 Beiwagen mit Drehgestellen, Hersteller vor allem Westwaggon, DWM und MAN) produziert.

Im Vergleich zu den anderen kleineren Unternehmungen war in Deutschland die Hegemonie von Düwag vor allem hinsichtlich Gelenkwagen mit grossen Fassungsvermögen (mit zwei, drei oder fünf Wagenkästen), die sich auf Jakobs-Drehgestelle abstützten, nahezu total.[129]
Auch andere deutsche Hersteller brachten innovative Produkte heraus: Ein ganz neuer Typ war der „GT4" („Kurzgelenktriebwagen"), ein vierachsiges, von der Maschinenfabrik Esslingen speziell für das sehr kurvenreiche und steile Netz von Stuttgart entworfenes Tram.[130] Es hatte ein etwa gleich grosses Fassungsvermögen, aber einen besseren Kurvenlauf als das traditionelle zweiteilige Gelenktram mit drei Drehgestellen und war wegen der geringeren Anzahl Achsen billiger in der Anschaffung und im Unterhalt.
Weitere GT4, mit weniger ausgefeilter Technik und von spartanischerem Aussehen, wurden in jenen Jahren in Bremen, München und Bremerhaven in Betrieb genommen.[131]
Die „Kurzgelenktriebwagen" mit ihren beiden Drehgestellen, ungefähr mittig unter den beiden Kastenhälften platziert, waren eine gelungene Weiterentwicklung des alten Konzepts „Zwei Zimmer mit Küche" mit Rahmenfahrwerken: Selbst wenn ihre Drehgestelle prinzipbedingt weniger ausdrehten als bei den teureren, sechsachsigen Zweiteilern, wiesen sie nicht mehr die Nachteile der alten Wagen auf (schlechte Laufeigenschaften, Kurvenkreischen, hoher Bandagen- und Schienenverschleiss).
In Deutschland konnte auch das dreiachsige Tram mit Buchli-Lenkgestell als Alternative zum teureren Drehgestelltram wieder Fuss fassen.
Am meisten dreiachsige Wagen produzierte der bayrische Hersteller Rathgeber für München (in den 60er Jahren grösste Anzahl dreiachsiger Wagen weltweit[132]), gefolgt von Westwaggon und MAN.[133]

△ **Bild 6.19** • MAN-Gelenktram GT5 im Jahr 1986 auf Linie 2 am Hauptbahnhof in Augsburg (Deutschland)
AUFNAHME: S. GÖBEL

△ **Bild 6.20** • Ein Tramzug, gebildet aus dreiachsigen Motor- und Anhängewagen des Typs M resp. m auf Extrafahrt in München (Deutschland)
AUFNAHME (2008): R. CAMBURSANO

129 Die Herstellung von Gelenktrams durch Düwag, deren Frontpartie von den amerikanischen PCC inspiriert ist, begann 1956 auf dem Meterspurnetz von Bochum und in Düsseldorf (Normalspur) mit einem Zweiteiler mit drei Drehgestellen (GT6, Länge ca. 19,1 m). Sie ging 1958 mit einem Dreiteiler (GT8, Länge ca. 25,6 m) in vielen Städten weiter. Die Gesamtproduktion belief sich bis 1988 (ohne Stadtbahnfahrzeuge) auf 1435 Gelenk-Motorwagen und zehn Gelenk-Anhängewagen, darin inbegriffen 96 aus „Grossraumwagen" entstandene Einheiten und vier GT12 (Fünfteiler mit sechs Drehgestellen) für die Rhein-Haardtbahn. Die Düwag-Gelenktrams wurden vor allem im westdeutschen Raum eingesetzt, aber auch nach Kopenhagen (100 Stück) und Basel (56 Exemplare) verkauft. Nach dem Fall der Berliner Mauer wurde eine grössere Anzahl Wagen an ostdeutsche und osteuropäische Betriebe abgegeben. Zusätzlich zu den von Düwag hergestellten Wagen wurden 1959-1976 in Lizenz weitere 599 GT6 und GT8 gebaut, wovon 484 für die österreichischen Betriebe (Hersteller Lohner/Rotax und SGP, die später von Bombardier resp. Siemens übernommen wurden), 95 für Rotterdam (Hersteller Werkspoor) und 20 für Dortmund (Hansa Waggonbau; diese Wagen waren die einzigen für Deutschland bestimmten Wagen, die nicht von Düwag produziert wurden). Alle anderen Hersteller zusammen bauten 1959-1991 nur 319 Gelenktrams mit der gleichen Achsfolge, wobei der grösste Teil von MAN und DWM geliefert wurde.

130 Das verbreitetste GT4-Modell (350 Einrichtungswagen für das Meterspurnetz von Stuttgart, 22 meterspurige Zweirichtungswagen für Freiburg im Breisgau und Reutlingen sowie acht Normalspur-Zweirichtungswagen für Neunkirchen), 1959-1968 hergestellt, verkehrte meist in Doppeltraktion (zwei Wagen; betrieblich drei Wagen möglich), war 18 m lang, und bot 167 Personen Platz. Die beiden Drehgestelle waren durch einen Gelenkträger, die Kastenhälften durch ein Gelenk verbunden. Die Kastenhälften stützten sich mit der einen Seite auf die Drehgestelle, mit der andern auf den Gelenkträger; dies ermöglichte die Vermeidung des Überhangs der Wagenkästen auf den zahlreichen, sehr engen Kurven des Stuttgarter Netzes. Die GT4 fuhren in Stuttgart bis 2007 (Schliessung des Meterspurnetzes); zahlreiche Exemplare wurden an andere Betriebe in Deutschland sowie an osteuropäische Betriebe abgegeben, wo einige heute noch verkehren.

131 Es handelt sich um 44 Motor- und 40 Anhängewagen für München (Typ P, ausgenommen die beiden Prototypen P1 „Tatzelwürmer", die „Zwei Zimmer mit Küche"-Wagen waren) von Rathgeber und drei Serien für Bremen und Bremerhaven (total 140 Trieb- und 131 Beiwagen; Hersteller Hansa und Wegmann).

132 1950-1965 stellte Rathgeber für München 532 Wagen des Typs M/m (fünf Serien; 286 Trieb- und 246 Beiwagen) her, die bis 1998 in Dienst blieben; einige wurden vom Bukarester Trambetrieb erworben.

133 Westwaggon lieferte 1948-1960 83 Motor- und 26 Anhängewagen an verschiedene deutsche

△ **Bild 6.21** • VST-Tramwagen auf dem Bellevueplatz in Zürich (Schweiz): links Typ 1a (Be 4/4 1539), rechts Typ 1b (Be 4/4 1399)
Aufnahme (1981): Richard Gerbig

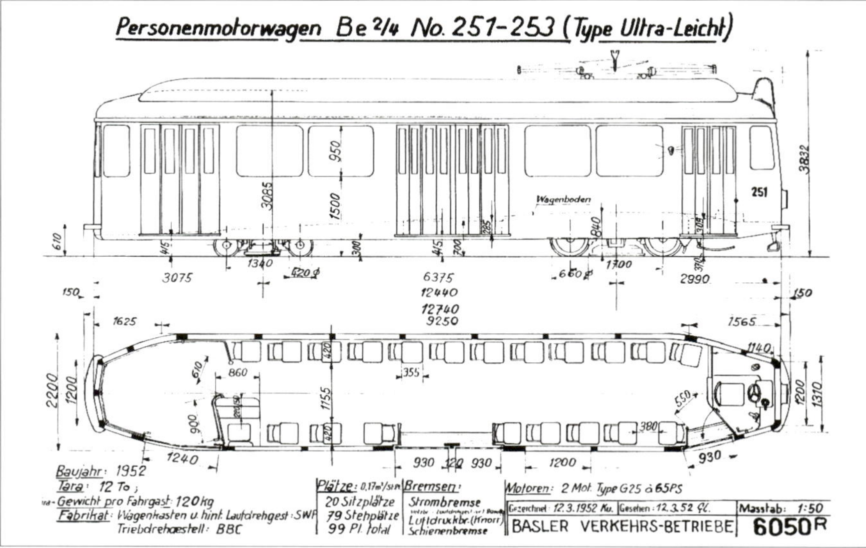

△ **Bild 6.22** • „Bugatti"-Trammotorwagen der Basler Verkehrs-Betriebe, 1952
Abbildung: Basler Tramclub

▽ **Bild 6.23** • Typischer Zug mit zweiteiligem Gelenkmotorwagen mit drei Drehgestellen des Typs E1 (Hersteller SGP mit Düwag-Lizenz) und Drehgestell-Anhängewagen c2 als Linie 71 am Wiener Zentralfriedhof
Aufnahme (1981): S. Göbel

Das dreiachsige Lenkgestell wurde auch für spezielle Gelenkwagen verwendet: Augsburg erhielt eine Serie Zweiteiler mit fünf Achsen (GT5)[134] und München sowie Oberhausen Dreiteiler mit sechs Achsen.[135] Leider wurden zwischen dem Kriegsende und den 70er Jahren auch im tugendhaften Deutschland etwa hundert Trambetriebe eingestellt. Es waren dies zumeist kleinere Betriebe, deren Beibehaltung nicht verantwortet werden konnte, aber auch grössere, wie z.B. diejenigen von Kiel, Bremerhaven, Lübeck und Wuppertal und die wirklich wichtigen von Westberlin (1967, aber das Tram kehrte nach dem Mauerfall zurück) und Hamburg (1978).

Wie schon im Kapitel 5 erwähnt, wurde in der Schweiz auf Basis der 1944 vom Verband Schweizerischer Transportanstalten herausgegebenen Empfehlungen der Bau von unzutreffenderweise „Schweizerische Standardwagen"[136] genannten Fahrzeugen fortgesetzt.

Ein weiteres, innovatives Fahrzeug waren die drei „Bugatti" der Basler Verkehrsbetriebe.[137]

Städte, dieweil MAN 1956 elf meterspurige Trieb- und Beiwagen für Augsburg herstellte, welche dem Münchner Typ M glichen.

134 1964-1969 baute MAN für Augsburg die einzigen GT5 (42 Wagen, teilweise unter Verwendung der Dreiachser-Züge). Der hintere Kasten stützte sich auf ein normales Drehgestell ab, der vordere auf ein dreiachsiges Buchli-Lenkgestell; die beiden Wagenhälften waren mit einem Gelenk verbunden. Die 21 m langen Wagen konnten 187 Fahrgäste aufnehmen. Nach deren Ausserbetriebsetzung im Jahr 2000 gelangten einige nach Iasi (Rumänien), wo sie noch mehrere Jahre verkehrten.

135 Insgesamt neun Wagen (in der vorangehenden Aufstellung der deutschen „Zwei Zimmer mit Küche"-Wagen – Fussnote 126 – mitgezählt) wurden mit doppeltem Buchli-Lenkgestell ausgerüstet: Rathgeber lieferte 1960 zwei gänzlich neu gebaute Wagen an München (Typ P1, Länge 26,3 m); Westwaggon stellte für Oberhausen 1959-1961 sieben 21,3 m lange Wagen her, ein achter entstand durch Umbau.

136 Bis 1968 wurden insgesamt 480 VST-Tramwagen (264 Trieb- und 216 Anhängewagen) von einheimischen Herstellern (BBC, SIG, SAAS, MFO, Schindler, SWS, FFA, Hess) für Basel, Bern, Genf, Luzern, Neuchâtel und Zürich gebaut. Es handelte sich um 2,2 m breite und fast 14 m lange Meterspurfahrzeuge mit sich stark verjüngenden Wagenenden, die zum Teil mit Simplex-Drehgestellen und mit elastischen Rädern ausgerüstet waren. Verschiedene Wagen wurden nach ihrer Ausrangierung in kommunistische oder ex-kommunistische Länder exportiert, z.B. 18 Motor- und ebenso viele Anhängewagen von Zürich nach Nordkorea für den Betrieb einer 3,5 km langen Strecke zu einem für den Staatsgründer Kim Il-sung errichteten Mausoleum. 1959-1960 wurden für Zürich 15 Drehgestellmotorwagen mit einem Kasten und 16 dazu passende Drehgestellanhängewagen gebaut, die den VST-Fahrzeugen ähnlich sahen.

137 Es sind dies die drei ultraleichten Ce 2/4 601-603 (später 251-253) der Basler Verkehrs-Betriebe von 1952. Diese nur 11.840 kg schweren Fahrzeuge waren die ersten schweizerischen Wagen mit

In den Nachkriegsjahrzehnten wurden jedoch auch in der Schweiz zahlreiche städtische (Biel, Fribourg, La Chaux-de-Fonds, Lausanne, Locarno, Lugano, Luzern, Neuchâtel, St. Gallen, Schaffhausen, Winterthur), und Überlandtrambetriebe (Seewen–Schwyz–Brunnen, Thunerseebahn, Rheintalische Strassenbahn, Vevey–Montreux–Chillon–Villeneuve) geschlossen. In den 70er Jahren bestanden lediglich noch die beiden grossen, nur wenig verkleinerten Netze von Basel und Zürich[138], das kleine Netz von Bern und ab 1969 in Genf nur noch die Linie 12.

In Österreich geschah mehr oder weniger dasselbe: Inbetriebnahme von zum grössten Teil durch die einheimische Industrie (Lohner-Rotax, SGP) hergestellten Wagen (vor allem Gelenktrams), welche das Überleben der Trambetriebe von Linz, Graz, Innsbruck und einiger Überlandlinien ermöglichten. Das Wiener Netz ist trotz einiger Linieneinstellungen immer noch eines der grössten der Welt.[139]

In Italien konnte dank einiger Hersteller (die wichtigsten sind FIAT, Ansaldo und Breda) vom Kriegsende bis Ende der 50er Jahre eine gute Produktionskapazität beibehalten werden; die Fahrzeuge wiesen unterschiedliche technische Niveaus auf.

△ **Bild 6.24** • Fabrikneuer „Zwei-Zimmer-mit-Bad/Küche"-Wagen 2759 in der Turiner Zentralwerkstätte (Italien), 1953 AUFNAHME: ARCHIV GTT, TURIN

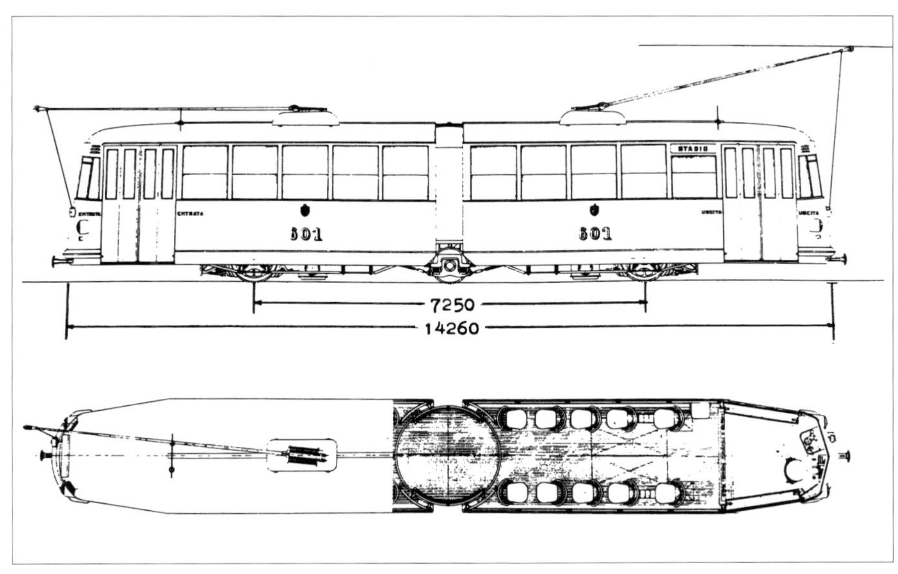

△ **Bild 6.25** • Das dreiachsige Gelenktram „Sibona" von Bologna (Italien), 1949 ABBILDUNG: ATM BOLOGNA

In zwei Städten[140] wurden noch „Zwei Zimmer mit Küche"-Wagen alter Konzeption hergestellt, für deren Bau die Fahrgestelle von ausrangierten zweiachsigen Motorwagen dienten, und die mit Direktkontrollern ausgerüstet waren.

Eine weitere, kleine Serie Strassenbahnwagen, für deren Bau alte, zweiachsige Fahrzeuge verwendet wurden, sind die sehr speziellen, dreiachsigen Gelenkwagen von Bologna, deren Konzeption weltweit von keinem anderen Trambetrieb übernommen wurde.[141]

Es wurden jedoch auch sehr moderne Wagen mit Drehgestellen und halbautomatischer Anfahrvorrichtung gebaut (23 davon in Lizenz gemäss dem Vorbild der

teilweisem Niederflurbereich. Sie wurden wegen ihrer guten Beschleunigung vom Personal „Bugatti" genannt und waren vor allem für den Einsatz auf der Ringlinie 2 vorgesehen, wo sie zweiachsige Motorwagen mit Beiwagen ersetzten (Einsparung eines Schaffners). Das vordere Drehgestell war motorisiert – Raddurchmesser 660 mm –, das hintere war ein Laufdrehgestell mit Rädern von 420 mm Durchmesser, was einen sehr bequemen Einstieg ermöglichte. Die kleinen, zu Flachstellen neigenden Räder wie auch die Trommelbremsen bewährten sich nicht. Deshalb, aber auch wegen der ständig zunehmenden Frequenzen, wurden die drei Wagen 1972 ausser Betrieb genommen und 1978 abgebrochen.

138 In diesen beiden Städten wurden in den 60er Jahren auch Gelenkwagen in Betrieb genommen: Basel entschied sich für 56 zweiteilige, sechsachsige Düwag-Trams, Zürich für 126 „Mirages" (90 Triebwagen und 36 motorisierte Anhängewagen; beide Typen dreiteilig, mit halbautomatischer, elektronischer Traktionsstromkreissteuerung der ersten Generation), gebaut 1966-1969 von einem Konsortium schweizerischer Hersteller (SIG, SWS, MFO, BBC und SAAS). Die Bezeichnung „Mirage" für diese sehr gut beschleunigenden Wagen wurde von den gleichzeitig an die Schweizerische Luftwaffe abgelieferten Kampfflugzeuge des Typs Mirage IIIS übernommen.

139 Eine Besonderheit sind die 42 einteiligen Wagen vom Typ Z (Serie 4200) ex New York, die 1948 nach Wien gelangten: Wegen ihrer grossen Breite (2,5 m) konnten sie nur auf wenigen peripheren Linien verkehren. Zwischen 1959 und 1976 wurden in Wien 427 zweiteilige Gelenkwagen mit drei Drehgestellen der Typen E/E1 (Hersteller Lohner und SGP) in Düwag-Lizenz und 263 dazu passende einteilige Drehgestell-Anhängewagen c3/c4 von Lohner-Rotax in Betrieb genommen.

140 Dies sind in Turin die 72 Wagen der zwischen 1950 und 1959 hergestellten Serie 2700 (mit neuen, von SNOS gelieferten Wagenkästen) und die 15 von UITE und Piaggio 1954-1955 für Genua gebauten Wagen der Serie 1700. Die Turiner „Zwei Zimmer mit Küche" waren die langlebigsten italienischen Wagen dieses Typs; sie blieben bis Anfang der 80er Jahre in Betrieb. Der Wagen 2759 – letztes italienisches Fahrzeug dieser Gattung – wurde 2012 aufgearbeitet und verkehrt auf der Museumslinie 7.

141 Es handelt sich um die 1949 in Betrieb genommenen acht Wagen der Serie 600 (nach deren Planer „Sibona" benannt, der damals Direktor der Bologneser Verkehrsbetriebe war). Die beiden Wagenkästen ruhten auf fest montierten Triebachsen, während das Gelenk auf einer Laufachse mit radialer Einstellung montiert war. Das erste Patent für ein ähnliches, dreiachsiges Gelenktram war schon 1878 einem Herrn McLachlan erteilt, aber nie angewendet worden. Diese Konfiguration ermöglichte eine Wagenlänge von 14,3 m; die Wagen waren somit gleich lang wie die einteiligen Drehgestellwagen. Das gleiche Prinzip wurde später auf dreiachsigen Autotransport-Doppelstockwagen verwendet.

◁ **Bild 6.26**
Ein zweiteiliges Gelenktram der Serie 4700 (Hersteller Breda) als Linie 29 auf der Piazza della Repubblica in Mailand (Italien)

Aufnahme (1969): HenkG., Lizenz: CC BY-SA 2.0

◁ **Bild 6.27**
Einer der beiden „Bassotte" („niedrig wie ein Dackel") genannten Versuchswagen der Unternehmung Caproni mit teilweisem Niederflurboden befährt den Viale Carlo Felice in Rom (Italien), 1948

Aufnahme: www.tramroma.com, Lizenz: pubblico dominio

Die kleinen und mittelgrossen italienischen Trambetriebe konnten keine Verbesserungen vornehmen, weshalb ihr Verschwinden unvermeidlich war. Rom, Mailand und Turin konnten hingegen grössere (ebenfalls von den PCC inspirierte) Wagenserien in Betrieb nehmen.[144]
Ab Ende der 50er Jahre wurde in Italien ein in Amerika schon in den 20er Jahren modernsten amerikanischen PCC-Wagen, mit „All electric"-Ausrüstung).[142]
Hier sollen auch die beiden 1948 in Betrieb genommenen Römer Teilniederflur-Versuchswagen erwähnt werden (Spitzname: „bassotta", etwa: untersetzter Wagen, wie ein Dackel); sie waren weltweit die ersten Fahrzeuge dieses Typs.[143]

142 Es sind dies die nach dem Krieg gebauten italienischen PCC-Wagen: die von OM 1957-1958 für Rom hergestellten 20 Fahrzeuge der Serie 8000 und die drei der Serie 5400 von Breda für Mailand (der erste Wagen diente 1971 für den Bau des ersten Prototyps des „Jumbo-Trams", die beiden andern wurden 1981 nach Rom verkauft).

143 Die beiden Prototypen mit den Nummern 2501 und 2503 (in Rom hatten Motorwagen traditionell ungrade, Beiwagen gerade Nummern, eine Praxis, die auch nach der Ausrangierung der letzten Beiwagen beibehalten wurde). Der 12,8 m lange und 2,4 m breite Wagenkasten ruhte auf zwei Drehgestellen, das vordere war angetrieben, das hintere ein Laufdrehgestell mit Losrädern (ohne durchgehende Achswellen) von 40 cm Durchmesser. Der Wagenboden war über dem Motordrehgestell auf 70 cm über der Schienenoberkante, über dem Laufgestell auf 40 cm angeordnet; die Wagenkästen waren über eine Stufe miteinander verbunden. Die beiden Haupteingänge waren im Niederflurbereich. Die Drehgestelle und die elektrische Ausrüstung wurden von der Unternehmung TIBB geliefert. Nach drei Jahren Einsatz auf dem Römer Strassenbahnnetz gelangten die Wagen nach Mailand, wo sie bis 1966 in Betrieb blieben. Wegen der mangelnden Entgleisungssicherheit des Laufdrehgestells wurden keine weiteren Wagen dieser Bauart hergestellt.

144 Die wichtigsten sind: in Rom die 50 zweiteiligen „TAS" (Treno articolato Stanga, Gelenktram der Firma Stanga) Serie 7000, ab 1948 in Betrieb genommen und immer noch in Betrieb); in Turin die 130 einteiligen, von FIAT hergestellten Wagen der Serie 3100, von denen die letzten Wagen 2003 ausser Betrieb genommen wurden (trotz gleichem Wagenkasten und vieler gemeinsamer Charakteristiken mit dem PCC-Prototyp 3001 von 1942 und den Wagen der Serie 1000 für Madrid können diese Wagen nicht als PCC bezeichnet werden); in Mailand die 88 einteiligen Wagen der Serien 5200 und 5300 (1952-1955, Erbauer Ansaldo und Breda), die von Stanga 1955 gebauten 13 Zweiteiler mit drei Drehgestellen der Serie 4600 und die 20 Wagen der Serie 4700 (Stanga und Breda, 1956-1960, ähnlich 4600, aber mit „All electric"-Ausrüstung); in Cagliari die zwölf „Tallero-Moncenisio"-Wagen von 1957 für 950-mm-Spur, Länge 13,6 m, die aber schon 1973 wegen Einstellung des Trambetriebs ausser Dienst genommen wurden.

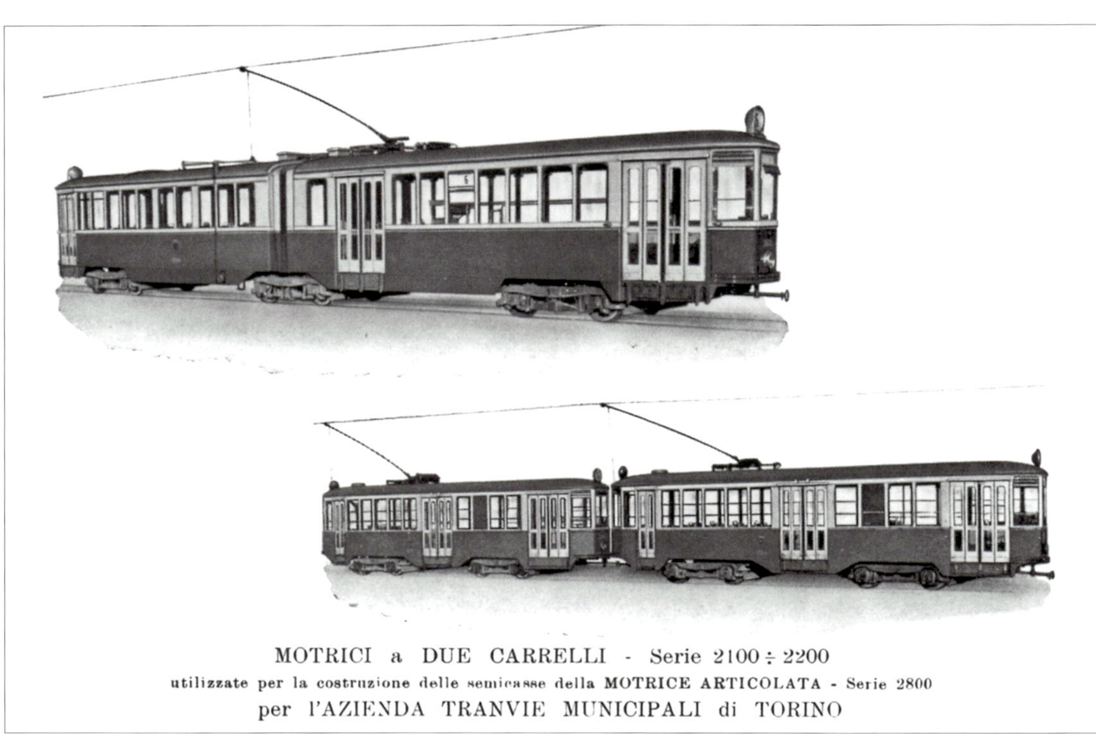

◁ **Bild 6.28**
Aus zwei vierachsigen Wagen der Serien 2100-2200 erstellter Gelenkwagen der Serie 2800 in Turin (Italien)

Abbildung: Katalog der Unternehmung Officine Moncenisio, 1959

praktiziertes Verfahren wieder aufgenommen: das Zusammenfügen von bestehenden Drehgestellwagen zu Gelenkwagen, mit dem Zweck, über längere Wagen als die auf Basis von zweiachsigen alten Motorwagen konstruierten „Zwei Zimmer mit Küche"-Wagen verfügen zu können.[145] All dies genügte leider nicht, um weitere Schliessungen von Tramnetzen zu verhindern: 1966 Genua (ein grosses, sich in recht gutem Zustand befindliches Netz), Triest 1970 und – wie schon erwähnt – Cagliari 1973.

Danach verblieben in Italien (aufgeführt entsprechend ihrer Länge) Mailand (mit den Überlandstrecken nach Limbiate und Desio, die 2015 bzw. 2022 eingestellt wurden[146]), Turin (inklusive Zahnradtram Sassi-Superga), Rom[147] und Neapel.

Im Weiteren wurden auch drei sehr spezielle Meterspur-„Nischenbetriebe" beibehalten: das Überlandtram Triest–Opicina[148], das Zahnradtram Genova Principe–Granarolo[149] sowie der obere Abschnitt der Rittnerbahn (Überlandtrambahn) bei Bozen, deren unterer Teil ursprünglich eine Zahnradbahn war und 1966 durch eine Luftseilbahn ersetzt wurde.

Ein spezieller Fall ist Schweden, wo die lokalen Hersteller ASEA, Hägglund und ASJ

△ **Bild 6.29** • Ein Tram auf der Bergfahrt im Seilbahnabschnitt zwischen Triest und Opicina (Italien)
Aufnahme (2008): R. Cambursano

△ **Bild 6.30** • Zug aus zwei in den 1960er Jahren durch ASEA/ASJ gebauten M28-Triebwagen auf der Linie 5 in Göteborg (Schweden)
Aufnahme (1988): S. Göbel

vorerst weiterhin Trams für den skandinavischen Markt herstellen konnten.[150]

1967 wurde jedoch zum Schicksalsjahr für den städtischen Schienenverkehr, weil auf den Strassen der Rechtsverkehr eingeführt wurde, was das Ende der meisten Trambetriebe bedeutete, auch für denjenigen von Stockholm, weil die Wagentüren nunmehr auf der „falschen" Seite waren.

Eine löbliche Ausnahme bildete Göteborg, das weiterhin auf sein grosses Tramnetz setzte, viele Wagen für den Rechtsbetrieb anpasste, zusätzliche Wagen bestellte[151] und Strecken zur Erschliessung von neuen Quartieren baute, bei denen eigentliche Leichtmetrokriterien angewendet wurden, welche ihrer Zeit weit voraus waren (Wagenkastenbreite 2,65 m, Vielfachsteuerung mit bis zu vier Motorwagen).

Neben Göteborg überlebten nur das kleine Netz von Norrköping und zwei Linien am Stadtrand von Stockholm.

Ähnliches geschah in den anderen skandinavischen Ländern: Dieweil in Dänemark der Autobus bis 1972 (Schliessung des Kopenhagener Tramnetzes[152]) die Strassen-

[145] Den Anfang machte 1958 Turin mit dem Zusammenbau von „Peter Witt"-Wagen der Serien 2100-2200 aus den 30er Jahren zu 58 zweiteiligen Gelenkwagen mit drei Drehgestellen (erster Teil der Serie 2800), gefolgt 1971-1977 von Mailand mit den 44 dreiteiligen Wagen mit vier Drehgestellen der Serie 4800 (Zusammenfügung von Wagen der Serien 5200 und 5300 aus den 50er Jahren). Turin stellte 1982 aus Wagen der Serie 2500 (erbaut in den 30er Jahren) weitere 45 Zweiteiler her (zweiter Teil der Serie 2800).

[146] Im Zusammenhang mit Mailand müssen die „Linee celeri dell'Adda" erwähnt werden: 1968 wurde ein neuer Überlandtramabschnitt von Mailand nach Gorgonzola auf vollständig von der Strasse getrenntem Gleiskörper eingeweiht, der anfänglich von den Überlandfahrzeugen der Mailänder Verkehrsbetriebe befahren, 1972 aber zu einem Teil der Untergrundbahnlinie 2 wurde.

[147] Bis im Februar 1980 (Einweihung der Römer Untergrundbahnlinie A) verblieb in Rom auf dem Stadtgebiet der Rest (Roma Termini–Cinecittà) des früher grossen „Castelli Romani"-Überlandtramnetzes. Gleiches gilt für den auf Stadtgebiet liegenden Teil der Linie Roma–Fiuggi, der bis 2015 auf den Abschnitt Roma Termini–Giardinetti zusammengestrichen wurde (dieser Betrieb mit 950 mm Spurweite gilt offiziell als Sekundärbahn, wird aber vollumfänglich wie ein Trambetrieb geführt).

[148] Die 1902 eingeweihte Trambahn Triest–Opicina wurde anfänglich auf dem steilsten Abschnitt als Zahnradbahn betrieben. Seit 1928 werden die Tramwagen durch einen kleinen Seilbahnwagen geschoben. Dieses System ist heute weltweit einmalig.

[149] Die 1901 in Betrieb genommene Zahnradbahn Genova Principe–Granarolo gilt offiziell als Eisenbahn, wird aber wegen der offensichtlichen Ähnlichkeiten der Fahrzeuge mit denjenigen von Tramwagen hier erwähnt.

[150] Die drei Hersteller produzierten bis Anfang der 70er Jahre einteilige Drehgestell-Motor- und Anhängewagen modernen Typs für verschiedene Netze, ausgehend vom Modell A25, „Mustang" genannt, von welchem ASEA und General Motors 1946 70 Einheiten für Stockholm bauten.

[151] Diese stark von den PCC inspirierten einteiligen Drehgestellwagen waren alle „all-electric" mit Pedalsteuerung und 14 m lang: Die M25 wurden zwischen 1958 und 1962 von Hägglund in 125 Exemplaren unter Verwendung von PCC-Komponenten hergestellt. 1965-67 kam der Typ M28 von ASEA hinzu (70 Fahrzeuge). Fabrikant der 1969-1972 hergestellten 60 M29 war wiederum Hägglund.

[152] Die Geschehnisse in der dänischen Hauptstadt waren geradezu bestürzend: 99 der 100 zwischen 1960 und 1968 abgelieferten, fast noch

◁ **Bild 6.31**
Ein von CAF erbautes PCC-Tram der Serie 1000 im Dienst beim Bahnhof Madrid Atocha (Spanien), 1969

Aufnahme: Voogd075, Lizenz: Public Domain

△ **Bild 6.32** • Ein 1995 modernisiertes („remodelado") zweiachsiges Tram im Dienst auf der Linie 28 in Lissabon (Portugal)
Aufnahme (2014): S. Göbel

◁ **Bild 6.33**
Ein Tram 2009 in Dienst auf der historischen Linie („Bonde de Santa Teresa") in Rio de Janeiro (Brasilien)

Aufnahme: André Oliveira, Lizenz: CC BY-SA 2.0

bahn völlig verdrängte, überlebte in Finnland das grosse Meterspurnetz der Hauptstadt Helsinki dank dem Kauf von Fahrzeugen, die von den örtlichen Herstellern Karia und Valmet gebaut wurden.

In Norwegen ermöglichten die örtlichen Hersteller Strømmen und Høka den Weiterbestand des Tramnetzes von Oslo sowie einer kurzen Linie in Trondheim.

In Spanien vermochte die örtliche Herstellung und der Kauf von gebrauchten Wagen im Ausland die Einstellung der Tramnetze nicht zu verhindern: Nach den grossen Netzen von Barcelona[153] (1971), Madrid[154] (1972) und Saragossa (1975) blieben im ganzen Land nur zwei Linien von ausschliesslich touristischem Charakter in Betrieb: das „Tramvia Blau" von Barcelona und die Linie von Sóller auf der Insel Mallorca.

Im anderen iberischen Land, Portugal, überlebten zunächst nach einigen Linieneinstellungen die Netze von Lissabon, Porto, Sintra und Coimbra. Erst nach der „Nelkenrevolution" von 1974 kam es zu drastischen Netzverkleinerungen.

Das Lissaboner Tramnetz, dessen Spurweite von nur 900 mm eine perfekte Anpassung an die engen, kurvenreichen und steilen Strassen der Altstadt ermöglichte, wurde weiter ausgebaut und umfasste 1958 18 Linien. Als Folge der Inbetriebnahme von Untergrundbahnstrecken wurde es danach verkleinert.[155]

Andere europäische Länder, in denen das Tram vollständig verschwand, sind Griechenland (letzte Einstellungen: Stadtnetz Athen 1960, Überlandtrambahn Piräus–Perama 1977) und Irland („Hill of Howth Tramway" in den Vororten von Dublin, 1959; das Dubliner Stadt-Tramnetz war schon 1949 stillgelegt worden).

Situation in der restlichen Welt

Negativ fällt die Lage in Nordamerika auf, wo die einstigen, in der ersten Hälfte des 20. Jahrhunderts aufgestellten Rekorde (Netzlängen, Anzahl hergestellter Fahrzeuge und verwendete Technologien) in wenigen Jahren fast vollständig zunichte gemacht wurden.

In den Vereinigten Staaten überlebten nach den letzten Schliessungen grosser Netze (Washington 1962, Baltimore 1963, Saint Louis 1966) Trambetriebe nur in sieben Städten: Boston, Philadelphia, San Francisco (wo auch drei historische Cablecar-Linien beibehalten wurden), Newark, Pittsburgh, Cleveland und New Orleans, wenngleich mit zahlreichen Linieneinstellungen. Grössere Netze finden sich aber nur in Boston, Philadelphia und San Fran-

neuen Düwag-Gelenktramwagen GT6 gelangten schon ab 1969 nach Alexandria (Ägypten), wo sie 40 weitere Jahre Dienst leisteten.

153 Die Verkehrsbetriebe Barcelona nahmen 1944-1955 110 einteilige, moderne Drehgestellwagen der Serie 1200 in Betrieb, welche von der ihnen gehörenden Unternehmung Maquitrans hergestellt wurden. Zudem übernahm die Stadt 1961-1965 200 gebrauchte amerikanische PCC.

154 CAF baute 1949-1960 110 einteilige moderne PCC-Drehgestellwagen (zweiter Teil der Serie 1000 für das Madrider Tramnetz; die ersten 50 waren wie weiter oben erwähnt während des Zweiten Weltkriegs von FIAT in Italien gebaut worden).

155 Das auf dem Netz von Lissabon verkehrende Rollmaterial besteht seit jeher grösstenteils aus kleinen, zweiachsigen Wagen, die ab 1924 direkt von Carris (lokaler Verkehrsbetrieb) gebaut wurden. 45 Wagen („Eletricos Remodelados") wurden 1995-1996 mit vollständig neuen Fahrgestellen und elektrischer Ausrüstung versehen; sie bilden heute den grössten Teil der eingesetzten Wagen.

cisco; in Cleveland und New Orleans konnte das Tram nur dank den bestehenden, unterirdischen Strecken überleben. Speziell erwähnt werden soll die internationale Überlandbahntramstrecke El Paso–Ciudad Juaréz (Mexiko), welche von der mexikanischen Tramunternehmung mit PCC-Wagen betrieben und 1973 eingestellt wurde.

In Kanada verblieb nach der 1959 erfolgten Schliessung der Trambetriebe von Montréal und Ottawa nur das grosse Netz von Toronto.

Mexiko: 1979, nach der Aufhebung des Stadtnetzes der Hauptstadt Ciudad de México, blieb nur die Überlandstrecke vom Stadtrand nach Xochimilco übrig.

In Südamerika verschwanden alle Tramnetze, ausser in Brasilien: in Rio de Janeiro gibt es noch einen kleinen Rest des Stadtnetzes (das „Bonde de Santa Teresa", heute eine Touristenattaktion), sowie die Zahnrad-Trambahn auf den Corcovado. Beibehalten wurden auch die beiden Touristiklinien in Itatinga und Campos do Jordão.

Besonders spektakulär war die Einstellung des Trambetriebs in der argentinischen Stadt Buenos Aires[156], wo die letzte Linie des einst sehr grossen Netzes 1963 geschlossen wurde.

In Afrika bestanden damals in Ägypten nur noch die Netze von Kairo[157] und Alexandria (letzteres mit Düwag-Gelenktriebwagen ex Kopenhagen, siehe Fussnote 152).

Algerien ist ein Spezialfall, da es bis 1962 zum Metropolitangebiet von Frankreich gehörte und deshalb Tramnetze mit ähnlichen Charakteristiken wie die Netze in Frankreich hatte. 1959 wurde als letztes jenes der Hauptstadt Algier eingestellt.

In Südafrika, dem anderen afrikanischen Land, das Trambetriebe mit europäischem Standard hatte und Sitz von örtlichen Herstellern von Tramwagen war, schloss das letzte Netz – jenes von Johannesburg – 1961.

Im nicht-sowjetischen Teil Asiens gibt es Trambetriebe nur noch in den drei wichtigsten Ländern, hauptsächlich in Japan, wo seit den 70er Jahren in etwa 20 kleineren bis mittleren Städten noch Tramnetze existieren, dieweil sie in den grösseren Städten durch neue Untergrundbahnen ersetzt wurden.

In Indien besteht noch das Netz von Kalkutta, wo auch eine örtliche Produktion von Gelenkwagen existiert.

[156] Das Netz der südamerikanischen Hauptstadt war mit 875 km, fast 3000 Tramwagen und etwa 100 Linien eines der grössten weltweit.

[157] Nach einer langen Agonie verschwand 2015 in Kairo das Tram definitiv.

△ **Bild 6.34** • Zwei Düwag-Gelenktrams ex Kopenhagen in Dienst in Alexandria (Ägypten)

Aufnahme (2016): Falko Ritter

△ **Bild 6.35** • Zwei 1942 in Japan hergestellte Wagen, welche die amerikanische Atombombe überlebt haben, auf Gedenktags-Einsatz in Hiroshima (Japan)

Aufnahme (2006): Nkensei, Lizenz: CC BY-SA 3.0

▽ **Bild 6.36** • Ein von der örtlichen Transportunternehmung gebautes Gelenktram vom Typ SLC im Dienst in Kalkutta (Indien)

Aufnahme (2009): Shankar S., Lizenz: CC BY-SA 2.0

△ **Bild 6.37** • Tramverkehr mit zweistöckigen Wagen in Hongkong (China) Aufnahme (1992): R. Cambursano

In China finden sich noch die Netze von Changchun und Dalian sowie jenes von Hongkong (britische Kolonie bis 1997), wo noch heute zahlreiche Doppelstockwagen eingesetzt werden).

In den sowjetischen Republiken Asiens erlebte das Tram hingegen eine Expansionsphase, nicht nur in den grossen Städten; es wurde auch in kleineren Städten zum Träger des Basisangebots. Die Krise begann erst nach dem Sturz der kommunistischen Regimes gegen den Schluss des 20. Jahrhunderts.

In Australien blieb nach der Schliessung des grossen Netzes von Sydney (1961) und der beiden kleinen Netze von Bendigo und Ballarat (1971; beide Städte führten danach als einige der ersten weltweit einen touristischen Betrieb ein) neben einer einzigen Linie in Adelaide nur das grosse Netz von Melbourne übrig, das einen Spezialfall darstellt: Die sehr grosse Anzahl der in den 50er Jahren dort hergestellten und beibehaltenen Wagen des Typs W ermöglichte es, dass das Netz nicht verkleinert werden musste und schuf die Voraussetzung für die später erfolgte Ausdehnung des Netzes, das nun das grösste weltweit ist. (2021: 250 km Netzlänge).

Seit der Schliessung des Netzes der Hauptstadt Wellington 1964 gibt es in Neuseeland keine Strassenbahnbetriebe mehr.

Zaghafter Wiederbeginn

In der Mitte der 70er Jahre, dem Höhepunkt des Niedergangs, war die Bilanz in der westlichen Welt ziemlich betrübend: Nur wenige Städte hatten den Weitblick gehabt, ihre Strassenbahnbetriebe beizubehalten und zu modernisieren.

Von den einst weltweit über 3000 Netzen zum Zeitpunkt der maximalen Ausdehnung hatten nur etwa 10 % der Betriebe überlebt. 1973, üblicherweise als das Jahr mit dem niedrigsten Bestand an Trambetrieben bezeichnet, existierten noch 309 Tramstädte (wovon 220 in Europa) und nur in 32 gab es Untergrundbahnen (20 davon in Europa).

Wie schon erwähnt, wurde die Strassenbahn in jener Zeit immer mehr durch den Autobus ersetzt, welcher aber der Transportnachfrage auf den wichtigen Linien der grösseren Städte nicht genügen konnte und in denen das Ausweichen auf das Privatauto zu noch mehr Verstopfung der Strassen und Luftverschmutzung führte.

Die Lösung für diese Probleme sah man im Bau von weiteren Untergrundbahnen, was aber nur langsam, mit hohen Kosten und einem grossen Zeitbedarf erfolgen konnte – ein grossen Hauptstädten und einigen wenigen reichen Städten vorbehaltener Luxus.

Die Forderung, die Infrastrukturgelder für eine verbesserte Feinverteilung auf mehr Linien anstatt für wenige, kostspielige Untergrundbahnabschnitte zu verwenden, führte in den 60er Jahren zur Schaffung von „Prémétro-"(Stadtbahn-[158]) Netzen.

In einigen Städten wurden mit der Absicht, in einer hypothetischen Zukunft ein umfangreiches Untergrundbahnnetz zu schaffen (um – dies war die damals dominierende Idee – das Tram vollständig aufheben zu können), im Zentrum unterirdische Abschnitte gebaut, auf denen mehrere Tramlinien verkehren, die nach dem Auftauchen aus dem Untergrund sich in verschiedene oberirdische Abschnitte aufteilen.

Wie schon im Kapitel 4 erwähnt, wurde dieses Konzept erstmals 1933 in Stockholm angewendet, wo ab 1950 klassische Untergrundbahnwagen verkehrten. In der Nachkriegszeit wurden unterirdische Abschnitte erstmals in Brüssel im Hinblick

◁ **Bild 6.38**
Ein historisches Tram im Dienst 2017 auf der Touristiklinie in der Worcester Strasse in Christchurch (Neuseeland)

Aufnahme: Krzysztof Golik, Lizenz: CC BY-SA 4.0

◁ **Bild 6.39**
Gleisanlagen bei der unterirdischen Station Lemonnier, die südlich der Nord-Süd-Achse der Brüsseler Prémétro (Belgien) liegt

Aufnahme: Benoit Brummer, Lizenz: CC BY-SA 4.0

[158] Der aus Wien stammende Ausdruck „Stadtbahn" bezeichnete einst ein 1898 in Betrieb genommenes Bahnsystem, tangential zum Stadtrand und zumeist in Hochlage angelegt. Nach anfänglichem Betrieb mit Dampflokomotiven wurde die Wiener Stadtbahn mit tramähnlichen, aus zweiachsigen Motor- und Anhängewagen bestehenden elektrischen Zügen geführt. 1925-1945 wurden diese Tramwagen auch auf der Linie 18G eingesetzt, die sowohl auf der Stadtbahnstrecke wie auf dem normalen Strassenbahnnetz verlief. Der grösste Teil der Stadtbahnstreckenabschnitte wurde 1976-1989 zwecks Integration in das U-Bahnnetz umgebaut; der Rest wurde zum festen Bestandteil des städtischen S-Bahnnetzes.

auf die Weltausstellung „Expo 58" unter der Bezeichnung „Prémétro" gebaut, wobei der Tunnelabschnitt von Tramwagen herkömmlicher Konzeption befahren wurde.[159]

Deutschland ist dasjenige Land mit der grössten Anzahl von Stadtbahnen. 1968 wurde in Frankfurt am Main die erste Linie mit speziell für Stadtbahnstrecken[160] geschaffenem Rollmaterial mit grosser Beförderungskapazität eingeweiht. Stadtbahnen werden in Frankfurt und einigen anderen deutschen Städten „U-Bahn" genannt, wie wenn es sich um eigentliche Untergrundbahnen handelte, trotz dem Umstand, dass die Züge teilweise oberirdisch und auch nicht völlig kreuzungsfrei verkehren.

1975 gab es in Europa schon elf Städte mit unterirdischen Stadtbahn-/Prémétro-Streckenabschnitten: acht in Deutschland, einen in Österreich und drei in Belgien.[161]

In Mannheim/Ludwigshafen wurden einige Bauwerke für den unterirdischen Betrieb errichtet, dann aber auf die Stadtbahn verzichtet und auf das herkömmliche Tramnetz gesetzt.

▷ **Bild 6.40** Prototyp-Stadtbahnwagen Typ U1 in Frankfurt am Main (Deutschland)

Aufnahme: S. Göbel

Die damaligen Planer wollten die unterirdischen Abschnitte verlängern und dann mit Untergrundbahnzügen betreiben, was jedoch nur in wenigen Fällen (Brüssel und Wien) geschah.

Trotz unbestreitbar höherer kommerzieller Geschwindigkeit und regelmässigerer Wagenfolge verminderte sich die Anzahl von herkömmlichen Tramstrecken selbst in Städten weiter, in denen Stadtbahnlinien eingeweiht wurden. Zudem wurden die Hochperrons und Schutzbauwerke aus Beton auf den oberirdischen Streckenabschnitten als dem Stadtbild abträglich wahrgenommen.

Obwohl die Bevölkerung damals mehrheitlich der Strassenbahn feindlich gesinnt war, konnte man selbst in den dunkelsten Jahren einige Signale ausmachen, die auf eine gegenläufige Tendenz hinwiesen.

In Nordeuropa wurden Wagen mit grösserem Fassungsvermögen in Betrieb genommen, der Einmannbetrieb eingeführt, neue Streckenabschnitte auf Eigentrassee eröffnet und damit die Voraussetzung für ein allgemeines Wiederaufblühen des Verkehrsmittels Tram geschaffen.

Im technischen Bereich wurde anfangs der 60er Jahre das Stellen der Weichen mit Radiofrequenzen eingeführt. Mit diesem System „weiss" jede Weiche, in welche Richtung das herannahende Fahrzeug fahren will, dank der vor der Ausfahrt aus dem Betriebshof durch den Wagenführer in den Bordcomputer eingegebenen Liniennummer, wobei die Weichenstellung bei Linienumleitungen auch unmittelbar vor der zu stellenden Weiche per Knopfdruck in der Führerkabine veranlasst werden kann. Für die Stellbefehlübertragung werden verschiedene Techniken eingesetzt; stellvertretend sei das in Zürich seit 1966 (Inbetriebnahme der „Mirage"-Gelenktriebwagen in Vielfachsteuerung) verwendete System beschrieben: Einige Meter vor der Weiche ist unter einem gelben Deckel ein Empfänger für die vom Tramwagen gesendeten Signale (eine Kombination von verschiedenen Frequenzen, damit der Stellbefehl nicht von einem andern Verkehrsteilnehmer ausgelöst werden kann) verbaut. Auf dem an einer Fahrdrahtabspannung oder einer Stange montierten Kästchen wird optisch die Position der Zungen mit einem Pfeil angezeigt. Der Fahrzeugführer darf erst dann auf die Weiche fahren, wenn die Endlage erreicht und die Weiche verriegelt ist, was durch ein Viereck um den Pfeil angezeigt wird. Fährt ein Fahrzeug über den Empfängerdeckel bevor das vorausfahrende Tram die Weiche verlassen hat, kann die Weiche nicht umgestellt werden, der Wagen fährt in die gleiche Richtung, und der Fahrer muss aussteigen und die Weiche von Hand stellen. Die Belegung des eigentlichen Weichenbereiches wird mit der elektronischen Auswertung von Hochfrequenzsignalen erfasst. Zwei in kurzer Distanz hintereinander montierte Installationen ermöglichen das Ein- resp. Auszählen der darüberfahrenden Radsätze; somit können sie auch die Fahrrichtung erkennen, in welcher der Wagen fährt.

△ **Bild 6.41** • Das Quadrat um den Pfeil zeigt an, dass die Weiche verriegelt ist, Zürich Bahnhofquai (Schweiz)

Aufnahme (2022): M. Gut

[159] Es handelt sich um einen Tunnelabschnitt unter der Place de la Constitution vor der Gare du Midi, der am 17. Dezember 1957 eingeweiht und mit Zufahrtsrampen an Tramstrecken aus verschiedenen Richtungen angeschlossen wurde. Danach wurde das Prémétronetz ab 1969 etappenweise vergrössert.

[160] In Frankfurt am Main, einer Stadt mit hoher Arbeitsplatzkonzentration im Zentrum und sehr grossem motorisierten Individualverkehr, wurden die ersten Gelenkfahrzeuge dieses Typs erprobt: 1965 mit zwei zweiteiligen Prototypen mit drei Drehgestellen (U1), gefolgt 1968-1984 von 104 zweiteiligen Gelenkwagen (U2) mit ebenfalls drei Drehgestellen. Diese Zweirichtungsfahrzeuge von Düwag konnten in Vielfachtraktion von bis zu vier Einheiten verkehren, waren aber wegen ihrer Abmessungen (Breite 2,65 m, Länge 23 m) auf dem bestehenden Tramnetz nicht einsetzbar. Weitere U2 wurden ab den 70er Jahren nach Amerika für die neuen LRT-Systeme (Light Rail Transit) produziert. In Frankfurt am Main wurden 1972-1977 auch 100 Tramwagen des Typs P (Dreiteiler mit vier Drehgestellen, Vielfachtraktion mit bis zu drei Wagen möglich) angeschafft, die nur 2,35 m breit waren und sowohl auf dem Tram- wie auch auf dem Stadtbahnnetz eingesetzt werden konnten.

[161] In Deutschland wurde der erste unterirdische Abschnitt 1966 in Stuttgart eingeweiht. Es folgten Essen (1967), Köln und Frankfurt am Main (1968), Ludwigshafen (1969), Bielefeld (1971) sowie Bonn und Hannover (1975). In Belgien kam 1975 Antwerpen hinzu. In Wien wurden drei unterirdische Abschnitte erstellt: 1961 beim Schottentor (Endstation zahlreicher Tramlinien), 1966 eine 1,9 km lange Strecke unter der Lastenstrasse, anfänglich von drei Tramlinien befahren und 1980 der Untergrundbahnlinie 2 zugeschlagen, sowie 1969 die „Gürtel-UStrab-Strecke"(südlich des historischen Stadtzentrums), eine lange, von fünf Tramlinien (1, 6, 18, 62, WLB) befahrene Tangentialstrecke mit zwei Verzweigungen.

7 Renaissance des Trams (1975-2000)

◁ **Bild 7.1**
Essen: Meterspuriges Düwag-Tram M8C in der auch von Normalspur-Stadtbahnwagen befahrenen Haltestelle Rüttenscheider Stern

AUFNAHME (2005): USER:IWOULDSTAY, LIZENZ: CC BY-SA 3.0

Neue Ideen für den Personenverkehr und moderne Tramwagen

In den 70er Jahren, in denen die Anzahl Trambetriebe am niedrigsten war, trat völlig unerwartet und sehr rasch die sogenannte Ölkrise ein, als Folge des von der Organisation der Erdöl exportierenden Staaten verhängten Embargos. Sie zwang die Behörden zu einer Neuorientierung in der Verkehrspolitik, was im Rahmen des sich verbreitenden Bewusstseins für Umweltprobleme den Weg für das Tram in moderner Form ebnete.

Die in den vorangegangenen 20 Jahren erfolgte Bevorzugung des eigenen Fahrzeugs (insbesondere des Automobils) hatte die Lebensqualität verschlechtert, vor allem in den grossen Städten, wo die Staus immer häufiger und die Belastung durch Umweltverschmutzung und Lärm zusehends unerträglicher geworden waren. Dies führte zur Einsicht, dass die Verkehrskonzepte, die in den meisten Städten auf einem grossen Autobusnetz und bestenfalls einigen kurzen Untergrundbahnlinien basierten, neu definiert werden mussten.

Die Neueinschätzung der Strassenbahn führte zur Einsicht, dass dieses Beförderungsmittel für städtische Linien mit mittlerer Nachfrage optimal sei, wenn es situationsgerecht eingesetzt werde und dass es mit einem vernünftigen Verhältnis von Aufwand und Ertrag betrieben werden könne: Es ist effektiv bestens dafür geeignet, die Lücke zwischen U-Bahn (hohe Reisegeschwindigkeit und mit Kapazität für Zehntausende von Fahrgästen pro Stunde, aber zu teuer für die Beförderung von weniger Reisenden) und Autobus (nur für einige hundert oder wenige tausend Reisende pro Stunde, langsamer und luftverschmutzend) zu stopfen.

Ausgehend von den Städten, welche den Trambetrieb nicht aufgegeben hatten, und dem Beispiel von Verwirklichungen in Zentraleuropa folgend, entstanden im letzten Viertel des 20. Jahrhunderts neue Tramlinien, respektive ganze Tramnetze in Städten, die nie zuvor ein Tramnetz hatten und in solchen, die den Trambetrieb schon vor Jahrzehnten eingestellt hatten.

Die „Wiedergeburt" des Trams führte mancherorts zur Verdrängung des motorisierten Individualverkehrs aus den Altstädten und zur Schaffung von Fussgängerzonen: Sogar wichtige Strassen wurden für den Tramverkehr reserviert, was die Strassenbahn gegenüber dem Privatauto wettbewerbsfähiger machte.

An den Stadträndern wurden neue Strecken zur Erschliessung von neuen Quartieren oder gar Satellitenstädten hingegen häufig auf Eigentrassee gebaut, was höhere kommerzielle Geschwindigkeiten ermöglicht. Um die Automobilisten zu ermutigen, das Tram für Fahrten in das Stadtinnere zu benützen, entstanden bei den Endstationen Park+Ride-Anlagen.

Die hauptsächlichsten, von den 70er Jahren bis heute eingeführten Neuerungen für das „System Tram" sind: kein Schaffner mehr in den Tramwagen, Verkauf von Fahrscheinen in Kiosken etc. und/oder an Automaten, Sicherung des Fahrwegs mit geeigneten baulichen Massnahmen zur Erlangung von höheren kommerziellen Geschwindigkeiten, fühlbare Verbesserung des Fahrkomforts durch die Elektronik[162], Verwendung von immer besseren Leichtmetalllegierungen für den Wagenbau, Betrieb von Leitstellen und Bevorzugung von Tramwagen an Strassenkreuzungen mittels Lichtsignalanlagen, Erhöhung der Anzahl Türen, Freigabe aller Türen sowohl für das Ein- wie auch Aussteigen zur Verbesserung des Fahrgastflusses.

Viele Betriebe führten wieder Zweirichtungswagen mit beidseitigen Türen ein, was den Verzicht auf Wendeschlaufen an den Endstationen sowie im Bedarfsfall unterwegs (z.B. bei Streckenblockierungen wegen Kollisionen) Fahrtrichtungsänderungen auf Gleisverbindungen ermöglicht.

Die Notwendigkeit, immer grössere Transportkapazitäten ohne wesentliche Erhöhung der Betriebskosten zur Verfügung zu stellen, führte zu einer weiteren Verlängerung der Wagen, die in zunehmendem Masse mit mehr Wagenkästen und Gelenken ausgerüstet wurden.

Das Prinzip der Standardisierung setzte sich wieder durch, wie einst in den 30er Jahren mit den PCC-Wagen in Amerika: Von Deutschland ausgehend, wurden die Spezifikationen für gewisse Fahrzeugarten definiert und die Basisabmessungen der Wagen vereinheitlicht, was es ermöglichte, modulare Fahrzeuge von variabler Länge zu konzipieren, die sich aus Wagenkästen zusammensetzen, deren Dimensionen ebenfalls standardisiert waren. Dies erlaubt es den Betreibern, anstelle von kleinen „handwerklich" hergestellten Fahrzeugen, in grossen Serien gebaute und somit billigere Wagen anzuschaffen, die zudem dem neusten Stand der Technik entsprechen.

In den Ländern, wo die Gesetzgebung dies gestattet (z.B. in Deutschland, den Niederlanden und der Schweiz), wurden in Viel-

[162] In der ersten Generation neuer Wagen wurde die Elektronik nur für Kontrollfunktionen eingesetzt, dieweil die Starkstromausrüstung noch aus herkömmlichen Kontrollern mit Serie-/Parallelschaltung von Widerständen für das Fahren und Bremsen bestand. Ab der zweiten Generation erzeugten statische Umformer mit Thyristoren aus der konstanten Fahrleitungsspannung variable Spannungen für die Motoren, was vollkommen ruckfreie Beschleunigungen/Verzögerungen und zudem in Bremsschaltung die Rekuperation von Strom ermöglicht, der in die Fahrleitung zurückgespeist werden kann. Die beiden Typen von Umformern sind die Chopper für Gleichstromfahrzeuge und die Umrichter für Drehstrommotoren (letztere sind robuster und wirtschaftlicher als Gleichstrommotoren).

fachsteuerung mehrere aneinandergekuppelte Wagen mit hoher Fahrgastkapazität eingesetzt.
Bedeutungsvoll ist der Mentalitätswandel, der sich in der zweiten Hälfte der 70er Jahre in denjenigen Städten durchsetzte, welche schon „Prémétro- oder „Stadtbahnlinien" betrieben: Die unterirdischen Streckenabschnitte wurden nicht mehr als Bestandteile eines irgendwann in der Zukunft einmal zu bauenden, herkömmlichen Untergrundbahnsystems empfunden, sondern als Attribute des neuen „Systems Tram" oder LRT („Light Rail Transit") gemäss englischer Terminologie. Es handelt sich dabei um ein System, das durch Fahrzeuge mit hoher Transportkapazität auf weitgehend geschütztem Fahrweg und mit wenigen Konfliktstellen mit dem Privatverkehr charakterisiert ist.
In Städten mit schon bestehendem Tramnetz befahren die Stadtbahnfahrzeuge auch Abschnitte dieses Netzes, in anderen benützen sie unterirdische Abschnitte im Zentrum und ausserhalb davon oberirdisch angelegte Strecken, auf denen sie den Strassenraum wie eine herkömmliche Tramlinie mit dem übrigen Verkehr teilen müssen.
Somit ist das moderne, deutsche „Stadtbahn"-Konzept nichts anderes als ein Tramsystem mit speziellen Charakteristiken, welche dessen Leistungsfähigkeit erhöht dank unterirdischen Streckenabschnitten in den Stadtzentren, mit Bordsteinen oder Zäunen gut geschützten Gleisen auf den ebenerdigen Abschnitten, Hochperrons für erleichtertes Ein-/und Aussteigen in Hochflurwagen, mehrteiligen, in Vielfachsteuerung kuppelbaren Fahrzeugen, breiteren Wagenkästen

△ **Bild 7.2** • 80-Meter-Zug aus zwei Stuttgarter DT8-Stadtbahnwagen in Bad Cannstatt auf der Linie U11

Aufnahme (2011): S. Göbel

(2,65 m gemäss den Normen der deutschen Strassenbahn-Bau- und Betriebsordnung „BOStrab") statt wie bei Tramwagen üblich 2,30 bis 2,40 m, Maximalgeschwindigkeit bis 100 km/h auf Eigentrassee, wenn die dafür vorgeschriebenen Sicherungseinrichtungen vorhanden sind.
Das grosse Fassungsvermögen, die hohe kommerzielle Geschwindigkeit und die Pünktlichkeit des Betriebs sind Trümpfe dieses Systems, das aber das Stadtbild wegen der hohen Haltesteleninseln manchmal nicht bereichert. Zudem vermindern die grossen Haltestellenabstände (500-2000 m) im Vergleich zu den herkömmlichen, oberirdischen (alle 300-400 m) sowie die langen Zugangswege mit Rolltreppen zumindest teilweise den Zeitgewinn.
Für Strassen, wo Hochperrons aus baulichen Gründen nicht möglich sind, müssen die Fahrzeuge mit aus- und einklappbaren Treppen versehen sein.
Ein vorbildliches Stadtbahnnetz findet sich in Stuttgart, wo schon 1959 einem revolutionären Transportplan zugestimmt wurde, der die Umwandlung des herkömmlichen, im Strassenraum angelegten Meterspurtramnetzes mit 2,20 m breiten Wagen in ein Normalspurnetz mit 2,65 m breiten Hochflurwagen vorsah: In den 60er Jahren wurden im Stadtzentrum erste, unterirdische Abschnitte mit breiterem Umgrenzungsprofil gebaut[163], die aber zunächst von den herkömmlichen Tramwagen benützt wurden. Danach wurden auf

[163] 1966 wurde beim Charlottenplatz der erste unterirdische Abschnitt für die neue Stadtbahn in Betrieb genommen.

▷ **Bild 7.3** Komplizierte Gleisanlage mit Weichen und Kreuzungen für Normal- und Meterspur in Stuttgart (Deutschland) bei den Mineralbädern in den 1980er Jahren vor Umstellung der Linie 14 auf Normalspurbetrieb

Aufnahme: Stefan Göbel

◁ **Bild 7.4**
Tram 2000 im Tramtunnel Milchbuck–Schwamendingen in Zürich (Schweiz)

Aufnahme: Richard Gerbig

◁ **Bild 7.5**
Ein Beispiel für neue Traminfrastruktur „à la française": Tramwagen TFS2 von Alstom 2012 auf der Linie A in Grenoble (Frankreich)

Aufnahme: Corrado Borazzo

einigen Abschnitten Dreischienengleise[164] für Meterspur- und Normalspurbetrieb und unterschiedliche Perronhöhen für den Betrieb mit Meterspur- und Normalspurfahrzeugen erstellt; 1985 konnte die erste, nur mit Stadtbahnwagen zu befahrende Linie in Betrieb genommen werden. Dieser Umbau wurde 2007 abgeschlossen.[165]

[164] Die rechte Schiene wurde sowohl von den Meter- wie auch von den Normalspurwagen benützt. Dreischienengleise erfordern relativ komplizierte Weichen und Kreuzungen.

[165] Für die meterspurigen Fahrzeuge des Vereins „Stuttgarter Historische Straßenbahnen" (SHB) wurden im Stadtzentrum auf einer ringförmigen, unterirdischen Wendeschlaufe und auf der Linie zum Fernsehturm das Dreischienengleis belassen. Die Gesamtlänge der mit Meterspurwagen befahrbaren Gleise beträgt etwa 20 km.

Als weiteres Beispiel wird in der Fachliteratur häufig das „Modell Zürich" erwähnt. In der grössten Schweizer Stadt sprach sich 1973 die Bevölkerung in einer Abstimmung gegen den Bau einer Untergrundbahn aus und später, in einer weiteren Abstimmung, für die Modernisierung des als bequemer beurteilten Feinverteilers Tram.[166] Diese Entscheidung erwies sich als erfolgreich: In den folgenden Jahren nahmen die Benützerzahlen sowohl auf dem Tram- wie auch auf dem 1990 in Betrieb genommenen S-Bahnnetz (mit gleichzeitiger Einführung des Zonentarifs) ständig zu; der Modalsplit betrug 65 % für den öffentlichen Verkehr, 17 % für den motorisierten Individualverkehr.

[166] Am 1. Februar 1986 wurde der Trambetrieb in einem ursprünglich für eine U-Bahn vorgesehenen unterirdischen Abschnitt zwischen Milchbuck und Schwamendingerplatz mit der umgelegten Linie 7 und der verlängerten Linie 9 aufgenommen. Die Haltestelleninseln der drei Tunnelstationen sind zwischen den Gleisen angeordnet; die Einrichtungswagen verkehren deshalb auf dem linken Gleis.

Ein weiterer, richtungsweisender Ideologiewandel ergab sich in München: In dieser deutschen Stadt, in der im Hinblick auf die Olympischen Spiele von 1972 mit dem Bau einer Untergrundbahn begonnen worden war, regte sich Widerstand gegen die vorgesehene Einstellung des Trambetriebs; vielmehr sollte neues Strassenbahnrollmaterial beschafft und das bestehende Streckennetz modernisiert werden. Als Folge verblieb das Tramstreckennetz gänzlich an der Oberfläche und wurde in das U-Bahn- und S-Bahnnetz eingebunden, dieweil den Autobussen nur eine ergänzende Funktion als Zubringer zum schienengebundenen Netz zugewiesen wurde: wahrlich eine optimale Anwendung des Hierarchiekonzepts der Transportarten!

Die Renaissance der Strassenbahn begann in den Städten Europas, deren Netze zumindest teilweise überlebt hatten, aber es kamen auch neue Tramstädte in den anderen Teilen der Welt hinzu.

Schaut man sich den Kalender der Neueröffnungen an, findet man in der ersten Phase viele amerikanische Städte, wie wenn man dort das wenig erbauliche Stigma, d.h. die zuvor mit einer ihresgleichen suchenden Hartnäckigkeit betriebene Einstellung von Trambetrieben, hätte loswerden wollen: Schon Ende der 70er Jahre wurden einige, vom deutschen Stadtbahnmodell inspirierte, dort „Light Rail Transit" genannte Verkehrssysteme mit Hochbahnsteigen und Hochflurfahrzeugen eingeweiht.

Das erste neue Netz weltweit entstand 1978 in der kanadischen Stadt Edmonton, gefolgt 1981 vom „C-Train" in der ebenfalls kanadischen Stadt Calgary und dem „San Diego Trolley" (erstes neues Netz in den USA). Die weiteren Eröffnungen betrafen alle LRT/Stadtbahn/Prémétro-Systeme: 1983 wurde in Utrecht (Niederlande) als erster neuer europäischer Stadt das sog. „Sneltram"[167] eingeweiht, 1984 die 10,3 km lange „Metro Rail"-Strecke in der amerikanischen Stadt Buffalo und 1985 der „Métro Léger" von Tunis (erste afrikanische Stadt).

Eine grundlegende Etappe wurde 1985 in Nantes mit der Eröffnung der ersten neuen Tramlinie in Frankreich erreicht: Es handelt sich um das erste Beispiel für eine nachfolgende Entwicklungsstufe des „Systems Tram", das den Bau einer neuen Linie zum Anlass nimmt für eine Aufwertung ganzer Stadtgebiete hinsichtlich Zugänglichkeit, für die Stadtmöblierung, sowie die Schaffung von öffentlichen Grünbereichen, Fussgängerzonen und Velopisten. Von da an setzte sich das französische „Oberflächentrammetro"-System immer mehr durch. Es bettet die Strassenbahn mit Rasengleisabschnitten und lärmarmem Oberbau harmonisch in den städtischen Kontext ein, zum Teil sogar ohne jegliche physische Trennung in Fussgängerzonen, dieweil die Haltestelleninseln niedrig sind und das Stadtbild wenig stören. Der anfängliche Nachteil, dass beim Ein-/Aussteigen Stufen überwunden werden mussten, fiel mit der Einführung von Niederflurwagen weg, wie noch gezeigt werden soll. Mit diesem Konzept erlangte Frankreich ab Mitte der 80er Jahre Vorbildcharakter für die Wiedereinführung der Strassenbahn in vielen alten, europäischen Städten.

△ **Bild 7.6** • Ein von Breda und Firema hergestelltes Tram Typ T68 im Zentrum von Manchester (Vereinigtes Königreich); der optische Eindruck der Haltestelleninsel mit zwei verschiedenen Höhen ist nicht überzeugend.
Aufnahme (2009): R. Cambursano

Die nächsten neuen Trambetriebe[168] entstanden wiederum in Amerika (alle vom Typ LRT): 1986 das MAX-Netz in Portland, 1987 das „VTA" in San José, das „RT" in Sacramento (beide in Kalifornien) sowie die „Premetro" von Buenos Aires (eine Linie, erste argentinische Stadt, die mit Ausnahme von Mendoza die einzige blieb).

1987 nahm in Grenoble die Linie A gemäss dem Vorbild des in Nantes verwirklichten „französischen" Oberflächen-Schienentransportsystems den Betrieb auf – nun erstmals mit Niederflurwagen und perfekt darauf abgestimmten Haltestellen.

1988 wurde die erste LRT-Linie in den „New Territories" von Hongkong (damals noch eine britische Kolonie) eingeweiht; sie ist nicht mit dem historischen Tramnetz verbunden.

Die nächsten LRT wurden 1989 in Guadalajara (Mexiko; erstes neues mexikanisches Netz) und 1990 in Los Angeles („Metro Rail") in Betrieb genommen.

1991 verlagerte sich der Schauplatz wieder nach Europa: Eröffnung der ersten Tramlinie neuer Generation in Paris (T1, an der nördlichen Stadtperipherie verlaufend) und in Lausanne (erste neue schweizerische Stadt, Linie m1, LRT, „Tramway du sud-ouest lausannois", TSOL, genannt).

1992 war die Reihe an der Türkei: In Konya und Istanbul entstanden die ersten neuen Oberflächen-Tramnetze, die anfänglich mit gebrauchten Fahrzeugen aus Deutschland betrieben wurden.

Manchester eröffnete im gleichen Jahr das erste, „Metrolink" genannte Tramnetz neuer Generation, welches das längste in Grossbritannien werden sollte. Es unterscheidet sich von den andern europäischen Betrieben dieser Generation durch die Eigentrasse mit Hochperrons selbst im Stadtbereich und das Fehlen unterirdischer Streckenabschnitte.[169]

Das Vorhandensein von schon lange aufgegebenen Bahnstrecken innerhalb von urbanen Zonen ermöglichte es vielen Städten, ganz besonders in Amerika und

[167] Das niederländische Sneltramkonzept ist ein Spezialfall, weil es in den Städten Rotterdam und Amsterdam einige herkömmliche Untergrundbahnlinien und in der Peripherie Oberflächenstreckenabschnitte mit Niveauübergängen befährt.

[168] Spezialfälle stellen angesichts der etwas rückständigen Technik einige in dieser Zeit in den Ostblockländern eröffnete Betriebe dar: 1981 in Stary Oskol (Russland), 1987 in den rumänischen Städten Cluj-Napoca, Craiova und Ploieşti sowie 1991 in Botoşani (eingestellt 2020), 1988 in Ust-Ilimsk (Russland) und Masyr (Weissrussland). 1991 kamen Tramnetze in Nordkorea (Pjöngjang, 1991) und Ch'öngjin (1999) hinzu.

[169] Die Entscheidung, für das neue Tramliniennetz Hochperrons zu verwenden, erklärt sich mit deren Vorhandensein auf den zahlreichen, ausserhalb des Stadtgebietes liegenden, ins Netz eingebundenen ehemaligen Bahnstrecken. Dies erforderte aber auf den in Stadtgebieten verlaufenden Streckenabschnitten Haltestelleninseln mit je einem 40 cm hohen Bereich an deren Enden (Zugang zu den Fahrzeugen mit herunterklappbaren Stufen im Fahrzeuginnern) und einem zentralen Bereich mit Höhe 91,5 cm, von dem aus ebenerdig in Hochflurfahrzeuge ohne Treppen ein-/ausgestiegen werden kann. Solcherart gestaltete Haltestelleninseln wirken nicht sehr ästhetisch.

◁ **Bild 7.7**
Ein modernisiertes Tram des Herstellers Valmet der ersten Serie im Dienst auf der Linie 7A im Hakaniemi-Quartier in Helsinki

Aufnahme (2009): Kalle Id
Lizenz: CC BY-SA 3.0

▽ **Bild 7.8** • Zwei von LHB gebaute TW 6000 mit je drei Wagenkästen und vier Drehgestellen in Vielfachsteuerung auf der Linie 10 in Hannover Aufnahme (2015): S. Göbel

Grossbritannien, neue Tramlinien zu bauen, die nur geringe Anpassungen der bestehenden Infrastruktur erforderten.[170]

Das ab 1992 in Karlsruhe eingeführte „Tram-Train"-System (Benützung von Eisenbahn- und innerstädtischen Gleisen durch Tramwagen, vgl. dazu das Kapitel 11) verstärkte dieses Konzept zusätzlich und machte den Weg für Überlandtrambahnen wieder frei.

In den 90er Jahren wurden weitere neue Tramnetze verschiedenen Typs in Betrieb genommen: LRT in Amerika 1992 in Baltimore, 1993 der „Metro Link" in Saint Louis, 1994 in Denver („RTD"). Rouen bezeichnet sein ebenfalls 1994 eröffnetes, Y-förmiges Streckennetz als „Métro"; es verläuft aber nur teilweise unterirdisch und hat recht eigentlich den Charakter einer Strassenbahn. In Strassburg, Sheffield („Supertram") und in Valencia (erster neuer Trambetrieb in Spanien) wurden (fast) vollständig oberirdisch angelegte Tramlinien in Betrieb genommen.

1996 kamen in Dallas die ersten beiden LRT-Linien des „DART" (Dallas Area Rapid Transit Light Rail) in Betrieb, das zum längsten neuen Tramsystem Amerikas wurde.

In Deutschland, ohnehin ein Land mit vielen Trambetrieben, entstanden 1996 in Oberhausen (Stadtbahnlinie als Verbindung zum bestehenden Tramnetz von Mülheim) und 1997 in Saarbrücken (Tram-Train-Überlandlinie) neue Strassenbahnbetriebe.

In Australien wurde in Sydney ebenfalls 1997 als erster neuer Stadt ein LRT-Betrieb eröffnet.

Als Abschluss der ersten Tram-Renaissanceperiode entstanden 1999 drei unterschiedliche Betriebe: in Birmingham eine „West Midlands Metro" genannte, oberirdisch angelegte Linie, in Spanien der Tram-Train-Betrieb von Alicante und in den USA einer in Salt Lake City (LRT-System „TRAX").

Auch in den meisten „alten" Städten mit Trambetrieb wurde – zumindest in der westlichen Welt – das System Tram auf Vordermann gebracht. Dies umfasste zusätzlich zur Erneuerung der Fahrzeuge und der festen Anlagen auch die Verlegung auf Eigentrassen, gemäss deutschem oder französischem[171] Vorbild, zum Teil sowohl nach deutschem wie französischem Modell in der gleichen Stadt oder mit Verzicht auf das eine zugunsten des andern.[172]

Erste Generation von neuen Tramwagen

Ab Mitte der 70er Jahre verkehrten erste Hochflur-Drehgestell-Gelenkwagen mit elektronischer Traktionsausrüstung und Gelenkübergängen vom Typ Urbinati.

Das erste Serienfahrzeug mit elektronischer Traktionsausrüstung (Chopper) des örtlichen Herstellers Strømberg elektro AS war 1973 der sechsachsige Gelenkwagen Typ Nr. I von Valmet für das Meterspurnetz der finnischen Hauptstadt Helsinki.[173]

In Hannover wurde im folgenden Jahr eine grosse Zahl von Chopper-Trams (Serie TW 6000[174] von Düwag/LHB) in Betrieb genommen.

[170] Bei einigen der neueren amerikanischen sowie bei allen andern, neuen englischen LRT-Systemen hat man sich im Unterschied zu Manchester für niedrige Haltestelleninseln entschieden.

[171] Dies ist der typische Fall in deutschen Städten wie Bonn, Köln, Dortmund, Duisburg, Düsseldorf, Frankfurt am Main, Essen/Mülheim und Bochum/Gelsenkirchen, wo normalspurige Stadtbahnnetze für Hochflurfahrzeuge neben einem herkömmlichen Niederflur-Tramnetz bestehen. Letztere, obwohl bislang teilweise reduziert, wurden auch mit einigen unterirdischen Abschnitten modernisiert, in Essen und Bochum/Gelsenkirchen unter Beibehaltung der Meterspur.

[172] In Italien wurde 1982 in Turin gemäss deutschem Stadtbahn-Vorbild im Rahmen eines Transportplans mit fünf Linien, die im Zentrum hätten unterirdisch und ausserhalb davon auf Eigentrasse angelegt werden sollen, die Linie 3 einerseits auf Eigentrassse umgebaut, jedoch wegen dem Widerstand der Bevölkerung im Stadtzentrum nicht unterirdisch geführt, andererseits wurde die Linie 4 zwischen 1992 und 2005 nach französischem Muster realisiert.

[173] 1973-1987 stellte Valmet für Helsinki 82 zweiteilige Gelenkwagen mit drei Drehgestellen in zwei Serien (Nr. I und Nr. II) her, die danach modernisiert wurden. Die zweite, 42 Wagen umfassende Serie, die immer noch in Betrieb ist, wurde nach 2006 mit niederflurigen Mittelkästen ausgerüstet, wodurch die Länge der Wagen von 20,1 m auf 26,5 m anwuchs.

[174] Von den dreiteiligen, mit vier Drehgestellen ausgerüsteten, 27 m langen und 2,4 m breiten Wagen der Serie TW 6000, die in Vielfachsteuerung verkehren können, wurden 1974-1993 für die Stadtbahn Hannover 260 Exemplare hergestellt, die ersten 100 von Düwag, der Rest von LHB. 1984-1986 lieferte Düwag 136 sehr ähnliche Wagen an das Netz von Tunis. Ab 2001 gelangte ein Teil der Hannoveraner Wagen ins Ausland: Auf dem Budapester Tramnetz verkehren heute über 100 dieser Wagen.

In dieser Phase war die deutsche Industrie (Düwag/Siemens, MAN/AEG, Waggon-Union, LHB, Kiepe) dominierend. Sie konnte Wagen in grosser Stückzahl zumeist für den einheimischen Markt liefern[175], aber auch Hersteller in anderen Ländern gelang es, sich gute Aufträge zu sichern.
In Österreich konnten die einheimischen Produzenten Lohner-Rotax und SGP[176] weiterhin in Düwag-Lizenz vor allem Gelenkwagen und für die Trambetriebe des Landes herstellen.
Bemerkenswert sind auch die von schweizerischen Unternehmungen (BBC/ABB[177], SWP, SWS und SIG[178]) für den einheimischen Markt und für das Ausland hergestellten Fahrzeuge.

△ **Bild 7.9** • Zwei Düwag-Fahrzeuge der ersten Generation der Stadtbahnwagen Typ B, die in Köln (rot) und Bonn (grün) im Einsatz waren, in den 1980er Jahren in Köln-Mülheim AUFNAHME: S. GÖBEL

▷ **Bild 7.10** Aus von Lohner hergestellten Fahrzeugen der Typen E6 und c6 zusammengesetzte Tramzüge an der Haltestelle Nussdorferstrasse der Stadtbahnlinien G und GD in Wien (Österreich)

AUFNAHME (1985): TRAM AUX FILS, LIZENZ: CC BY-SA 3.0

In Belgien baute BN (1988 von Bombardier übernommen) zusätzlich zu den schon erwähnten, zahlreichen PCC-Wagen eine grössere Anzahl von Tramwagen, die für die Benelux-Betriebe, aber auch für andere Kontinente bestimmt waren.[179]
In Italien waren in jener Zeit FIAT Ferroviaria, Ansaldo, Breda, Socimi und Stanga/Firema die aktivsten Tramhersteller.[180]

Auch in Frankreich, das sich bei der Beseitigung der Tramnetze der ersten Generation besonders hervorgetan hatte, kam es zu einer Wiederauferstehung des Baus von Tramwagen durch eine nationale Unternehmung: GEC-Alsthom (seit 1998 Alstom) wurde zu einem weltweit agierenden Leader im Bereich Bahnfahrzeug- und Trambau.[181]

175 Wichtigste Stadtbahnwagen in jener Zeit (alle 2,65 m breit) waren die Typen U3 und U4 von Frankfurt am Main (Zweiteiler mit drei Drehgestellen, 24,5 m lang, Vielfachsteuerung von bis zu vier Wagen möglich, 66 Fahrzeuge, 1980-1998), der Typ B (Zweiteiler mit drei Drehgestellen, 27 m lang, eingerichtet für Doppeltraktion, 1972-1999 für die Städte im Rhein-Ruhrgebiet in 489 Exemplaren geliefert), sowie der DT8 von Stuttgart (zwei permanent gekuppelte vierachsige Wagen, je nach Serie 38-39 m lang, 117 Einheiten der ersten Generation, 1981-1996). Hier müssen auch die 375 zwischen 1975 und 1999 gebauten, zwei- oder dreiteiligen, 2,3 m breiten, meterspurigen M- und normalspurigen N-Wagen erwähnt werden, die auf vollständig oberirdisch verlaufenden Linien auch in andern deutschen Städten eingesetzt wurden.

176 In Wien wurden 1977-1990 122 zweiteilige Gelenktramwagen mit drei Drehgestellen des Typs E2 von SGP und Bombardier und 117 einteilige, dazu passende Anhängewagen der Serie c5 mit zwei Drehgestellen in Betrieb genommen. Eine Besonderheit ist die Linie U6 der Wiener Untergrundbahn (ex Gürtellinie der Stadtbahn), die 1979-2008 mit E6-Tramwagen (48 Zweirichtungs-Gelenktriebwagen) und 46 c6-Beiwagen, die in Vielfachtraktion verkehren konnten (von Lohner-Rotax in Düwag-Lizenz erstellt), betrieben wurde. Diese Fahrzeuge wurden an Verkehrsbetriebe in Utrecht (nur kurzer Einsatz) und Kraków (Krakau) weitergegeben, wobei sie in der polnischen Stadt vollständig modernisiert und zu achtachsigen Einrichtungsfahrzeugen mit Niederflur-Mitteleinstieg umgebaut wurden.

177 1976-1993 nahmen die Verkehrsbetriebe Zürich insgesamt 171 zweiteilige Wagen des Typs „Tram 2000" in Betrieb (Hersteller des elektrischen Teils BBC, des mechanischen Teils SIG, SWS, SWP), von denen 2004-2005 23 Wagen durch Einfügen eines niederflurigen Mittelteils von 20,4 m auf 28 m verlängert wurden. 15 resp. 35 Einheiten sind zweiteilige, resp. einteilige motorisierte Anhängewagen und deshalb nur mit Hilfsführerständen ausgerüstet. Eine den betrieblichen Gegebenheiten angepasste, in Lizenz durch Stanga und Ansaldo gebaute Version des Trams 2000 wurde 1990 auf der Untergrundbahn von Genua in Betrieb genommen.

178 Die SIG baute 1983 den mechanischen Teil von 27 zweiteiligen Gelenkwagen mit drei Drehgestellen für das Sneltram von Utrecht, die in Doppeltraktion verkehren konnten und dem deutschen Typ „B" sehr ähnlich waren.

179 BN stellte 1981-1993 unter Verwendung von alten PCC-Drehgestellen 147 dreiteilige Gelenkwagen mit vier Drehgestellen GTL8 für Den Haag sowie 45 ähnliche, aber mit einem Niederflurmittelteil ausgerüstete Wagen der Typen 11G-12G für Amsterdam her. 1981-1985 baute BN auch 172 LRV-Leichtmetro-Gelenkwagen, die in Vielfachtraktion verkehren können, wovon 108 Zweiteiler für die Meterspurstrecken der SNCV in Charleroi und an der belgischen Küste (Serie 6000) und 64 Dreiteiler für die Linie 1 der philippinischen Hauptstadt Manila (diese Linie wurde später in eine Untergrundbahnstrecke mit neuem Rollmaterial umgebaut).

180 Das erste moderne Tram in Italien war das ab 1976 in 100 Exemplaren für Mailand gebaute „Jumbo-Tram" der Serie 4900. Hersteller dieses 29 m langen, dreiteiligen Leichtmetallfahrzeuges mit vier Drehgestellen waren FIAT Ferroviaria und Stanga; ein Teil der Wagen ist 2014-2015 umfassend modernisiert worden. Diese Wagen weisen sich asymmetrisch verjüngende Endwagenkästen auf, damit alle Türen im Hinblick auf (nie gebaute) Hochperrons parallel zur Längsachse angeordnet werden konnten. Turin folgte 1984 mit dem ersten Tramtyp mit vollelektronischem Antrieb (Serie 7000, „Leichtmetrofahrzeuge" genannt; 51 Wagen, 28 m lang und 2,5 m breit, zwei Wagenkästen und drei Drehgestelle): Diese – nach deutschem Stadtbahnwagenvorbild konzipierten Wagen und deshalb ebenfalls für (nie gebaute) Hochperrons ausgelegt – wurden von FIAT Ferroviaria und Stanga gebaut, aber wegen sehr hohen Unterhaltskosten schon Ende 2013 abgestellt.

181 1985 wurden in Nantes die ersten modernen französischen Tramwagen (erste Serie des Typs „Tramway français standard", TFS1) in Betrieb genommen. Es handelt sich um 29 m lange, zweiteilige Hochflur-Gelenkwagen, die 1992

◁ **Bild 7.11** Ein von der Unternehmung Brugeoise et Nivelles gebautes LRV-Tram der Serie 6000 auf der Linie 89 bei Monceau-sur-Sambre unterwegs zum Zentrum von Charleroi (Belgien)

Aufnahme (1984): Michel Reps,

◁ **Bild 7.12** Ein von FIAT Ferroviaria gebautes Tram der Serie 4900 („Jumbo-Tram") auf der Linie 16 am Giuseppe-Meazza-Stadion (San Siro) in Mailand (Italien)

Aufnahme (2015): S. Göbel

◁ **Bild 7.13** Ein Tramway Français Standard der ersten Generation (TSF1) mit Niederflurmittelkasten auf der Linie 2 im Zentrum von Nantes (Frankreich)

Aufnahme (2008): S. Göbel

Als Abschluss der Entwicklung in Europa ein Blick auf Skandinavien, wo je ein grosser Trambetrieb in Helsinki (Finnland), Göteborg (Schweden) und Oslo (Norwegen) dank der Erneuerung des Wagenparks durch lokale Hersteller überleben konnte.

Neben der schon erwähnten finnischen Unternehmung Valmet muss auch die schwedische ASEA erwähnt werden, die 1988 mit BBC zur multinationalen Unternehmung ABB vereint wurde.[182]

Ein weiterer Spezialfall ist Nordamerika, wo nach der PCC-Phase wie erwähnt die örtlichen Hersteller den Bau von Schienenfahrzeugen eingestellt hatten und das diesbezügliche Know-how deshalb gänzlich verlorengegangen war. Nach dem Vietnamkrieg stand die Regierung der Vereinigten Staaten von Amerika vor dem Problem, den bislang mit der Herstellung von Rüstungsgütern beschäftigten Unternehmungen Arbeit zu verschaffen. Deshalb beschloss sie 1971, die Projektierung und den Bau eines für die grossen amerikanischen Städte geeigneten Gelenktrams an die Unternehmung Boeing-Vertol zu vergeben.[183] Der mit dem Bau von Tramwagen nicht vertraute Helikopterhersteller brachte ein sehr teures und unzuverlässiges Fahrzeug heraus, weshalb die Betreiber ihren Bedarf grösstenteils bei ausländischen Produzenten deckten[184] und Boeing den Tramwagenbau nach nur drei Jahren einstellte.

Anders gelagert ist der Fall der kanadischen, neben der Herstellung von Schneemobilen ebenfalls als Flugzeugbauer etablierten Unternehmung Bombardier, die ab Anfang der 80er Jahre[185] Tramwagen

△ **Bild 7.14** • Ein Gelenktram des Typs M31 von ASEA mit Niederflurmittelkasten auf der Linie 1 in Göteborg (Schweden)

baute und dank der Übernahme von zahlreichen, mit dem Bau von Eisenbahn-/Tramfahrzeugen vertrauten Firmen in wenigen Jahren einer der weltweit grössten Hersteller von Tramwagen wurde.

Für die in dieser Zeit in den Vereinigten Staaten und in Kanada entstandenen, zahlreichen neuen LRT-Systeme wurden vor allem japanische und deutsche Fahrzeuge bestellt.[186]

Wie in den USA wurden auch in Kanada unter dem Druck des Betreibers des Tramnetzes von Toronto (einziges verbliebenes Netz, das seinen grossen Bestand an PCC ersetzen musste) neue, standardisierte Wagen konzipiert und gebaut. Diese einteiligen „Canadian Light Rail Vehicles" und die zweiteiligen „Articulated Light Rail Vehicles" fanden trotz deren Bezeichnung ausser in Toronto keine Verbreitung[187].

Zwei weitere Einzelfälle betreffen auf dem amerikanischen Kontinent Mexiko, wo die örtliche, 1992 von Bombardier übernommene Unternehmung Concarril einige Wagen herstellte.[188] In Argentinien[189] entstand mit der Unternehmung Materfer eine FIAT-Filiale.

In Asien stellten die japanischen Unternehmungen neben den nach Amerika exportierten Wagen auch einige Serien von

durch Einfügen eines Niederflurteils auf 39 m verlängert wurden. Weitere zwölf „lange" Wagen wurden 1993-1994 beschafft; Totalbestand 46 Fahrzeuge.

182 In Göteborg wurden ab 1984 80 hochflurige, von ASEA gebaute Zweiteiler (M21) in Betrieb genommen, die zwischen 1998 und 2002 mit einem Niederflur-Mittelkasten verlängert wurden (M31). Oslo erhielt 1982-1989 40 von Düwag und ABB gebaute Zweiteiler mit drei Drehgestellen (Typ SL79).

183 1976-1979 wurden 275 Exemplare des „Boeing LRV" hergestellt (100 für Boston und 175 für San Francisco). Diese 21,6 m langen Zweiteiler mit drei Drehgestellen und Vielfachsteuerung waren für die unterirdischen Abschnitte der beiden Städte zugelassen (in Boston verkehrten sie auf der Green Line, welche durch den historischen „Tremont Street Subway" führt, dieweil sie in San Francisco durch einen 1980 eröffneten, unter der Market Street angelegten Tunnel fuhren – Bezeichnung des Tramnetzes: Muni Metro).

184 Cleveland erneuerte 1980-1981 den Fahrzeugbestand mit 48 zweiteiligen Zweirichtungswagen vom Typ Breda LRV. 1982 importierte Philadelphia 140 einteilige, japanische Wagen der Bauart Kawasaki LRV, die für den Verkehr durch den schon bestehenden, zentral gelegenen unterirdischen Streckenteil zugelassen waren.

185 Bombardier erhielt 1986 in Amerika den ersten Auftrag für Tramwagen von der Stadt Portland (26 Wagen vom Typ 1, gebaut in Zusammenarbeit mit der belgischen Unternehmung BN).

186 Bis 1993 exportierte Siemens-Duewag aus Deutschland 305 für die neuen amerikanischen LRT-Netze bestimmte Wagen, von denen bis zu sechs in Vielfachsteuerung verkehren konnten. Es handelt sich um den sehr bekannten Typ U2, der erstmals 1978 in Edmonton eingesetzt und danach zum Typ SD400 weiterentwickelt wurde (1985 in Pittsburgh in Betrieb genommen, wo der herkömmliche Trambetrieb in ein modernes LRT-System umgebaut wurde). Elf dieser Wagen wurden 2011 von San Diego an die Stadt Mendoza in Argentinien abgegeben. 1994 nahm Siemens die Herstellung von Wagen in Sacramento auf und lieferte bis 1999 124 Trams SD100 (erste Wagen 1985 nach Denver). Aus Japan stammten hingegen von Tokyu Car Corporation für Buffalo hergestellte Wagen (1984; 29 Einteiler mit der ungewohnten Länge von 20,4 m, die in Vielfachsteuerung von bis zu vier Fahrzeugen verkehren konnten). Kinky Sharyō baute zweiteilige LRV: 100 für Boston 1986-1988 und 115 für Dallas 1996; Nippon Sharyō Seizō lieferte 1990 54 P865 für Los Angeles, die in Vielfachsteuerung auf dem neuen LRT-Netz verkehren konnten. 1991-1997 stellte ABB 53 Zweiteiler von 29 m Länge für das neue LRT-Netz von Baltimore her, ebenfalls mit Vielfachsteuerung.

187 1977-1981 wurden 196 CLRV hergestellt, gefolgt 1982-1989 von 53 ALRV. Sechs CLRV-Prototypen wurden durch die schweizerische SIG gebaut, die Serienfahrzeuge durch den einheimischen Produzenten UTDC (Urban Transportation Development Corporation, später von Bombardier aufgekauft), welcher danach in Zusammenarbeit mit der deutschen Unternehmung MAN auch die ALRV produzierte. Weitere 50 ALRV in zweiteiliger Version und für Vielfachtraktion geeignet wurden für das 1987 eröffnete, neue Netz von San José hergestellt.

188 Concarril lieferte 1989 die ersten 16 Wagen für die neue LRT-Linie von Guadalajara und 1991 zwölf Einheiten nach Mexiko-Stadt für die Erneuerung des Fahrzeugbestandes der Xochimilco-Linie (einzige überlebende Linie der Hauptstadt). In beide Städten konnte Bombardier danach weiteres Rollmaterial liefern.

189 Buenos Aires begann 1987 den Betrieb mit rekonstruierten Wagen. Die Unternehmung Materfer lieferte 20 einteilige Zweirichtungswagen, die nicht in Vielfachtraktion verkehren konnten.

◁ **Bild 7.15**
Ein LRV-Gelenktramwagen von Boeing auf der Linie C (Green Line) in Boston (USA)

Aufnahme (1987): Steve Morgan, Lizenz: CC BY-SA 4.0

◁ **Bild 7.16**
Düwag-Fahrzeuge des Typs U2 ex San Diego an der Endstation Estación Gutierrez in Mendoza (Argentinien)

Aufnahme (2015): Mauricio V. Genta, Lizenz: CC BY-SA 4.0

◁ **Bild 7.17**
Ein ALRV-Gelenkwagen auf der Linie 504 am Abzweig King Street East/Queen Street East Toronto (Kanada)

Aufnahme (2017): S. Göbel

▷ **Bild 7.18** Ein Comeng-Gelenktram der Serie B2 im Dienst in Melbourne (Australien)

Aufnahme (2010): Alex1991, Lizenz: Public Domain

einteiligen Wagen[190] neuartiger Konzeption für die einheimischen Netze her.

In Australien zeichnete sich die dort ansässige Unternehmung Commonwealth Engineering (Comeng, 1990 von ABB übernommen) durch die Herstellung einer ansehnlichen Zahl von modernen, nordeuropäischen Wagen gleichenden Trammotorwagen aus (1975-1987), die für das grosse Netz von Melbourne und den neuen Betrieb von Hongkong[191] bestimmt waren.

Der Wettlauf zum Niederflurtram mit am tiefsten angeordnetem Wagenboden

Die Renaissance des Trams brachte zusehends neue Kastenformen: ausgehend vom nicht sehr eleganten, aber effizienten deutschen Strassenbahnwagen der 60er Jahre ging die Industrie zu sehr gefälligen Wagenkästen mit angenehmer Innenausrüstung über, oft gestaltet von bekannten Designern.

Ab der zweiten Hälfte der 80er Jahre wurde die Frage nach der Höhe des Wagenbodens immer wichtiger: Er wurde von 85-90 cm über der Schienenoberkante bei den Hochflurwagen zuerst teilweise, dann auf der ganzen Wagenlänge bis auf ideale 30-35 cm abgesenkt, was den ebenerdigen Zustieg von den Haltestellen üblicher Höhe ermöglichte.

Ein wichtiger Schritt in dieser Richtung erfolgte 1984, wo in Genf ein von Düwag und den Ateliers de constructions mécaniques de Vevey (ACMV) hergestellter Prototyp eines zweiteiligen Gelenktrams mit teilweise auf 48 cm abgesenktem Wagenboden in Betrieb (Typ DAV[192]) genommen wurde. Dieser Wagen war mit einem neben dem Gelenk angeordneten Drehgestell mit kleinem Raddurchmesser versehen. Dies war noch nicht die definitive Lösung, weil ein Höhenunterschied von etwa 20 cm zwischen der Haltestelleinsel und dem Wagenboden verblieb (der mit einer Stufe überwunden werden konnte), aber der Wagen war bei einer Türe auch mit einer ausklappbaren, geneigten Rampe ausgerüstet, die den problemlosen Zu-

[190] Als Beispiel sei der Typ 8200 von Mitsubishi genannt, ein 12,8 m langes Fahrzeug mit durch Umrichter gespeisten Drehstrommotoren, das auf dem Netz von Kumamoto eingesetzt wurde.

[191] Die Unternehmung Comeng stellte für Melbourne 300 einteilige Wagen der Klassen Z und A sowie 132 zweiteilige Gelenkwagen der Gruppe B her. In Hongkong wurden mehrere, mit 20,2 m sehr lange einteilige Wagen (z.T. motorisierte Beiwagen) in Betrieb genommen: 70 von Comeng (1984), 30 von Kawasaki (1992) und 20 von Goninan (1997).

[192] Es handelt sich um Einrichtungsfahrzeuge mit Vielfachsteuerung vom Typ Be 4/6 DAV (Düwag-Ateliers de Construction mécaniques de Vevey), von denen 1987-1989 45 weitere Wagen hergestellt wurden. Der Niederfluranteil betrug 62 % der Gesamtlänge; der Rest liegt auf 87 cm über der Schienenoberkante. Ab 2004 wurden 22 Wagen mit einem Mittelkasten, der die Bodenhöhe der niedrigen Teile aufnahm, auf 31 m verlängert (Be 4/8). 2013-2014 wurde bei den Be 4/6 die Bodenhöhe im Bereich der vorderen zwei Türen durch Umbau weiter abgesenkt, sodass dieser Wagenteil nun von der Haltestelle aus stufenlos betreten werden kann.

▽ **Bild 7.19** • DAV-Tram 741 beim Rond-Point de Rive auf der Linie 12 in Genf (Schweiz) Aufnahme (1984): R. Gerbig

△ **Bild 7.20** • Der FIAT-Ferroviaria-Prototyp Nr. 2800 mit teilweisem Niederflurbereich in Turin (Italien) im Jahr 1985 AUFNAHME: ARCHIV GTT

△ **Bild 7.21** • Ein Wagen der Reihe 12G mit Niederflur-Mittelkasten auf der Linie 24 in Amsterdam (Niederlande) AUFNAHME (2017): S. GÖBEL

▽ **Bild 7.22** • Ein von GEC-Alsthom hergestelltes Tram der zweiten Generation (TFS2) mit teilweisem Niederflurbereich auf der Prémétrolinie von Rouen (Frankreich) in den 1990er Jahren AUFNAHME: S. GÖBEL

gang mit Kinderwagen oder Rollstühlen ermöglichte.

Zwei Prototypen mit teilweisem Niederflurbereich (TPR = Tram Parzialmente Ribassato) auf 35 cm Höhe wurden in Italien 1984-1985 vom Consiglio Nazionale delle Ricerche finanziert: In beiden Fällen handelte es sich um den Zusammenbau von alten Fahrzeugen mit Einfügung eines kurzen, nicht angetriebenen Mittelteils, die während einiger Zeit sporadisch auf den Tramnetzen von Mailand und Turin verkehrten und wertvolle Erkenntnisse für die Verwirklichung von Tramwagen der neuen Generation lieferten.[193]

Ab Ende der 80er Jahre gelangte in Europa auch eine „Minimal"-Lösung zur Anwendung, die insbesondere in Amerika schon mehr als 60 Jahre früher verbreitet war, nämlich die Absenkung des Wagenbodens in einem kurzen, ungefähr drei Meter langen Bereich mit Tür(en). So konnte dieser Bereich, welcher durch Treppen mit den Hochflurabteilen verbunden war, von Rollstuhlfahrern und mit Kinderwagen ohne Überwindung eines Höhenunterschiedes erreicht werden. Diese Lösung wurde sowohl auf bestehenden Gelenktrams wie auch auf einteiligen Wagen ohne Gelenke verwirklicht (letzteres besonders in Wagen der Oststaaten), nur in wenigen Fällen in neuen Fahrzeugen.[194]

Viele Transportunternehmungen verlängerten ihre Gelenkwagen durch Einfügung eines Niederflur-Mittelkastens um kostengünstig die Kapazität zu vergrössern und den Behinderten das Ein- und Aussteigen zu erleichtern.

Das erste, vollständig neu gebaute Tram mit partiellem Niederflurbereich ging 1987 in Grenoble in Betrieb: Es war dies das TFS2 von GEC-Alsthom[195], ein Ge-

[193] Es sind dies der aus dem Zusammenbau zweier Trams des Mailänder Typs 1928 entstandene Wagen 4500 und in Turin der von FIAT Ferroviaria auf Basis eines Gelenkwagens mit gleicher Nummer hergestellte Prototyp 2800.

[194] Dieses Konzept wurde auch auf Beiwagen verwirklicht: Zum Beispiel wurden 1998-2000 insgesamt 33 vierachsige Wagen der Basler Verkehrsbetriebe zwischen den Drehgestellen mit kurzen, durch eine dritte Tür zugänglichen Niederflurabteilen ausgerüstet.

[195] 1986-1998 wurden 117 Wagen der zweiten Serie des „Tram français standard" (TFS2) für Grenoble, Paris und Rouen hergestellt (Länge 29,4 m, Breite 2,3 m, Zweirichtungswagen für 180 Personen mit beidseitig vier Türen, und 35 in Zusammenarbeit mit den ACMV für Saint-Étienne gebaute Meterspurwagen. Die 28 Wagen der zweiten Generation von Rouen wurden später an die türkische Stadt Gaziantep verkauft. Die Weiterentwicklung des TFS2 sind die Wagen der Serie 100 des Typs „Citadis", von denen Alstom in den Werkstätten der ehemaligen Firma Konstal in Polen nur 21 Exemplare herstellte. Diese Fahrzeuge mit einem Niederfluranteil von 70 % wurden in Gdańsk und Katowice 1999, resp. 2000 in Betrieb genommen. In Warszawa gin-

lenkfahrzeug neuer Konzeption, das sich aus zwei grossen Wagenkästen mit herkömmlichen, angetriebenen Enddrehgestellen zusammensetzte, die durch einen mit Losrädern (d.h. Rädern, die nicht auf einer Achswelle sitzen) versehenen Wagenkasten miteinander verbunden sind. Diese Lösung erlaubte den Bau des Niederflurbodens auf 60 % der Gesamtlänge und die Anordnung aller Türen in diesem Bereich auf 34,5 cm über der Schienenoberkante, was stufenloses Einsteigen ermöglichte. Der Niederflurbereich war mit Treppen mit den Hochflurzonen über den Drehgestellen verbunden. Ein grosser Vorteil dieser Lösung ist neben der wesentlich besseren Zugänglichkeit der raschere Fahrgastfluss mit daraus folgender höherer kommerzieller Geschwindigkeit, was den Erfolg des Trams mit teilweisem Niederflurbereich erklärt und der Grund dafür ist, dass dieser Wagentyp ab den frühen 90er Jahren von allen Herstellern produziert wurde.

Die erste Generation von Wagen mit teilweisem Niederflurbereich wies noch einen Höhenunterschied von ca. 50 cm zwischen Hochflur- und Niederflurboden auf, weil die Endkästen auf Drehgestellen von herkömmlicher Bauart ruhten.[196]

Die technischen Neuerungen beschränkten sich anfänglich nur auf die Laufachsen und die Gelenke.

Hingegen wurden schon bei den Niederflurwagen der ersten Generation die elektrischen Apparate, für die kein Platz mehr unter dem Wagen war, auf das Wagendach verlegt, was in den Werkstätten den Bau von Laufstegen entlang der Dachkante bedingte, aber die Arbeitsbedingungen für das Unterhaltspersonal wesentlich verbesserte.

▷ **Bild 7.23**
Ein Tram der Serie 5000 von FIAT Ferroviaria mit teilweisem Niederflurbereich auf der durch die königlichen Gärten umgeleiteten Linie 4 in Turin (Italien), 1999

Aufnahme: Edizioni MCS aus der Sammlung von Paolo Chiesa

△ **Bild 7.24** • Ein MGT6D von Siemens-Duewag mit teilweisem Niederflurbereich auf der Linie 6 in Brandenburg (Deutschland)

Aufnahme (2017): R. Cambursano

Die zweite Generation von Strassenbahnwagen mit teilweisem Niederflurbereich entstand nur kurze Zeit später, als Folge der Entwicklung von kompakteren und niedrigeren Motordrehgestellen, die es ermöglichten, dass der Wagenboden im Hochflurbereich (über den Motordrehgestellen) auf bloss 55-60 cm über der Schienenoberkante zu liegen kommt. Zur Überwindung des Höhenunterschiedes zwischen der Niederflur- und der Hochflurzone war zusammen mit einer nur leicht geneigten, fast nicht wahrnehmbaren Übergangszone nur noch eine einzige Stufe nötig.

Aufbauend auf einem ab 1990 in Kassel eingesetzten Modell, das noch mit Gleichstromantrieb und grösserer Bodenhöhe über den Enddrehgestellen versehen war, wurde das erste Fahrzeug dieses Typs mit Drehstromantrieb in Bochum-Gelsenkirchen schon 1992 in Betrieb genommen: Es ist der Typ M/NGT6D von Düwag, ein 28-30 m langer, auch von andern Städten bestellter Dreiteiler, mit 70 % Niederfluranteil auf 35 cm Höhe, der bis zu den Türen auf 30 cm abfällt, dieweil der Boden in den Endwagenkästen über den Motordrehgestellen auf 56 cm über der Schienenoberkante angeordnet ist. Der Mittelkasten ist ungefähr gleich lang wie die Endwagenkästen; er ruht auf zwei sich radial einstellenden Losräderpaaren.[197]

In den folgenden Jahren verwendeten die Hersteller verschiedene technische Lösungen für den Bau von Tramwagen mit teilweisem Niederflurbereich, hauptsächlich mit einem langen Mittelteil, der auf zwei

gen 1998-2000 ein Wagen des Typs 116N, zwei 116Na und 26 116Na/1 in Betrieb.

196 Zu dieser Generation gehören drei Typen aus italienischer Produktion: die Serie 5000 in Turin (54 Einrichtungswagen, 22 m lang, Hersteller FIAT Ferroviaria und Firema [ex Stanga], 1989), die Serie 9000 in Rom (34 Zweirichtungswagen, 21 m lang, Hersteller Socimi, 1990) und die Serie 9100, ebenfalls in Rom (dreiteiliger Zweirichtungswagen, der mittlere Wagenkasten ist beidseitig durch je einen kurzen, auf einem Fahrwerk ruhenden Gelenkwagenkasten mit den Endwagenkästen verbunden, Länge total 31,25 m, Hersteller Fiat Ferroviaria, 1998). Eine Variante der ersten Generation ist das von ACMV für Bern gebaute Tram Be 4/8 (1989, zwölf Wagen, 31 m lang; der Mittelkasten ruht auf zwei Drehgestellen mit nur 410 mm Raddurchmesser). Vom gleichen Typ ist der Breda LRV, in Italien für Boston 1998-2007 in 96 Exemplaren gebaut (Zweirichtungsfahrzeug mit Vielfachsteuerung, 22 m lang; Inbetriebnahme wegen zahlreicher Unzulänglichkeiten verzögert). Eine weitere Variante der ersten Generation ist die Serie 2000 von Brüssel (51 Wagen, 22,8 m lang, der kurze Mittelkasten ruht auf einem Fahrwerk; die Endwagen auf einer modernen Version von „Maximum traction"-Drehgestellen, die von BN/ACEC entworfen wurden).

197 Dieses Tram wurde von Düwag und hernach von Siemens unter wachsender Einbeziehung von DWA in 283 Exemplaren für zahlreiche deutsche Städte bis 2001 produziert. Die gleichen Fabrikanten realisierten weitere Serien von ähnlichen, auf die Bedürfnisse von Karlsruhe und Leipzig zugeschnittenen Wagen.

△ **Bild 7.25** • Prototyp S350 LRV des von Socimi gebauten, weltweit ersten Trams mit Niederflurbereich auf der ganzen Länge, 1989 Aufnahme: aus der Originalbroschüre von Socimi

△ **Bild 7.26** • Prototyp des 1990 von AEG für Bremen gebauten GT6N mit Niederflurbereich auf der ganzen Länge, aufgenommen bei einem Vorführeinsatz in Berlin im November 1991 Aufnahme: S. Göbel

▽ **Bild 7.27** • Ein Fahrwerk eines Variobahnwagens von Chemnitz (Deutschland) mit Losrädern und auf den Rädern montierten Radnabenmotoren Aufnahme (2018): R. Cambursano

Laufdrehgestellen[198] oder mit einem sehr kurzen Kasten, der auf einem Fahrwerk ruht (wie schon auf der ersten Generation erprobt[199]).

Obwohl sich Fahrzeuge mit partiellem Niederflurbereich bewährten, wendete sich das Interesse der Betreiber Fahrzeugen mit Niederflurbereich auf der ganzen Länge zu, die nach und nach auf dem Markt erschienen.

Die Hersteller bemühten sich, diesem Wunsch nachzukommen, und es begann ein Kopf-an-Kopf-Rennen für die Verwirklichung des hundertprozentigen Niederflurbodens.

Erstes niederfluriges Tram auf der gesamten Länge ist der 1989 von Socimi gebaute Prototyp S350LRV, dessen Boden auf 35 cm über SOK liegt ist und dessen Motordrehgestelle mit Losrädern (Durchmesser 55 cm) ausgerüstet waren. Dieses Fahrzeug wurde nach der Erprobung in Mailand betrieblich nie eingesetzt.

Hingegen war es Deutschland – einst Heimat der Hochflurfahrzeuge, nun aber von der neuen Philosophie (mit Ausnahme der Stadtbahnlinien) angetan – vorbehalten, 1990 in Bremen das erste, von AEG gebaute Tram mit Niederflurboden auf der ganzen Länge (GT6N) im fahrplanmässigen Dienst einzusetzen.

Der Boden dieses dreiteiligen Einrichtungsfahrzeugs befand sich 35 cm über der Schienenoberkante (30 cm im Türbe-

198 Die erste Version dieses Typs ist der NGT8D, der durch LGB (1996 von Alstom aufgekauft) bis 2012 in 145 Exemplaren für mehrere deutsche Städte gebaut wurde; erste Inbetriebsetzung in Magdeburg 1994. Es handelt sich um ein Fahrzeug mit drei Kästen und vier Drehgestellen, das 29,4 m lang ist und auf 70 % der Länge niederflurig ist. Der Mittelkasten ruht auf kleinrädrigen Laufdrehgestellen; er ist mit Gelenken mit den auf Motordrehgestellen ruhenden Endwagenkästen verbunden. Ein Spezialfall ist der in 32 Exemplaren gebaute SL95 von Ansaldo/Firema, 1999 auf dem Netz der Stadt Oslo in Betrieb genommen. Er weist auf allen Drehgestellen grossrädrige, motorisierte Einzelräder auf und ist auf 50 % der Gesamtlänge niederflurig. Zur gleichen Kategorie, mit mittleren Laufdrehgestellen und grossen Einzelrädern/Losrädern, gehört die grosse, aus dem Projekt LF2000 von DWA (ein aus dem Zusammenschluss von ostdeutschen Produzenten entstandener Hersteller, der 1998 von Bombardier aufgekauft wurde) hervorgegangene Tramfamilie, die ab 1999 in Produktion ging und danach teilweise „Flexity Classic“ genannt wurde. Eine „Hermelijn“ genannte Version des Dresdner Trams NGT6DD wurde 1999-2012 für die belgischen Meterspurnetze von Antwerpen, Gent und (aushilfsweise, in der Sommersaison) Oostende in 125 Exemplaren gebaut.

199 Zu dieser Gattung gehört die zweite, insgesamt 92 Exemplare umfassende Generation der Citadis (X01) von Alstom, die mit Motordrehgestellen vom Typ „Magdeburg“ in Frankreich in zwei Versionen unterschiedlicher Länge hergestellt und 1999 in Montpellier, 2000 in Orléans und 2003 in Dublin in Betrieb genommen wurden.

reich); die drei in den Kastenmitten angeordneten Fahrwerke waren nur mit der Sekundärfederung (d.h. ohne Drehzapfenlager wie bei herkömmlichen Drehgestellen) mit den Wagenkästen verbunden. Die Räder sind mit Achsstummeln an den Fahrwerksrahmen montiert. Jedes der Fahrwerke hat einen maximalen Ausschlag von 4,6 Grad zum Kasten, was den Einbau eines schmalen, aber für die Fahrgäste genügend breiten Durchgangs über den Fahrwerken ermöglichte. Pro Fahrwerk war ein am Wagenkasten aufgehängter, auf das linke hintere Rad mit einer Gelenkwelle, Kegelrad und Stirnradgetriebe wirkender Motor vorhanden. Das rechte Rad wurde mit einer tiefliegenden, torsionssteifen Welle, welche die herkömmliche Radsatzwelle ersetzte, angetrieben. Zur Verbesserung der Adhäsion lagen die Wagenkästen aussermittig auf den Fahrwerken auf, gemäss dem Prinzip eines Maximum-Traction-Drehgestells. Die Wagenkästen wurden durch die Gelenke elastisch durch die Kurven gezogen, was zu einem charakteristischen, für die Fahrgäste nicht besonders angenehmen Schlingern führte.

Der Wagen mit der Nummer (3)801 wurde in weiteren zehn europäischen Städten vorgestellt und danach bis 2011 auf dem Netz der schwedischen Stadt Norrköping fahrplanmässig eingesetzt. Von dort kehrte er als historisches Tram nach Bremen zurück. Die Serienherstellung begann 1993[200] und ging ab 1996 unter der Marke Adtranz weiter.

1993 stellte ABB den Prototyp eines 100 % niederflurigen modularen Mehrgelenkfahrzeugs mit der Bezeichnung Variobahn (ursprünglich „Variotram" genannt) her, das auf dem Netz der Stadt Chemnitz (ex Karl-Marx-Stadt) zum Einsatz kam und das im guten und im schlechten Sinn die ganze, folgende Fahrzeuggeneration beeinflusste: Es handelt sich um einen Gelenkwagen, bei dem jeder zweite Wagenkasten schwebend montiert ist, d.h. sich auf die benachbarten niederflurigen Kästen abstützt, welche auf mit angetriebenen Rädern oder mit Laufrädern versehenen Fahrwerken montiert sind.

△ **Bild 7.28** • Variobahn Nr. 610, ein 1999 von Adtranz/Bombardier gebautes Serienfahrzeug, auf der Straße der Nationen in Chemnitz (Deutschland)
Aufnahme (2016): S. Göbel

Die Fahrwerke bestehen aus Losrädern mit direkt darauf montierten Fahrmotoren. Die kleinen Abmessungen der Motoren ermöglichten im Vergleich zum GT6N eine um einiges grössere begehbare Bodenfläche.

Mit dieser Anordnung wurde das Tram zu einer Abfolge von mehreren kurzen Wagenkästen, die sich auf Niederflurfahrwerke stützen, wie dies schon ein ganzes Jahrhundert bei den hochflurigen „Zwei Zimmer mit Küche"-Wagen der Fall war. Es ist sachlich nicht richtig, bei diesen Fahrzeugen von Drehgestellen zu sprechen, weil das Fahrwerk mit dem darauf ruhenden Wagenkasten fest verbunden ist. Da wie erwähnt keine durchgehenden Achswellen vorhanden sind, kann der Durchgang über den Fahrwerken auf der gleichen Höhe wie der Rest des Wagenbodens gehalten werden. Die Wagenkästen sind untereinander mit schwebenden Gelenken verbunden. Den Kapazitätsbedürfnissen der Betreiber kann mit der Anzahl Wagenkästen Rechnung getragen werden. Die Serienherstellung der Variobahn-Fahrzeuge begann aber erst 1998.[201]

Die gleiche Unternehmung (ABB) hatte aber mittlerweile ein sehr ähnliches Produkt herausgebracht: das zuammen mit dem italienischen Hersteller Socimi für Strassburg entwickelte Eurotram (Inbetriebnahme 1994). Dieses modulare Tram setzt sich aus 2,75 m langen Endwagenkästen, drei oder vier Kästen von 7,55 m Länge und den 2,35 m kurzen Gelenkmodulen zusammen.[202] Die Fahrwerke befinden sich unter den kurzen Wagenkästen.

Den Vorteilen dieser und folgender Fahrzeuge gleicher Typologie (Fussboden mit konstanter Breite, auf der ganzen Fahrzeuglänge eben verlaufend, nur 30-35 cm über der Schienenoberkante) stehen gewichtige Nachteile gegenüber: strukturelle Schwächen sowohl der Wagenkästen wie der Fahrwerke, grosser Laufwiderstand mit Rad- und Schienenverschleiss in den Kurven, Kurvenkreischen, Schlingern, starke Schläge, etc., aber auch Nickbewegungen des Führerstandsmoduls, welche dem Fahrer Rückenschmerzen verursachen. Diese Mängel machen sich insbe-

---

[200] Bis 2002 wurden insgesamt 455 Wagen dieses Typs hergestellt (331 dreiteilige GT6N und 124 vierteilige GT8N, alle von deutschen Städten bestellt). Berlin erhielt mit 150 Wagen die grösste Anzahl. In Japan wurden zudem kürzere, nur zweiteilige Gelenkwagen (GT4N) in Lizenz gebaut, die für die örtlichen Betriebe bestimmt waren; später gefolgt von einigen Dreiteilern. Düwag stellte 1993-1997 ebenfalls ein auf der ganzen Länge niederfluriges Tram her (Typ R), das demjenigen des Konkurrenten mit Ausnahme der Drehgestelle und Antriebe sehr glich, konnte aber nur 40 Exemplare an Frankfurt am Main verkaufen.

[201] Von den Variobahn-Wagen wurden von Adtranz (später Bombardier) total 126 für einige deutsche Städte und für das Netz von Sydney (Australien) in mehreren Ausführungen (Einrichtungs- oder Zweirichtungsfahrzeug, für Meter- oder Normalspur, mit Niederflurbereich auf 70 % oder auf der ganzen Länge) gebaut. Ferner stellte in Finnland die einheimische Firma Transtech in Bombardier-Lizenz 40 Wagen für Helsinki her. 2001 setzte die Europäische Gemeinschaft die Übergabe der Produktionslinie an Stadler Rail durch, um die Bildung von Industriemonopolen zu begrenzen. Wegen zuvor eingegangener Bestellungen fuhr Bombardier mit der Herstellung von Wagen dieses Typs für die Rhein-Neckar-Agglomeration bis 2013 fort. Das erste Variobahn-Fahrzeug unter der Marke Stadler wurde 2007 in Nürnberg in Betrieb genommen. Stadler stellt solche Wagen noch heute her; sie verkehren in Deutschland, Österreich, Grossbritannien, Dänemark und Norwegen. Auch hier ist der Name fast das einzige verbindende Glied, die Rhein-Neckar-Variobahnen mit Antriebs-Achsfahrwerken weichen erheblich von den echten Variobahnen mit getriebelosen radnahen Motoren ab.

[202] Nach den ersten 26 Wagen für Strassburg (sieben Module, 33 m lang) ging die Herstellung von Eurotrams bis 2006 weiter, zuerst durch Adtranz, nachher durch Bombardier (die sie auf „Flexity Outlook" umtaufte): weitere 27 Wagen nach Strassburg, 20 nach Mailand und 72 nach Porto.

△ **Bild 7.29** • Ein aus zwei Eurotram-Fahrzeugen (Flexity Outlook von Bombardier) gebildeter Tramzug auf der Linie D überquert die Brücke Luis 1 in Porto (Portugal). AUFNAHME (2019): R. CAMBURSANO

sondere in Kurven mit kleinen Radien bemerkbar wie auch auf Gleisen, die nicht in optimalen Zustand sind.

Dies verhinderte aber nicht, dass das Konzept „100 % Niederflur" von sehr vielen öffentlichen Verkehrsunternehmen, Politikern und Behindertenorganisationen uneingeschränkt akzeptiert und zu einer unabdingbaren Vorgabe für die nachfolgende Tramwagengeneration gemacht wurde.

Zu Beginn der 90er Jahre wurden auch Versuche mit radial einstellbaren Einzelrädern[203] als Alternative zu den klassischen und teureren, zweiachsigen Drehgestellen gemacht. Die erste konkrete Anwendung erfolgte auf dem VLC („Veicolo Leggero Cittadino", leichtes Stadtfahrzeug)[204] von Breda, das 1994 in Lille in Betrieb genommen wurde.

1995 wurden in Wien zwei Prototypen des ULF-Gelenktrams („Ultra-low floor") von Siemens in Betrieb genommen, die den tiefstliegenden Wagenboden aller bisher gebauten Strassenbahnwagen hatten: bei den Türen 19,7 cm über der Schienenoberkante und im Wageninnern auf 22 cm.[205] Dies ermöglichte einen relativ leichten Zugang zum Fahrzeug direkt von der Strasse aus, wenn keine Haltestelleninsel vorhanden ist (in Wien häufig der Fall).

Diese Konfiguration bedingte die Entwicklung eines komplett neuen Wagenunterbodens sowie eines komplizierten, elektronischen Systems für die tangentiale Einstellung der unabhängigen Einzelräder.

Das Fahrzeug setzt sich aus einer Abfolge von Wagenkästen zusammen (die Endwagenkästen sind kürzer als die anderen), zwischen denen auf den Kopf gestellte U-förmige Portale angeordnet sind: Die teilweise als Gelenke ausgelegten Portale stützen sich auf zwei Räder, die Trieb- oder Laufräder sein können. Alle Motoren sind senkrecht seitlich auf den Portalen montiert und treiben je ein Rad an. Diese innovativen Lösungen verringern jedoch den im Fahrzeug zur Verfügung stehenden Raum und sind der Ästhetik etwas abträglich.[206]

Die Kosten für Fahrzeuge dieses Typs sind fast 20 % höher als die für ein modernes, traditionelles Tram, und der Unterhalt ist ausgesprochen teuer.

Abgesehen vom Einzelfall ULF blieben die Wagenböden aller hundertprozentigen Niederflurwagen, die in den unmittelbar darauffolgenden Jahren hergestellt wurden, auf der Standardhöhe von 30-35 cm. Während der letzten Jahre des 20. Jahrhunderts bauten die grossen Hersteller je länger je mehr Mehrgelenkwagen mit schwebenden Wagenkästen.

1996 (Prototyp) bzw. 1998 lancierte Siemens den Combino.[207] In den darauf folgenden Jahren war dieses Tram das erste dieses Typs, bei dem die Kastenstruktur

[203] Hier muss der Misserfolg des einem Pool deutscher Unternehmungen anvertrauten „Stadtbahnprojekts 2000" erwähnt werden: die drei zwei- oder dreiteiligen Gelenkwagen-Prototypen für Mannheim, Düsseldorf und Bonn mit drei oder vier nicht durchgehenden Achsen.

[204] Es handelt sich um einen in 24 Exemplaren gebauten, vierteiligen, 29,9 m langen Meterspur-Zweirichtungswagen mit Motordrehgestellen unter den Endwagenkästen, welche je einen Führerstand und einen Technikraum enthalten, die für die Fahrgäste nicht zugänglich sind, sowie drei sich radial einstellenden, nicht angetriebenen Losräderpaaren unter den Zwischengelenken. Der Fussboden ist auf 35 cm über der Schienenoberkante angeordnet und nimmt 80 % der Gesamtlänge ein. Dieses sehr spezielle Fahrzeug wurde von keiner andern Stadt bestellt.

[205] Das Projekt ist von den österreichischen Unternehmungen Elin und SGP zusammen entwickelt worden (beide wurden später von Siemens übernommen). Bei der ersten Serie konnte die Einstiegshöhe mittels einer vom Fahrer zu bedienenden, hydraulischen Einrichtung („Kneeling") auf 18 cm über der Schienenoberkante reduziert werden. Sie wurde später deaktiviert.

[206] 1998-2017 wurden 342 ULF-Einrichtungswagen hergestellt, wovon 332 für Wien (inbegriffen die zwei Prototypen und entweder 24,2 m oder 35,5 m lang) sowie zehn kurze für die rumänische Stadt Oradea.

[207] Bis 2009 580 Exemplare hergestellt, auf deutschen Strassenbahnnetzen sehr verbreitet (z.B. Potsdam), aber auch in Bern, Basel, Amsterdam (mit 155 Einheiten grösster Bestand), Poznań, Hiroshima und Melbourne.

▽ **Bild 7.30** • Das Breda-Gelenktram VLC mit sich radial einstellenden Losrädern für das Netz von Lille (Frankreich), 1994 ABBILDUNG: ZEICHNUNG AUS DER ORIGINALBROSCHÜRE VON BREDA

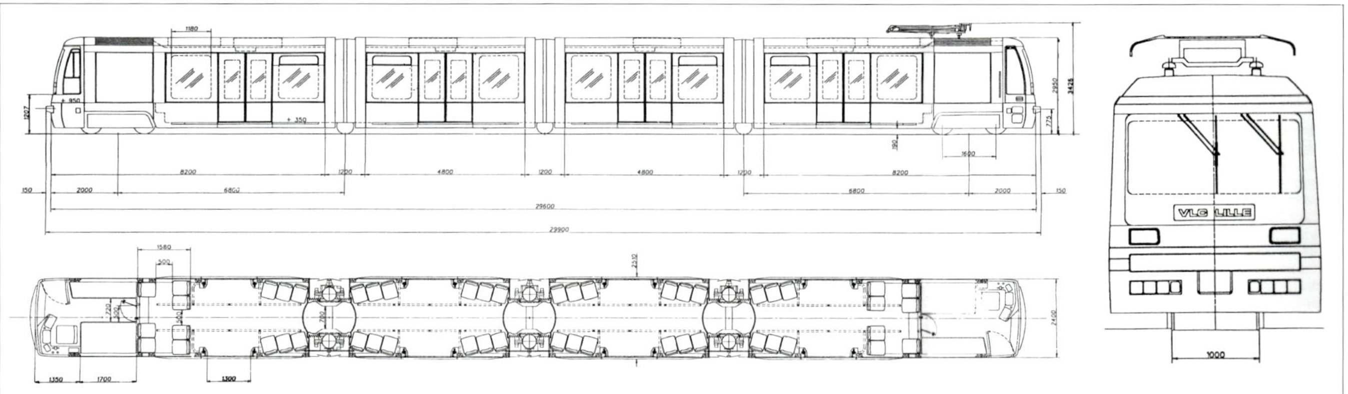

▷ **Bild 7.31**
Ein „Ultra Low Floor"-Tram der langen Version (Reihe B1) von Siemens befährt als Linie 2 die Marienbrücke in Wien (Österreich)

Aufnahme (2012): Stefan Göbel

▷ **Bild 7.32**
Ein Combino-Tram von Siemens auf der Linie 96 in Melbourne (Australien)

Aufnahme (2012): Andreas Zingg

▷ **Bild 7.33**
Ein von FIAT Ferroviaria (später von Alstom übernommen) hergestelltes Cityway-Tram auf der Linie 10 auf der Piazza XVIII Dicembre in Turin (Italien)

Aufnahme (2015): Corrado Borazzo

nachgab und den Hersteller zum Rückruf der ersten 400 Wagen für deren Revision und den Ersatz von Komponenten aus Leichtmetalllegierungen durch solche aus Stahl zwang. Lokale Verstärkungen an den Wagenkästen und Verschweissungen ehemals geschraubter Verbindungen gehörten ebenfalls zur Sanierung.

1999 wurden die Cityway von FIAT Ferroviaria[208] und die Incentro von Adtranz[209] in Betrieb genommen, aber nur kurze Zeit gebaut, da deren Hersteller von Alstom (2000) und Bombardier (2001) aufgekauft wurden, welche Wagen mit ähnlichen Charakteristiken produzierten.

Die Produktion von neuen Trams war am Ende des Jahrtausends immer mehr auf hundertprozentige Niederflurwagen für die neuen Streckennetze ausgerichtet, umfasste aber auch Hochflurwagen für die schon bestehenden Netze mit Hochperrons.

Neben der neuen Generation von Wagen für die deutschen Stadtbahnen, welche ausschliesslich von deutschen Herstellern[210] gebaut wurden, soll auch auf die japanischen und europäischen Produkte hingewiesen werden, die für verschiedene amerikanische LRT-Betriebe geliefert wurden[211], wie auch auf den Spezi-

[208] Erste Inbetriebnahme in Rom (52 Wagen), danach von Turin (55 Wagen) und Messina (15 Einheiten) bestellt. Die Herstellung wurde von der Nachfolgefirma Alstom zugunsten des Citadis-Trams eingestellt.

[209] Erstmals in Nantes eingesetzt (33 Wagen), wurde auch von Nottingham bestellt (15 Einheiten). Auch deren Produktion wurde zugunsten von Bombardier-Fahrzeugen der Flexity-Familie gestoppt.

[210] Es sei an die 144 besonders futuristisch aussehenden TW 2000 von LHB erinnert, die 1997-2000 in Hannover in Betrieb genommen wurden (dreiteilige, 25 m lange Wagen; sie können in Vielfachsteuerung mit bis zu vier Wagen verkehren.)

[211] Der italienische Hersteller Breda lieferte 1996-2002 151 zweiteilige Zweirichtungs-Gelenk-Hochflurwagen mit drei Drehgestellen (Modell „Breda LRV", 23 m lang) nach San Francisco, die in Vielfachsteuerung verkehren können.

◁ **Bild 7.34**
Der Prototyp 001 des Tatra-„Kurzgelenktrams" KT4 von 1974, unterwegs als historisches Tram in Potsdam (Deutschland)

Aufnahme (2017): R. Cambursano

◁ **Bild 7.35**
Ein aus zwei Tatra-T3 zusammengesetzter Tramzug, einer davon mit teilweisem Niederflurboden modernisiert (Typ T3R.PLF), in Dienst in Pilsen (Tschechische Republik)

Aufnahme (2009): S. Göbel

▷ **Bild 7.36**
NB4-Beiwagen von Bombardier hinter einem achtachsigen Niederflur-Gelenktriebwagen NGT8 auf der Linie 11E in Leipzig (Deutschland)

Aufnahme (2014): Stefan Göbel

alfall Tram Manchester[212] in Grossbritannien.

Die Krise schwappt auf Osteuropa über

Auch jenseits des Eisernen Vorhanges wurden in den 70er Jahren modernere Tramwagen gebaut, aber auch weiterhin traditionelle Wagen in grosser Stückzahl.
Im letzten Viertel des 20. Jahrhunderts war die tschechoslowakische (1994 privatisierte) Unternehmung ČKD-Tatra immer noch führend in Osteuropa: Sie baute weiterhin die schon erwähnten PCC, begann aber auch die Herstellung von Wagen mit elektronischer Antriebssteuerung. Im Jahr 2000 machte sie Bankrott und wurde von Siemens übernommen. Die Tatra sind die weltweit am meisten verbreiteten Tramwagen aller Zeiten.[213]

Während in der westlichen Welt das Tram ein Comeback feierte, hatte der Fall der Berliner Mauer 1989 und der dadurch ausgelöste Untergang der kommunistischen Regimes sofort negative Auswirkungen auf den Trambau in Osteuropa und markierte den Beginn des Zerfalls der Anlagen und der Fahrzeuge.
Eine billige Lösung zum Ersatz der eigenen Wagen, die vielerorts ergriffen wurde, war der Kauf von Occasionswagen (hauptsächlich in Deutschland und den angrenzenden Ländern), die wegen der Anschaffung von neuen Fahrzeugen verfügbar wurden. Dies genügte nicht, um die Schliessung von vielen Tramnetzen zu verhindern. Hinzu kam, dass die Benützung des öffentlichen Verkehrs in dem Masse abnahm, wie das Privatauto, das als Teil der wiedererlangten „Freiheit" galt, bevorzugt wurde.
Was die Höhe des Fussbodens anbelangt, folgte der Osten dem Westen mit einer gewissen Verspätung; gleichwohl wurden – wenn auch in geringerem Umfang – weiterhin hochflurige Wagen gebaut. Andererseits wurden bestehende Wagen mit einem Niederflur-Mittelteil nachgerüstet. Dadurch konnten die für Osteuropa charakteristischen Tramzüge aus zwei oder drei einteiligen, hochflurigen Wagen zu vertretbaren Kosten den neuen Bedürfnissen angepasst werden.
In ganz Osteuropa wurden im letzten Jahrzehnt des 20. Jahrhunderts viele Trams herstellende Betriebe geschlossen und die Produktion in den verbleibenden eingeschränkt.
Der grosse polnische Hersteller Konstal erlitt das gleiche Schicksal wie ČKD-Tatra: einschneidende Redimensionierung der Produktion und Übernahme durch die Unternehmung Alstom 1997, welche in Polen 1999 die erste Version des Citadis-Trams baute (Modell 100).
Andererseits konnte in der Tschechischen Republik die 1991 in Prag entstandene Unternehmung Pragoimex die Erbschaft von ČKD-Tatra übernehmen und sich auf den Umbau von alten Wagen spezialisieren.
Im Gebiet der ehemaligen DDR kam die Trammodernisierung sehr viel rascher als in andern Staaten voran, obgleich noch etliche Tatra-Wagen während weiterer 30 Jahren im fahrplanmässigen Dienst verblieben – meist technisch und hinsichtlich der Fahrgastraumausstattung modernisiert. Die lokale Rollmaterialindustrie setzte nach 1990 die Herstellung in einigen wichtigen Betrieben unter der Marke DWA[214] fort.
Für einige Städte wurden als provisorische und originelle Lösung Beiwagen mit Niederflurbereich auf der ganzen Länge gebaut, welche in Tramzügen mit Hochflurrollmaterial eingesetzt wurden.[215]

212 Das grösste britische Netz verfügte anfänglich über 26 zweiteilige Hochflurgelenkwagen mit drei Drehgestellen vom Typ T68; 29 m lang; 1999 kamen sechs weitere Wagen dazu; alle konnten in Vielfachtraktion verkehren. Hersteller waren Breda und Firema; die Fahrzeuge blieben bis 2014 in Dienst.

213 Ab 1972 umfasste die zweite Generation von Tatra-Tramwagen die einteiligen T5, T6 und T7 mit zwei Drehgestellen, 87 Drehgestell-Beiwagen mit einem Kasten (Typ B6), sowie die 19 m langen, 133 Reisenden Platz bietenden, zweiteiligen „Kurzgelenkwagen" KT4 mit schwebendem Gelenk (ähnlich den GT4 von Stuttgart, mit 1747 Exemplaren von 1972 bis 1991 meistgebautes Tatratram dieser Generation, das noch heute weit verbreitet im Einsatz ist), und, ab 1984, grosse, dreiteilige, 31,2 m lange Gelenkwagen (Typ KT8) mit vier Drehgestellen für 229 Reisende. Abnehmeländer waren Bulgarien, die Tschechoslowakei, Nordkorea, die DDR, Polen, Rumänien, Ungarn, die UdSSR und Jugoslawien. Ein Prototyp des Modells T7 wurde 1991 von Oslo als einziger westlicher Stadt gekauft, jedoch weniger als zwei Jahre später an den Verein Ringlinien Oslo zur Verwendung als Bar-Tram abgegeben.

214 Die DWA (Deutsche Waggonbau AG) setzte sich aus mehreren Bahnmaterialbetrieben zusammen und wurde 1998 von Bombardier übernommen.

215 2000-2003 baute Bombardier einteilige, 14,5 m lange Anhängewagen (NB4) für Leipzig (38 Wagen) und Rostock (22 Wagen), die an Tatra-Motorwagen angehängt wurden.

8 Neueste Entwicklungen (nach 2000)

△ **Bild 8.1** • Ein Tram vom Typ GLT von Bombardier mit Pneurädern nahe dem Bahnhof in Nancy (Frankreich)
Aufnahme (im Dezember 2000): S. Göbel

Tram mit gummibereiften Rädern

Im Jahr 2000 trat in Frankreich ein Fahrzeug auf die Bühne des öffentlichen Verkehrs, das im Vergleich zum auf Schienen verkehrenden Tram als innovativ und konkurrenzfähig gepriesen wurde, aber die Erwartungen bald enttäuschte: das Tram mit pneubereiften Rädern.

Fahrzeuge dieser Art sind ein Mittelding zwischen Tram und Trolleybus: Sie haben zwar gummibereifte Räder, werden aber im Normalbetrieb durch eine unter dem Wagenboden angebrachte Rolle geführt, die in einer im Strassenbelag mittig in der Längsachse eingelassenen Führungsschiene läuft.

Das eine dieser Systeme ist das GLT („Guided Light Transit")[216], das im Jahr 2000 in Nancy und zwei Jahre später in Caen eingeführt wurde. Translohr, eine Weiterentwicklung mit einer verfeinerten Spurführung, fand das erste Mal 2006 in Clermont-Ferrand Anwendung[217] und in den folgenden zehn Jahren in sechs weiteren Städten auf drei Kontinenten.

Die Betriebskosten (Fahrzeugunterhalt, Kosten Traktionsenergie, Unterhalt der Infrastruktur) beider Systeme sind nicht viel geringer als diejenigen eines herkömmlichen Trambetriebs; hingegen zeichnen sich beide durch gewichtige Nachteile aus.

Es sind dies insbesondere Sicherheitsprobleme: häufige Entgleisungen der Führungsrollen und für die Radfahrer gefährliche Überquerung der Führungsschiene. Der Unterhalt des Fahrwegs ist aufwändig. Zudem werden (resp. wurden) beide Systeme nur von je einem Hersteller angeboten, was eine Ausschreibung mit konkurrenzfähigen Preisen verunmöglicht.

Neue Technologien für konventionelle Trambetriebe

Ab Beginn des neuen Jahrtausends ermöglichten neue Technologien den Betrieb von Teilstrecken oder sogar von ganzen Linien ohne Speisung der Wagen ab Fahrleitung, und zwar auf wesentlich sicherere und zuverlässigere Art, als mit den am Anfang der elektrischen Traktion verwendeten unterirdischen Stromschienen oder Batterien. Somit kann heute in ästhetisch besonders empfindlicher Umgebung, wie z.B. in Altstädten, auf die Fahrleitung verzichtet werden, wenn man die wesentlich höheren Gestehungskosten (sowohl was die Fahrzeuge wie auch die festen Anlagen anbelangt) in Kauf nimmt. Eine Pionierrolle nahm Bordeaux 2003 mit der Inbetriebnahme des von Alstom/Innorail patentierten APS-Systems („Système d'alimentation par le sol", Speisung der Fahrzeuge vom Fahrwegniveau aus) ein. Hier muss angeführt werden, dass die Stadt bis 1953 ein Tramnetz hatte, dessen teilweise unterirdische Stromzufuhr sich vom System APS eigentlich nicht wesentlich unterschied.[218]

APS besteht aus unterirdisch, mittig in der Längsachse angeordneten, je 8 m langen, unabhängig voneinander gespeisten Abschnitten, die durch 3 m lange, neutrale Leiter miteinander verbunden sind. Die stromführenden Abschnitte werden vom fahrenden Tramwagen mit einem Schleifschuh ein- resp. ausgeschaltet. Ein elektronisches Kontrollsystem wacht jederzeit darüber, dass nicht mehr als zwei der aufeinanderfolgenden spannungsführenden Stromschienen eingeschaltet sind und dass sie spannungsfrei geschaltet werden, wenn der Wagen sich nicht mehr über ihnen befindet. Die Rückleitung des Stroms erfolgt mittels der Fahrschienen. Auf den weiter vom Stadtzentrum entfernten Streckenabschnitten erfolgt die Stromabnahme herkömmlich mittels Pantograph. Auf jedem Fahrzeug ist zudem eine Batterie

[216] Das GLT-System, das in Frankreich von Bombardier unter der Bezeichung TVR („Transport sur voie réservée") kommerzialisiert wurde, ist von einem in Belgien durch BN in den 80er Jahren entwickelten Projekt abgeleitet. Hauptargument war seine Verwendbarkeit als elektrisches Fahrzeug mit Führungsschiene, aus der es sich im Bedarfsfall auskuppeln konnte, und als reiner, mit dem Lenkrad gesteuerter thermischer Bus. In Nancy wird eine zweidrähtige Fahrleitung verwendet, d.h. die Führungsschiene wird nicht – wie in Caen und bei den Anwendungen des Translohr, wo der Strom den Fahrzeugen mittels eines Pantographen zugeführt wird – für die Rückleitung des Stroms verwendet. Zudem ist in Nancy die Strecke nur auf 60 % ihrer Länge mit der Führungsschiene ausgerüstet; auf dem Rest verkehren die Fahrzeuge wie normale Trolleybusse. Das GLT erwies sich aber als dermassen unzuverlässig, dass die einzigen Städte, die es verwendeten, beschlossen, es zugunsten eines klassischen Trambetriebs (Caen 2019; GLT-Betrieb 2002-2017) resp. Trolleybusbetrieb (in Nancy für 2023 programmiert, GLT-Betrieb 2000-2022) aufzugeben.

[217] Das von Lohr Industries (2012 von Alstom aufgekauft) hergestellte „Translohr"-System hat im Vergleich zum GLT „tramähnlichere" Charakteristiken, weil die Fahrzeuge nur spurgeführt (selbst im Depot) verkehren können. Dank Akkumulatoren können sie auf kurzen Strecken ohne Fahrleitung verkehren. Die andern Städte, in denen der Translohr-Spurbus eingeführt wurde, sind: Padova (2007), Tianjin (2007), Shanghai (2009), Venedig (2010), Paris (2013 Linie T5, 2014 Linie T6) und Medellín (2016).

[218] 2001-2002 wurde das APS in Marseille auf einem 500 m langen Abschnitt im Noailles-Tunnel der einzigen verbliebenen Tramlinie erprobt (Linie 68, mit PCC belgischer Konstruktion betrieben und 2004 eingestellt). Der Tunnel wird heute von der Linie T1 benutzt.

▷ **Bild 8.2**
Ein Translohr-Tram auf Pneurädern fährt als Linie A über den Jaude-Platz in Clermont-Ferrand (Frankreich)

Aufnahme (2019): R. Cambursano

▷ **Bild 8.3**
Ein Citadis 402 von Alstom mit unterirdischer Speisung auf der Place de la Comédie (Linie B) in Bordeaux (Frankreich)

Aufnahme (2019): R. Cambursano

▷ **Bild 8.4**
Ein mit Batterien für das Befahren von fahrleitungslosen Abschnitten ausgerüstetes Citadis-Tram 302 auf der Place Masséna in Nizza (Frankreich)

Aufnahme (2019): R. Cambursano

vorhanden, die das Befahren von aus irgend einem Grund nicht gespeisten APS-Abschnitten mit reduzierter Geschwindigkeit ermöglicht.
APS-Streckenabschnitte wurden danach in Frankreich auch in Angers, Reims und Orléans eingerichtet, ausserhalb von Frankreich in Istanbul, Dubai, Rio de Janeiro, Cuenca und Doha.[219]
Der italienische Hersteller Ansaldo STS entwickelte ein „Tramwave" genanntes Konkurrenzsystem (seit 2013 auf einem 600 m langen Abschnitt des Tramnetzes von Neapel erprobt und seit 2017 in Zhuhai, China, angewendet), das sich vom APS dadurch unterscheidet, dass die nur 50 cm langen Stromschienen durch magnetische Lamellen ein- resp. ausgeschaltet werden, wenn das Tram darüberfährt. Eine weitere Eigenheit ist die Rückführung des Stroms mittels eines ebenfalls unterirdisch angeordneten Leiters statt via Fahrschienen, was das System auch für pneubereifte Fahrzeuge geeignet macht.[220]
Eine andere technologische Neuerung im Bereich der fahrleitungslosen Speisung von Fahrzeugen basiert auf dem Prinzip der elektromagnetischen Induktion, die von Bombardier unter der Bezeichnung „Primove" patentiert wurde: Im Unterschied zu APS und Tramwave wird die Traktionsenergie dem Fahrzeug nicht mit physischem Kontakt zugeführt, sondern mit einem unterhalb der Schienenoberkante angeordneten Magnetfeld, das mit speziellen induktiven, mit hochfrequentem Wechselstrom (20 KHz) gespeisten Stromkreisen erzeugt wird. Fährt ein Fahrzeug, das mit unter dem Wagenboden montierten Empfängern ausgerüstet ist, über einen Stromkreis, wird ein für den Betrieb der Fahrmotoren geeigneter Strom erzeugt. Auch bei diesem System sind nur die Stromkreise eingeschaltet, über die der Strassenbahnwagen gerade fährt. Ein entsprechend ausgerüstetes Prototyptram der Flexity-Familie fuhr ab 2011 eine gewisse Zeit auf dem Augsburger Netz; das System fand keine weitere Anwendung bei Strassenbahnen, wird aber für die Speisung von elektrischen Bussen eingesetzt.
Eine Alternative zur Speisung kürzerer Streckenabschnitte mit unterirdischer Stromschiene sind in den Fahrzeugen eingebaute, aufladbare Traktionsbatterien: 2007 wurde in Nizza die „Nickel-Hybrid"-Technologie (Patent Alstom) eingeführt. Die maximale Leistung der in den Citadis-Tramwagen eingebauten Batterien (200 kW) reicht für das Befahren von zwei zusammen 910 m langen Abschnitten in beiden Richtungen. Die Batterien werden während der Fahrt auf den mit der Fahrleitung überspannten Streckenabschnitten wieder geladen.
Das System ist zwar sehr zuverlässig, aber es scheint, dass es wegen der hohen Betriebskosten keine grosse Zukunft hat.[221]
Die verheissungsvollsten Systeme für Stromspeicherung an Bord der Fahrzeuge sind jedoch diejenigen mit Superkapazitoren[222], die seit 2011 für den fahrplanmässigen Betrieb eingesetzt werden. Die spanische Unternehmung CAF war 2011 die erste, welche ihr System „Accumulador de carga rápida" (ACR) in Sevilla und Zaragoza gleichzeitig auf einigen fahrleitungslosen Abschnitten einführte. Die danach auf dem Markt erschienenen Systeme sind „Mitrac" von Bombardier, „Sytras" von Siemens und „SRS" von Alstom. Die Kombination der Superkapazitoren mit Schnellladebatterien der neuesten Generation ermöglicht neben einer wesentlichen Einsparung von Strom durch Rekuperation von Bremsenergie und grösseren Anfahrbeschleunigungen auch den Betrieb der Tramwagen auf Streckenabschnitten, die wegen einer Störung nicht gespeist werden können oder nicht mit Fahrleitung ausgestattet sind.
Ein bedeutender, kühner Schritt wurde im Dezember 2015 in der chinesischen Stadt Huai'an mit der ersten, 20,3 km langen Tramlinie gänzlich ohne Fahrleitung gemacht, deren Fahrzeuge vom einheimischen Hersteller CRRC mit Superkapazitoren von Siemens ausgerüstet wurden. Damit schlug die Volksrepublik um wenige Monate die Cousins in Taiwan, welche 2016 in Kaohsiung ebenfalls eine fahrleitungslose, 20,1 km lange Tramlinie mit ACR-Technologie von CAF einweihten. In beiden Fällen erfolgt die Ladung an allen Haltestellen während etwa 20 Sekunden, was offenbar ausreichend ist. Zum Zeitpunkt der Veröffentlichung dieses Buches reichen die Erfahrungen mit dieser Betriebsart für eine Beurteilung noch nicht, aber es darf wohl davon ausgegangen werden, dass die ständigen Fortschritte und technischen Verfeinerungen die Zuverlässigkeit erhöhen und die Kosten des Systems verringern werden, und es deshalb nicht ausgeschlossen werden kann, dass damit in der Zukunft alle andern Speisearten abgelöst werden könnten!
Alstom führte ab 2014 auf einem ihrer Tramwagen in Rotterdam Versuche mit einem Schwungrad aus, das jedoch nicht die erhofften Resultate brachte und deshalb aufgegeben wurde: Das auf dem Dach montierte Rad speicherte die kinetische Energie, welche von den Fahrmotoren bei der Bremsung in Rekuperation erzeugt und die unter Zwischenschaltung eines Generators auf Abschnitten ohne Fahrleitung an die Traktionsmotoren wieder abgegeben wird.
Eine weitere neue Entwicklung im Bereich der elektrischen Traktion ist die Verwendung von Wasserstoff zur Stromproduktion. Die erste praktische Anwendung begann auf der seit Ende 2012 bestehenden und ab Februar 2013 fahrplanmässig mit pseudo-historischen Tramwagen betriebenen Strecke in Oranjestad (Hauptstadt der niederländischen, zu den Kleinen Antillen gehörenden Insel Aruba). Die Speisung erfolgt mit einem von der kalifornischen Unternehmung TIG/m entwickelten System mit Eisen-Lithiumphosphat-Batterien und Brennstoffzellen, das seit 2015 auch auf der touristischen Linie von Dubai eingesetzt wird. Das Laden der Batterien und die Speisung mit Wasserstoff für die Brennstoffzellen erfolgen ausschliesslich im Depot, wo auch der Wasserstoff elektrolytisch erzeugt wird. Die Autonomie für den Betrieb auf der 1,9 km langen Strecke wird mit 16 Stunden angegeben.
2016 wurde in der chinesischen Stadt Qingdao die erste, fahrplanmässig von Fahrzeugen mit Brennstoffzellenantrieb befahrene Stadttramlinie eröffnet, wobei diese Traktionsart nur auf gewissen Abschnitten benützt wird (auf dem Rest der Strecke erfolgt die Speisung ab Fahrleitung). Auf dieser Strecke verkehren sieben von der Unternehmung CRRC mit Škoda-Lizenz hergestellte Wagen des Typs 15 T.

[219] Die Netze von Dubai und Rio de Janeiro (2014, resp. 2016 eingeweiht) sind zurzeit die einzigen mit APS auf 100 % der Streckenlänge (Fahrleitung nur im Depot vorhanden). In Dubai finden sich weltweit die einzigen Haltestelleninseln mit komplett geschlossenen Wartehäuschen, die zudem klimatisiert sind.

[220] In China wurde dieses System auf einer 2017 in Zhuhai in Betrieb genommenen Linie eingeführt. AnsaldoBreda und die einheimische Unternehmung CNR vereinbarten ein Joint Venture zur Herstellung einer Serie entsprechend eingerichteter Sirio in China; danach wurden die beiden Unternehmungen von Hitachi resp. CRRC übernommen. Die Linie von Zhuhai wurde aber 2021 wegen „technischer Probleme und (aus) wirtschaftlichen Gründen" eingestellt.

[221] Laut dem Hersteller eignet sich das System für das Befahren von fahrleitungslosen Abschnitten von weniger als 1 km Länge mit einer maximalen Geschwindigkeit von 30 km/h. – Auf der jüngeren Linie T2 werden mit Superkapazitoren (siehe Fussnote 222) ausgerüstete Citadis-Trams vom Typ X05 eingesetzt, die an Haltestellen nachgeladen werden.

[222] Der Superkapazitor, auch Superkondensator genannt, kann in kurzer Zeit beträchtliche Mengen von elektrischer Energie, die elektrisch geladen wird, speichern (im Unterschied zur Batterie, bei welcher der Ladeprozess chemisch vor sich geht). Hingegen ist die Speicherfähigkeit bei gleichen Abmessungen und Gewicht im Vergleich zu einer Batterie geringer.

▷ **Bild 8.5**
Ein Urbos-3-Tram von CAF mit ACR während der Probefahrten in Kaohsiung (Taiwan). Die Haltestelle ist mit Ladeeinrichtungen ausgerüstet.

Aufnahme (2014): KasugaHuang,

▷ **Bild 8.6**
Ein von CRRC Qingdao und Škoda hergestelltes Tram mit Brennstoffzellen in der chinesischen Stadt Foshan

Aufnahme (2020): Nissangeniss,

▷ **Bild 8.7**
Ein Citadis 302 von Alstom mit von der Seidenraupe inspirierter Frontpartie auf der Linie T2 in der Nähe der Endstation Saint-Priest bei Lyon (Frankreich)

Aufnahme (2019): Corrado Borazzo

◁ **Bild 8.8**
Ein vom Konsortium ABB/Schindler/SIG gebautes „Cobra"-Tram mit Niederflurboden auf der ganzen Länge, auf der Linie 12 beim Flughafen Zürich (Schweiz) im weissen Anstrich der Verkehrsbetriebe Glattal AG (VBG)

AUFNAHME (2018): R. CAMBURSANO

◁ **Bild 8.9**
Sirio-Tram von AnsaldoBreda (heute Hitachi Rail Italy) mit Niederflurboden auf der ganzen Länge fährt auf der Linie T1 bei der Fortezza da Basso in Florenz (Italien) vorbei

AUFNAHME (2019): R. CAMBURSANO

◁ **Bild 8.10**
Ein 56 m langer Urbos 3 von CAF mit Niederflurboden auf der ganzen Länge auf der Linie 1 in Budapest (Ungarn)

AUFNAHME (2016): KEMENYMATE, LIZENZ: CC BY-SA 4.0

▷ **Bild 8.11**
Ein Forcity 15 T mit Niederflurboden auf der ganzen Länge für Prag, fotografiert auf Testfahrt in Plzeň (Pilsen, Tschechische Republik)

Aufnahme (2009): S. Göbel

▷ **Bild 8.12**
Ein Tram-Train Alstom Citadis Dualis der SNCF im Dienst im Raum Lyon (Frankreich) bei der Station L'Arbresle

Aufnahme (2015): S. Göbel

▷ **Bild 8.13**
Ein Artic-Tram von Transtech/Škoda mit Niederflurboden auf der ganzen Länge im Dienst in Helsinki (Finnland)

Aufnahme (2016): S. Göbel

Auch in der Stadt Foshan existieren seit 2019 Strassenbahnwagen mit Brennstoffzellenantrieb, aber für beide Strecken sind offizielle Rapporte über das Verhalten im Betrieb noch nicht vorhanden. In China sind weitere Anwendungen vorgesehen.

Ein automatischer Fahrbetrieb, wie bei Untergrundbahnen schon seit vielen Jahren praktiziert[223], ist bei Tramlinien, welche die zur Verfügung stehende Verkehrsfläche mit dem Individualverkehr und den Fussgängern teilen müssen, sehr viel komplexer und schwieriger zu verwirklichen.

Einige Versuche werden zurzeit von verschiedenen Herstellern durchgeführt, aber es ist zum jetzigen Zeitpunkt noch nicht möglich zu sagen, wann brauchbare Anwendungen zur Verfügung stehen werden. Dies wird erst dann der Fall sein, wenn die Betriebssicherheit so hoch ist, dass auf Begleitpersonal total verzichtet werden kann (die Beibehaltung eines Fahrers lediglich für Eingriffe in Notfällen ist kommerziell nicht interessant).

2018 wurden auf dem Potsdamer Strassenbahnnetz Probefahrten für automatischen Betrieb mit einem Combino-Tram ausgeführt. Das Fahrzeug war mit drei verschiedenen Überwachungseinrichtungen ausgerüstet: dem Lidar (light detection and ranging, einem 3D-Erfassungssystem auf Laserbasis), einem Radar (Messung der Distanz und der Geschwindigkeit von vorwiegend metallischen Gegenständen) und einer Kamera (Erkennung von Objekten und Signalen). Die bei der praktischen Erprobung aufgetretenen Schwierigkeiten haben Siemens zu einer Redimensionierung der Bestrebungen veranlasst: Bis 2026 soll die Marktreife vorerst für Fahrten im Betriebshofbereich (Projektname „Autonome Strassenbahn im Depot", AStriD) erreicht werden.

In China wurde 2021 der erste, ohne Wagenführer kursmässig fahrende und von CRRC gebaute Tramwagen auf einer 1,9 km langen, fahrleitungslosen Strecke innerhalb des Flughafens Kunming in Betrieb genommen. Die an Bord befindlichen Energiespeicher werden an den Endstationen nachgeladen. Die Strecke verläuft vollständig auf Eigentrasse, ohne von anderen Verkehrsteilnehmern ausgehende Gefahren, weshalb sie eher mit einer automatischen Metrolinie oder einem People-Mover zu vergleichen, aber nicht als Tramlinie zu bezeichnen ist.

Hingegen werden seit einiger Zeit sogenannte Fahrerassistenzsysteme entwickelt und erprobt, welche den Fahrzeugführer auf Gefahren aufmerksam machen, (z.B. andere Verkehrsteilnehmer im Gleisbereich) oder unter gewissen Bedingungen sogar eine Bremsung einleiten. Obwohl diese Systeme schon eine bemerkenswerte Reife erreicht haben, darf sich der Fahrzeugführer aber nicht blindlings auf deren korrektes Funktionieren verlassen.

Es gibt auch optische Lenksysteme, bei denen ein in der Strassenmittelachse auf den Asphalt aufgeklebtes Band von einem computerisierten Lesesystem für die Lenkung von Pneurädern verwendet wird, wie z.B. das System „Optiguide" von Siemens (das auf einigen von Irisbus hergestellten „Civis"-Bussen installiert ist; Verkauf seit 2010 eingestellt), oder das neuere ART-System, das von CRRC entwickelt wurde und in den chinesischen Städten Zhuzhou und Yibin angewendet wird, aber diese Fahrzeuge können nicht als Tram bezeichnet werden, zumal sie nicht auf Schienen verkehren.

Vormarsch des Trams weltweit

Zu Beginn des neuen Jahrtausends erfuhr die mittlerweile weltweite Renaissance der Strassenbahn einen kräftigen Schub. Es entstanden einerseits neue Tramnetze, andererseits wurden in den vorangegangenen Jahrzehnten eingestellte Netze wieder in Betrieb genommen. Insgesamt gingen in den ersten 22 Jahren des 21. Jahrhunderts weltweit 130 Netze in Betrieb, siehe dazu den Anhang B.

Den absoluten Rekord hat Frankreich inne, wo seit 2000 total 22 Tramnetze eingeweiht wurden (vor allem im ersten Jahrzehnt), womit das Land nun über 29 Trambetriebe verfügt.

An zweiter Stelle findet sich China mit 23 Einweihungen. Dieses asiatische Land, in dem die Wiedergeburt der Strassenbahn später als in der westlichen Welt begonnen hat (erste neue Tramnetze mit Pneufahrzeugen in Tianjin 2007 und in Shanghai 2010), wird mehr und mehr zum weltweiten Leader hinsichtlich Eröffnung neuer, traditioneller Tram- (aber auch Untergrundbahn-) betriebe (vgl. dazu die Statistik am Schluss des Buches).

Auf dem dritten Rang figurieren die Vereinigten Staaten von Amerika mit 21 Einweihungen (kleinere Museumstrambetriebe nicht mitgezählt).

Im gleichen Zeitraum wurden in Spanien zwölf Einweihungen vollzogen, davon zehn im ersten Jahrzehnt. In der Türkei entstanden acht und in Algerien nach 2011 sieben Netze.

Das Vereinigte Königreich folgt dieser Tendenz nur zögerlich, wurden doch während der letzten 20 Jahren nur gerade drei Tramsysteme eingeweiht, das erste in London im Jahr 2000.[224]

Geographisch gesehen kehrte das Tram in viele Länder zurück, wo es vor kürzerer oder längerer Zeit verschwunden war, aber es gab nun auch Länder, wo bislang nie Trams verkehrten.

Zur ersten Kategorie gehören Griechenland (Athen, seit 2004), Irland (Dublin, seit 2004), Luxemburg (Luxemburg, seit 2017), Dänemark (Aarhus, seit 2017) und einige afrikanische, asiatische und südamerikanische Städte (Algier seit 2011, Rabat seit 2011, die kolumbianische Stadt Medellín (seit 2014) und die usbekische Stadt Samarkand (seit 2017).

Zur zweiten Gruppe gehören Jerusalem (2011), Oranjestad auf der Insel Aruba (2013), Dubai in den Vereinigten Arabischen Emiraten (2014), Addis Abeba in Äthiopien (2015), Kaohsiung in Taiwan (2016), Doha in Katar (2018), Port Louis auf der Insel Mauritius (2020) sowie Cuenca in Ecuador (ebenfalls 2020).

Parallel dazu wurden in Städten mit schon bestehenden Tramnetzen vor allem Streckenverlängerungen gebaut und älteres Rollmaterial ersetzt.

Leider müssen hier auch Linienverkürzungen oder gar Einstellungen ganzer Netze in den ehemals kommunistischen, nicht zur EU gehörenden Ländern in den ersten Jahren des 21. Jahrhunderts erwähnt werden. Gründe dafür waren der prekäre Zustand der Infrastruktur oder mangelnde Wirtschaftlichkeit. Deswegen verschwand das Tram insbesondere in kleineren und mittleren Städten Russlands, der Ukraine und weiteren ehemaligen Sowjetrepubliken.

In den Ländern, die zur Europäischen Union gehören, verkehren hingegen sehr viele, von westeuropäischen Betrieben abgegebene Wagen, aber dank umfangreicher Finanzierung durch die EU auch neue Fahrzeuge. Viele Netze werden modernisiert und erweitert.

Weitere Entwicklung der Fahrzeuge

Die Globalisierung der Märkte, die nach dem Ende des Kalten Krieges und im Zuge des sich weltweit durchsetzenden kapitalistischen Systems immer stärker wurde, bewirkte in der Tramindustrie eine grosse Konzentrationswelle: Einige weni-

[223] Die erste, automatisch betriebene U-Bahnlinie ist seit 1967 die Victoria Line in London, in deren Wagen die Türöffnung und -schliessung anfänglich noch von einem Angestellten bedient wurde. Die erste automatische Linie ohne Personal an Bord ist die 1981 eröffnete Port Island Line in Kobe (Japan).

[224] Wie in der französischen Hauptstadt kehrte das Tram nicht ins Stadtzentrum zurück, sondern nur in das Gebiet von Croydon, wofür teilweise aufgelassene Bahnstrecken benützt wurden.

ge multinationale Hersteller kauften immer mehr kleinere Betriebe auf, standardisierten weitmöglichst ihre Produkte und setzten auf nur ein oder zwei „Spitzenmodelle". Der Wettstreit zwischen den Produzenten manifestierte sich auch in der Anwendung von neuen Technologien sowie in einer verstärkten Aufmerksamkeit für die Benutzerergonomie und das Design.

In den ersten 20 Jahren des 21. Jahrhunderts belegte punkto Aufträge für Tramwagen Alstom den ersten, Siemens den zweiten und der kanadische Hersteller Bombardier den dritten Platz. Immer stärker wurde aber auch der neue chinesische Koloss CRRC[225], der mittlerweile zum grössten Bahnrollmaterialhersteller weltweit geworden ist.

Die Expansion des chinesischen Herstellers löste 2021 den Kauf der Bahnabteilung von Bombardier durch die Firma Alstom aus, die dadurch weltweit zum zweitwichtigsten Hersteller aufstieg.

Bedeutende Anteile am internationalen Markt sind auch von anderen, mittlerweile grösser gewordenen Herstellern erworben worden: die schweizerische Unternehmung Stadler (welche 2015 die deutsch-spanische Vossloh-Rail und 2018 die Strassenbahn-Aktivitäten der polnischen Unternehmung Solaris übernahm), die spanische CAF, die tschechische Škoda (2015 Kauf der finnischen Transtech), die japanischen Produzenten Kinki Sharyō und Hitachi (erwarb 2015 die italienische AnsaldoBreda, neue Bezeichnung Hitachi Rail Italy) sowie die südkoreanische Hyundai Rotem.

Tramwagen in geringerer Stückzahl, zumeist für den heimischen Markt bestimmt, erzeugen die deutsche Unternehmung HeiterBlick, die kroatische Koncar, die beiden türkischen Durmazlar und Bozankaya, die polnischen Pesa und Modertrans, die tschechische Pragoimex, die rumänische Astra, die ukrainischen Electrotrans und Tatra-Yug, die weissrussische Belkommunmash, die amerikanische Brookville, die japanische Niigata Transys, die russischen PKTS[226], Uraltransmash und UKVZ,[227] sowie die chinesische CRSC.

Ab den 1990er Jahren folgten – wie schon erwähnt – die Verwaltungen vieler Betriebe der Mode, einen Niederflurboden auf 100 % der Fahrzeuglänge (ohne Drehgestelle traditionellen Typs) als unabdingbar anzusehen. Nach einigen Jahren begann jedoch ein Umdenken, ganz besonders in Städten mit vielen engen Kurven, in denen dieser Wagentyp besonders schlecht läuft. Deswegen kam es wieder zu Bestellungen mit anderer Konzeption, sei es die „alte" mit teilweisem Niederflurbereich (diese ab 1990 entwickelten Wagen mit Motordrehgestellen an den Fahrzeugenden und Fahrwerken oder Einzelrädern unter dem Niederflurteil können sehr wohl einen Niederflurboden auf 70 % der Wagenlänge und alle Türen auf 30 cm über der Schienenoberkante aufweisen) oder Wagen mit Niederflurbereich auf der ganzen Länge und neuen, sehr kompakten, niedrigen Drehgestellen.

Auf dem Markt sind heute deshalb verschiedene Fahrzeugtypen vorhanden: neben den Vielgelenkwagen mit Niederflurboden auf der ganzen Länge werden Vielgelenkwagen mit teilweisem Niederflurboden gebaut, aber interessanterweise besteht seit dem Anfang der 2010er Jahre auch ein wiedererwachtes Interesse für Einkastenwagen neuer Konzeption mit Niederflurboden auf der ganzen Länge, die von einigen Herstellern in Osteuropa gebaut werden.

Auch die übriggebliebenen Systeme mit Hochperrons (Stadtbahn/LRT) haben noch ihr Marktsegment mit Gelenkfahrzeugen, die in Doppel- oder Mehrfachtraktion verkehren können.

Tramwagen mit Niederflurboden auf der ganzen Länge

Solche Fahrzeuge werden auf fast allen neuen Tramnetzen eingesetzt. Auf bestehenden Netzen ersetzen sie Wagen mit Hochflurboden.

Im Jahr 2000 brachte Alstom die dritte Version des Citadis, den X02, auf den Markt.[228] Im gleichen Jahr präsentierte Bombardier den Cityrunner (Flexity Outlook)[229], gefolgt 2001 vom Cobra-Tram des schweizerischen Konsortiums ABB/Schindler/SIG.[230] 2002 stellte AnsaldoBreda den Sirio vor.[231]

Die Tendenz, immer längere Gelenktramwagen zu bauen, wurde 2006 von Siemens mit dem Combino Plus[232] weitergeführt, der in der 54-m-Version in Budapest in Betrieb ging. Das bisher weltweit längste Tram baute CAF 2016: Der Urbos 3[233] ist 56 m lang; er verkehrt ebenfalls in der ungarischen Hauptstadt.

Škoda machte 2008 mit dem Forcity 15 T, dem ersten Gelenktram mit Niederflurbereich auf der ganzen Länge, das mit richtigen Drehgestellen (d.h. keine Fahrwerke mit beschränkter Auslenkung) versehen ist, einen grundlegenden Fortschritt. Speziell ist auch der Umstand, dass dieses

[225] CRRC ist eine staatliche, 2015 aus den beiden Firmen CNR und CSR entstandene Unternehmung, die Fahrzeuge für die neuen einheimischen Trambetriebe liefert, anfänglich oft unter Verwendung von technischen Komponenten westlicher Hersteller. Später richtete sie sich mit vollständig selbst gebauten Fahrzeugen auch auf die ausländischen Märkte in allen Kontinenten aus.

[226] Diese Unternehmung ist zurzeit führend im russischen Trammarkt. Sie ist 2013 als Ausgliederung aus der Firma Transmashholding entstanden. Der Firmensitz befindet sich in Twer.

[227] Diese Abkürzung bezeichnet die alte Unternehmung Ust-Kataw, welche den Zusammenbruch des sowjetischen Regimes überlebt hat, aber mit geringerer Produktion als während den goldenen Zeiten.

[228] Mehrgelenktramwagen mit schwebenden Wagenkästen und Losrädern, zurzeit das meistverbreitete Modell und immer noch in Produktion. Es findet sich auf den französischen Netzen (erste Inbetriebnahme in Lyon), in Spanien, den Niederlanden, im Vereinigten Königreich, Irland, Südamerika, Nordafrika, im Mittleren Orient und in Australien. Der französische Hersteller zeichnet sich durch das spezielle Design der Endwagenkästen aus, das auf Wunsch der Betreiber auf lokale Gegebenheiten aufmerksam machen soll (z.B. ein Champagnerglas für die Wagen in Reims, oder ein Seidenwurm für Lyon).

[229] Erste Inbetriebsetzung in Graz; wurde während der ersten Phase gleichzeitig wie das Eurotram hergestellt und wie dieses nachher „Flexity Outlook" genannt. Das Fahrzeug findet sich auch auf andern österreichischen Netzen sowie in Belgien, Kanada, Frankreich, Deutschland, Italien, Polen, Spanien, in der Schweiz und in der Türkei. Die Räder sind zwar mit Achswellen verbunden, aber nicht in eigentliche Drehgestelle, sondern in starre Fahrwerke eingebaut, was im Vergleich zu Losrädern einen etwas besseren Laufkomfort bewirkt, aber einen Fussboden mit leicht geneigten Rampen zur Überquerung der Motorfahrwerke erfordert.

[230] Nur in Zürich in 88 Exemplaren vorhanden. Die sechs Prototypen wiesen Strukturprobleme auf, weshalb Bombardier, die das Projekt von den Vorgängerfirmen übernommen hatte, gezwungen war, umfangreiche Änderungen vorzunehmen, bevor die Serienproduktion, die von 2005-2010 dauerte, begonnen werden konnte.

[231] Erstmals in Mailand eingesetzt, später auch in anderen italienischen Städten sowie in Griechenland, Schweden, der Türkei und in China. Es wurde bis 2017 hergestellt, d.h. auch noch nach dem Kauf des letzten italienischen Schienenfahrzeugherstellers durch Hitachi (seit 2015 „Hitachi Rail Italy" genannt).

[232] Dieses Fahrzeug weist einen Stahlkasten auf und ersetzt die Combinos, die Siemens wegen der grossen Probleme beinahe dazu gebracht hatten, die Herstellung von Tramwagen aufzugeben. Neben den 40 langen, für Budapest hergestellten Wagen wurden 24 Wagen von 36 m Länge an die Stadt Almada in Portugal geliefert.

[233] Die Urbos-3-Familie, welche den wenig verbreiteten Urbos 2 ablöste, setzt sich aus Wagen mit 100 % Niederflurbereich, schwebenden Wagenkästen und Losrädern zusammen. Das in verschiedenen Längen erhältliche Fahrzeug wurde erstmals 2011 in Sevilla eingesetzt und findet sich in weiteren Städten Spaniens, in Australien, Belgien, Brasilien, Frankreich, Deutschland, Italien, Luxemburg, auf Mauritius, in Norwegen, den Niederlanden, im Vereinigten Königreich, in Serbien, den Vereinigten Staaten von Amerika, Schweden, Taiwan und Ungarn.

Tram als einziges dieser Generation mit klassischen Jakobsdrehgestellen ausgerüstet ist.[234]
Auch Alstom brachte Gelenkwagen mit Drehgestellen auf den Markt: Obwohl weiterhin viele Wagen des Typs Citadis X02 hergestellt wurden, lancierte die Unternehmung den X03 im Jahr 2005 und den X04 vier Jahre später[235], aber beide Modelle wurden von nur je einer Stadt bestellt. 2011 erschien der Dualis[236], erstes Tram-Train-Fahrzeug mit Niederflurboden auf der ganzen Länge.
Danach brachten weitere Unternehmen ähnliche Produkte auf den Markt, als erstes den Artic von Transtech.[237]
Weitere Drehgestelltrams waren die Typen 71-9xx[238] von PKTS und Metelitsa[239] von Stadler. Im Unterschied zum 15 T von Škoda haben die Gelenke aller anderen Wagen keinen Drehzapfen, sondern sind schwebend und werden in den Kurven von den Wagenkästen elastisch geführt. Leider hat dieses Konzept nicht den Erfolg, den es verdiente, vor allem deshalb, weil Drehgestellwagen bei gleicher Länge häufig ein (relativ teures und schweres) Fahrwerk mehr benötigen als „Multigelenkwagen", die in ihren „Sänften" zudem mehr Gestaltungsspielraum für Multifunktionsbereiche (für die Beförderung von Rollstühlen, Kinderwagen, Fahrrädern) bieten.
Eine andersartige neue Fahrzeugkategorie, welche an die in den 1990er Jahren von Adtranz hergestellten ersten Tramwagen mit Niederflurbereich auf der ganzen Länge erinnert, wird durch den Avenio von Siemens repräsentiert. Dieses 2009 vorgestellte Fahrzeug besteht aus einer Abfolge von Wagenkästen, die in den Kurven durch die Gelenke elastisch gezogen werden. Jeder Wagenkasten ruht mittig auf einem Drehgestell mit vier Einzelrädern, die je nach den Erfordernissen des Einsatzgebiets angetrieben oder nicht angetrieben sind. Die Antriebe ohne durchgehende Achswellen, aber mit mechanischer Kopplung von je zwei Rädern in Längsrichtung, gleichen denen im Combino.
Verschiedene Hersteller verbesserten ihre Mehrgelenktrams mit schwebenden Wagenkästen: neben herkömmlicheren Modellen wurden Trams mit sehr niedrigen Fahrwerken gebaut, die, obgleich nicht mit Drehzapfen versehen, eine geringe Auslenkung und dadurch eine entscheidende Verbesserung der Laufeigenschaften ermöglichen. Die ersten Trams dieses Typs sind 2011 die Flexity 2 von Bombardier[240] und die Tramlink von Stadler.[241] Vom gleichen Typ ist auch der 2014 vorgestellte Citadis X05 von Alstom.[242]
Zu den neuesten Wagen mit Niederflurboden auf der ganzen Länge gehört auch der 2018 von Bombardier vorgestellte „Flexity Wien"[243], bei dem der Eingangsbereich auf lediglich 215 mm über der Schienenoberkante liegt.
Weitere wichtige, neueste Zweirichtungstrams modularer Konstruktion und mit Niederflurboden auf der ganzen Länge sind die in Amerika von Alstom, resp. Bombardier für den einheimischen Markt gebauten, miteinander konkurrierenden Flexity Freedom, resp. Citadis Spirit.[244]
Schliesslich seien an dieser Stelle weitere Tramwagen mit Niederflurbereich erwähnt, die in den nächsten Jahren in Betrieb genommen werden: TINA[245] von

234 Dieses eigens für das von starken Steigungen sowie Kurven mit kleinem Radius und ohne Übergangsbögen charakterisierte Netz von Prag produzierte Fahrzeug löst das zuvor bestellte Modell Škoda 14 T ab, das sich als ungeeignet erwiesen hatte. Der in 250 Exemplaren für Prag gebaute „15 T" ist ein 31 m langer Dreiteiler mit vier Motordrehgestellen. Der Wagenboden ist auf 35 cm Höhe, über den Drehgestellen auf 45 cm; der Höhenunterschied wird mit Rampen von geringer, kaum wahrnehmbarer Neigung überwunden. Auch die lettische Hauptstadt Riga kaufte diesen Tramtyp, dieweil er von CRRC in Lizenz für den einheimischen Markt hergestellt wird.

235 Der für das Strassburger Netz bestimmte, 45 m lange und aus sieben Wagenkästen bestehende Citadis 403 läuft auf je einem kleinrädrigen Drehgestell mit Laufachsen unter den Endwagenkästen und motorisierten Fahrwerken unter den Mittelkästen. Der X04 hingegen hat drei Wagenkästen mit vier speziell niedrigen, „richtigen" Drehgestellen vom Typ „Ixège". Der Wagenboden dieses nur von Istanbul bestellten Wagens ist auf 45 cm über der Schienenoberkante.

236 Wurde anfangs nur auf von der SNCF betriebenen Strecken eingesetzt, die nicht mit städtischen Tramnetzen verbunden sind, zuerst in Nantes und später auch in Paris und Lyon; seit der Erweiterung der Linie T4 der Île-de-France nach Montfermeil 2019 fahren die Wagen auch als echte Strassenbahnen. Der Wagenboden ist im Eingangsbereich auf 37 cm, über den Motordrehgestellen an den Fahrzeugenden auf 54 cm; der Höhenunterschied wird mit Rampen überwunden. Dieses 42 m lange Zweistromfahrzeug mit vier Wagenkästen und fünf Drehgestellen ist 2,65 m breit, was die Anordnung eines 60 cm breiten Übergangs im Bereich der Laufdrehgestelle ohne Treppenstufen ermöglicht.

237 Auch in diesem Fall sind es die in Helsinki mit den Mehrgelenkwagen vom Typ Variobahn gemachten enttäuschenden Erfahrungen, welche den Betreiber veranlassten, bei der einheimischen Unternehmung Transtech 40 winterfeste, dreiteilige Wagen mit vier Drehgestellen (wovon zwei unter dem Mittelkasten) eines neuen Typs zu bestellen. Der nach dem Kauf des finnischen Herstellers durch Škoda auf „Forcity Smart Artic" umgetaufte Wagen verkehrte erstmals 2013 in Helsinki. Dieser Wagentyp wird auch in Tampere (Finnland) und Deutschland eingesetzt, mit Abwandlungen auch in der Tschechischen Republik.

238 Im russischen Standardisierungssystem bedeutet die Zahl 71 „Tram", die dritte Zahl steht für den Hersteller. 2015 wurde in Twer das erste Exemplar in Betrieb genommen. Das einteilige, 16,4 m lange Fahrzeug mit zwei Triebdrehgestellen erinnert vage an den 1989 erbauten italienischen Prototyp S350LRV von Socimi. Es wurde noch unter der Marke Transmashholding kommerzialisiert, „City Star" genannt und dann zum „Lvenok" (= kleiner Löwe) weiterentwickelt. Kurz danach erschien in Sankt Petersburg das erste Fahrzeug der Version 71-931 (ein dreiteiliger Gelenkwagen mit drei Drehgestellen, „Vityaz" [Ritter] genannt). Diese Wagen finden sich ausser in Russland auch in Lettland.

239 Diese Fahrzeugfamilie (deren Bezeichnung von einem slawischen Tanz abgeleitet ist) wird im Werk Minsk (Weissrussland) hergestellt. Nach einem kürzeren, 2014 gebauten Prototyp, der in einigen russischen Städten erprobt wurde, fuhr das erste Serienfahrzeug ab 2018 fahrplanmässig in Sankt Petersburg, gefolgt 2022 von Cochabamba (Bolivien). Dieses 34 m lange Zweirichtungsfahrzeug besteht aus drei Wagenkästen mit vier Drehgestellen. Der Niederflurboden ist auf 370 mm über SOK angeordnet, über den Drehgestellen auf 470 mm (der Höhenunterschied von 100 mm wird mit Rampen überwunden). Ein ebenfalls von Stadler gebautes, vom Metelitsa abgeleitetes, aber mit einigen Komponenten des Tango versehenes Tram ist der DPO-Nova (andere Bezeichnung „Tango NF2"), der seit 2018 auf dem Netz von Ostrava (Tschechien) verkehrt – ein zweiteiliges Fahrzeug, dessen vorderer Kasten auf zwei Motor- und der hintere auf einem Laufdrehgestell ruht.

240 Das mit den sehr niedrigen, neuen Fahrwerken mit beschränkter Auslenkung vom Typ „Flexx Urban 3000" ausgerüstete Fahrzeug wurde erstmals in Blackpool (Grossbritannien) eingesetzt und danach in Belgien, der Schweiz und Australien. In China begann die Unternehmung CSR 2015 eine Lizenzproduktion dieses Fahrzeugs.

241 Ursprünglich von Vossloh Kiepe erbaut und als 32 m lange Version mit fünf Wagenkästen und drei Drehgestellen erstmals in Rostock eingesetzt, wurde dieser Fahrzeugtyp nachher von Stadler kommerzialisiert. Die Tramlink verkehren auch in anderen deutschen Städten sowie in Österreich, Brasilien, Italien und in der Schweiz.

242 Die neuste Citadis-Generation X05 kann mit Superkapazitoren ausgerüstet werden. Das Fahrzeug läuft in einigen Städten auf den Ixège-Drehgestellen der Serie X04, hat aber keine Drehzapfen, sondern ist mit dem Kasten direkt durch die Aufhängung verbunden. Die erste, kurze Version („205 compact", ein 22 m langer Dreiteiler, Fassungsvermögen 125 Personen) fährt in Aubagne. Längere Ausführungen verkehren seit 2017 in weiteren französischen Städten, Australien, Deutschland, Griechenland, Taiwan und Katar.

243 Der eigens als Nachfolger des ULF für Wien hergestellte Wagen ist eine Weiterentwicklung des „Incentro" von Adtranz. Er hat einen etwas höher angeordneten Wagenboden als das ULF, ist aber billiger und vermeidet einige technische Probleme des ULF.

244 Der Flexity Freedom ist die amerikanische Variante des Flexity 2. Er fährt auf verschiedenen kanadischen Netzen, erster Einsatz 2019 auf jenem von Waterloo. Im gleichen Jahr begann der vom europäischen Dualis abgeleitete Citadis Spirit seinen Einsatz in Ottawa.

245 Das Akronym steht für „Total Integrierter Niederflur-Antrieb". Die von Baselland Transport bestellten 25 siebenteiligen und 45,5 m langen Meterspur-Gelenktriebwagen der TINA-Familie weisen traditionelle Motordrehgestelle an den Fahrzeugenden auf. Deren Räder haben einen grösseren Durchmesser als diejenigen von Niederflurtramwagen mit Fahrwerken auf der ganzen Länge, was den Laufkomfort verbessert und – wegen der grösseren Aufstandsfläche der Rä-

▷ **Bild 8.14**
PKTS-Tram (Typ 71-911-EM „Lvenok") in Ulan Ude (Russland)

Aufnahme (2020): Michael Russell

▷ **Bild 8.15**
Der Prototyp Metelitsa von Stadler mit Niederflurboden auf der ganzen Länge in Erprobung auf der Linie 9 in Moskau (Russland)

Aufnahme (2015): Artem Svetlov, Lizenz: CC BY-SA 2.0

▷ **Bild 8.16**
Die „Miniversion" des Avenio-Trams von Siemens mit Niederflur auf der ganzen Länge fährt als Linie 12 durch die Romanstrasse in München (Deutschland)

Aufnahme (2019): Luca Giannitti

◁ **Bild 8.17** Ein von Stadler in Spanien produziertes, hundertprozentiges Niederflurtram „Tramlink" auf der „StadtRegioTram-Gmunden" (Österreich)

Aufnahme (2020): S. Göbel

Stadler, die Serie 8000[246] von Hitachi Rail Italy, der CT-LRV von CRRC[247] (das erste chinesische Tram in Europa), der Avenio von Siemens in Tram-Train-Version,[248] der CT-LRV[249] von Hyundai Rotem und der Corsair[250] (Modell „71-921") des russischen Herstellers PKTS, sowie der Tramlink S3[251] von Stadler und der sich in Entwicklung befindliche Vamos 100 von HeiterBlick (letzterer mit „richtigen" (voll ausschwenkbaren) Drehgestellen).

Strassenbahnwagen mit teilweisem Niederflurbereich

Auch wenn sie im Allgemeinen von den tonangebenden Politikern als im Vergleich zu hundertprozentigen Niederflurwagen als weniger „in" qualifiziert werden, sind Wagen dieser Kategorie keineswegs vom Markt verschwunden.

In Europa sind – auch wenn in geringerer Stückzahl als die Fahrzeuge mit Niederflurboden auf der ganzen Länge hergestellt – folgende Wagen zu nennen: der Flexity Classic von Bombardier[252] (meistverkaufter Wagentyp dieser Gattung in den ersten beiden Jahrzehnten des 21. Jahrhunderts); der Urbos AXL von CAF[253] und der Tango von Stadler.[254]

Die tschechische Unternehmung Pragoimex stellt für den einheimischen und ex-sowjetischen Markt ebenfalls Wagen dieses Typs her.[255]

der – den Verschleiss der Laufflächen und der Schienen fühlbar vermindert. Die durchgehenden Achsen von zwei der drei zwischen den Enddrehgestellen angeordneten Fahrwerke sind ebenfalls motorisiert. Die Wagen sind auf der ganzen Länge des Türbereichs niederflurig und werden ab Dezember 2023 abgeliefert. Eine fünfteilige Version wird ab dem gleichen Jahr nach Darmstadt (HEAG-Typ ST 15) geliefert, vorerst 25 Wagen; sie sind mit je zwei Motordrehgestellen unter dem ersten, dem dritten und dem fünften Wagenkasten ausgerüstet. Rostock erhält 28 dreiteilige Wagen auf vier Drehgestellen mit schwebendem Mittelteil und Halle (Saale) hat 56 TINA-Trams in zwei verschiedenen Längenvarianten bestellt.

246 Das in Italien von der japanischen Unternehmung als Ersatz für den „Sirio" des Herstellers AnsaldoBreda hergestellte, 28 m lange Einrichtungsfahrzeug wird erstmals in Turin ab 2023 eingesetzt. Es handelt sich um ein fünfteiliges Fahrzeug mit je einem Drehgestell ohne Drehzapfen (mit beschränkter Rotationsmöglichkeit) unter dem ersten, dritten und dem fünften Wagenkasten und gehört somit zur gleichen Familie wie der Flexity 2 von Bombardier, der Citadis X05 von Alstom und einige Versionen der Tramlink-Familie von Stadler.

247 CRRC ergänzte die anfängliche Produktion von für den einheimischen Markt bestimmten Wagen schrittweise mit vollständig in China hergestellten Wagen, die auch für den Export bestimmt waren. Die ersten, unter der Marke CNR verkauften Wagen gingen 2013 in die türkische Stadt Samsun (fünf Stück), gefolgt 2015 von 41 Einheiten mit teilweisem Niederflurboden für die afrikanische Stadt Addis Abeba. Die ersten LRV der Marke CRRC wurden für die Rote Linie in Tel Aviv geliefert (Breite 2,65 m, Boden bei den Eingangstüren auf 350 mm über der Schienenoberkante, Fahrzeuge ausgestattet mit besonderer Antiterrorismus-Ausrüstung), die den Betrieb wahrscheinlich 2023 aufnehmen wird. 2022 wird mit der Auslieferung der ersten Fahrzeuge für Porto gerechnet.

248 77 Wagen für das Stadtnetz von Bremen und die Verlängerung als Tram-Train von Huchting nach Stuhr und Weyhe (Linie 8) auf der Strecke der Bremen-Thedinghauser Eisenbahn, Einweihung 2025.

249 Erste Inbetriebnahme in der polnischen Hauptstadt Warschau (dortige Bezeichnung: „Warsolino", mit zwei verschiedenen Wagenlängen). Er ist charakterisiert durch zwei grosse Motordrehgestelle an den Wagenenden und fest mit den kurzen Wagenkästen in der Fahrzeugmitte verbundenen Fahrwerken mit und ohne Antrieb.

250 Der Prototyp wurde Ende 2020 vorgestellt und soll 2023 in Kaliningrad (Königsberg) in Betrieb genommen werden. Es handelt sich um ein meterspuriges und 20,5 m langes Einrichtungs-Gelenkfahrzeug mit zwei 2,3 m breiten Wagenkasten. Der vordere stützt sich auf ein Drehgestell ab, der hintere ist mittig mit einem Fahrwerk verbunden.

251 Von ungewöhnlicher Art sind die dreiteiligen, 25,4 m langen Gelenkwagen (trotz der Bezeichnung „Tramlink" unterscheidet sich dieses Fahrzeug wesentlich von den anderen Wagen dieser Familie) für das Mailänder Strassenbahnnetz. Es hat Motordrehgestelle an den Fahrzeugenden, weil wegen der vielen engen Kurven ohne Übergangsbogen besonders gute Laufeigenschaften unumgänglich sind. Um zu den über den Motordrehgestellen angeordneten Sitzplätzen zu gelangen, mussten Zugangsrampen mit 8 % Steigung vorgesehen werden. Alle 80 vorgesehenen Wagen sind für die in den nächsten Jahren zu erneuernden Überland- und zu verlängernden Stadtlinien ohne Endschlaufe als Zweirichtungswagen konzipiert und für den Einsatz in Vielfachtraktion vorbereitet; wobei die dazu benötigten Apparaturen auf den ersten zehn, ab 2023 abzuliefernden Wagen für den Überlandbetrieb bereits eingebaut werden.

252 Die Familie der in Deutschland gebauten „Flexity Classic" ist von der Produktereihe „LF 2000" von DWA abgeleitet. Es sind Fahrzeuge von verschiedener Länge und Spurweite, die in deutschen Städten ziemlich verbreitet und auch in Australien sowie Schweden vorhanden sind.

253 Nachfolger des Urbos 1 (erste Generation mit teilweisem Niederflurbereich und Meterspur, in Spanien in Bilbao seit 2002 in Betrieb). Wurde ab 2011 in Stockholm als 31 m langer Dreiteiler mit vier Drehgestellen eingesetzt; findet sich auch in Tallinn (Estland). Das Fahrzeug wurde speziell für das LRT-Segment entworfen.

254 Nach einer Hochflurversion (seit 2007 in Deutschland in Betrieb) bestellte die Baselland Transport AG zweimal 19 45 m lange Sechsteiler mit fünf Fahrwerken, wovon drei Motordrehgestelle, mit Einstiegshöhe 32 cm (Niederflurbereich auf 75 % der Gesamtlänge). Tangos verkehren auch in Genf, in St. Gallen, in der tschechischen Republik und als Tram-Train in Dänemark (Aarhus) und Frankreich („Rhônexpress", Lyon).

255 Die Vario-LF-Familie besteht aus einteiligen

▷ **Bild 8.18**
Ein vollständig niederfluriges Flexity-2-Tram von Bombardier in Blackpool (Vereinigtes Königsreich) auf der Promenade an der Irischen See

Aufnahme (2012): S. Göbel

▷ **Bild 8.19**
Ein Citadis-405-Tramwagen von Alstom mit Niederflurboden auf der ganzen Länge, ausgerüstet mit Supercaps, als T3 auf dem auch von der Linie T2 befahrenen Abschnitt bei der Digue des Français in Nizza (Frankreich)

Aufnahme (2019): R. Camursano

▷ **Bild 8.20**
Ein Flexity-Tram mit sehr tief angeordnetem Wagenboden auf der Linie 67 im Gemeindebezirk Favoriten in Wien (Österreich)

Aufnahme (2019): S. Göbel

△ **Bild 8.21** • Ein Citadis-Spirit-Tram von Alstom mit Niederflurboden auf der ganzen Länge auf der „Confederation Line" in Ottawa (Kanada) Aufnahme (2019): *Youngjin, Lizenz: CC BY-SA 3.0

△ **Bild 8.22** • Das neue TINA-Tram für Baselland Transport (Schweiz) Abbildung (2021): Stadler

Ebenfalls zu dieser Kategorie gehören fast alle, im Kapitel 11 behandelten „Tram-Train"-Fahrzeuge. Sie sind zumeist Zweirichtungsfahrzeuge und werden auch auf einigen LRT-Linien eingesetzt. Da diese Wagen für höhere Geschwindigkeiten als herkömmliche Tramwagen ausgelegt werden müssen, können – um einen ruhigen Lauf zu erreichen – nicht alle Räder von kleinem Durchmesser sein: Mindestens die Endwagenkästen sollten mit Motordrehgestellen mit grösseren Rädern ausgerüstet sein, was mit Niederflur-Zugänglichkeit problemlos vereinbar ist, solange nicht die Forderung nach einem niederflurigen Wagenboden auf der ganzen Fahrzeuglänge erhoben wird.

Zu diesem Segment gehören: 1997 Siemens mit dem GT8-100D/2S-M mit abschnittsweise zumindest mittlerer Bodenhöhe (ab 2006 durch den Avanto ersetzt), ebenfalls 2006 der Flexity Link von Bombardier (hernach durch den Flexity Swift abgelöst), Alstom 2004 mit dem Regio-Citadis, Vossloh mit der Serie 4100 für Alicante 2007 (ab 2015 zum Citylink unter der Marke Stadler weiterentwickelt). Das neueste Tram-Train-Modell ist der TT von CAF, der 2022 in Betrieb genommen wurde.[256]

In Nordamerika sind Fahrzeuge mit Niederflurboden auf der ganzen Länge bisher eine Rarität. Ab den ersten Jahren des 21. Jahrhunderts wurde eine bedeutende Anzahl von Wagen mit teilweisem Niederflurboden gebaut, sowohl für auf Strassen verlaufenden Strecken wie auch für LRT-Systeme. In einigen Fällen wurden die vom deutschen „Stadtbahnmodell" inspirierten Hochperrons abgesenkt, um sie an die neuen Fahrzeuge anzupassen. So existierten in Dallas Hochperrons in Form von kurzen Rollstuhlplattformen für eine einzige Tür pro Zug. Nachdem die Hochflurfahrzeuge um ein Mittelteil mit Tiefeinstieg erweitert wurden, waren die Rollstuhlplattformen entbehrlich und wurden abgebaut. Die neuesten LRT-Strecken werden jedoch mit Niederflurperrons ausgestattet[257].

Drehgestell-Fahrzeugen mit einem Niederflurboden auf 35 cm über der Schienenoberkante (auf 36-50 % der totalen Länge) in der Wagenmitte. Die Produktion begann 2004 mit zwei Prototypen für die tschechische Stadt Ostrava (Mährisch Ostrau) auf Basis von alten Tatra T3, deren Wagenkasten und technische Einrichtungen stark verändert wurden. Ab 2006 umfasste das Angebot sowohl aus Tatra umgebaute wie auch vollständig neue Fahrzeuge (Ein- oder Mehrteiler). Der Vario LF findet sich in der tschechischen Republik, in der Slowakei, in Russland und in Usbekistan.

256 Das erste Tram-Train-Fahrzeug ist der GT8-100C/2S für das Überlandnetz von Karlsruhe (36 Stück, Baujahre 1991-1995), ab 1997 gefolgt vom GT8-100D/2S-M (86 Stück mit teilweise auf 60 cm über SOK abgesenktem Wagenboden). Der teilweise niederflurige Avanto wurde erstmalig auf der Linie T4 in Paris eingesetzt und danach von Mulhouse bestellt. Sowohl die 15 Wagen der SNCF-Reihe U25500 wie auch die zwölf U25530 für Mulhouse sind Zweisystemfahrzeuge (Tram-Train) wie Zweistromfahrzeuge (750 V/25 kV 50 Hz) zugleich. Der Flexity Link (in Zweistromausführung) ist ein auf der Hälfte der Länge niederfluriger Dreiteiler mit vier Motordrehgestellen (wovon zwei unter dem Mittelkasten; er ist 2,65 m breit und 37 m lang und wurde nur von Saarbrücken erworben). Der Flexity Swift, zu 70 % niederflurig, ist eine Weiterentwicklung eines kürzeren Modells mit drei Drehgestellen und kurzem Mittelkasten, das 1995 in Köln eingeführt und danach auch in London, Minneapolis, Stockholm, Melbourne und Istanbul in Betrieb genommen wurde. Die letzte, 2,65 m breite und 37 m lange Version, mit drei Wagenkästen und vier Drehgestellen (die beiden unter dem Mittelkasten angeordneten Drehgestelle können Lauf- oder Motordrehgestelle sein), verkehrt seit 2010 in Porto und seit 2011 in Karlsruhe (nur dort als echtes Tram-Train-Zweistromfahrzeug). Der Regio-Citadis, ein 36,8 m langes und 2,65 m breites Zweisystemfahrzeug (elektrisch/thermisch), nahm seinen Dienst erstmals in Kassel auf und wird sonst noch als dreiteiliges Gleichstromfahrzeug mit vier Drehgestellen (zwei Laufdrehgestelle unter dem Mittelkasten) auf dem niederländischen Randstadrail-Netz bei Den Haag eingesetzt. Der Citylink, eine Weiterentwicklung des Tram-Trains Serie 4100, wurde in Spanien in den ex-Vossloh-Werkstätten hergestellt. Erste Inbetriebnahme in Karlsruhe. Er verkehrt auch in Chemnitz als elektrisch/thermisches Zweisystemfahrzeug, in Sheffield als Zweistromfahrzeug. Der TT (in Zweispannungsausführung 750 V und 3000 V Gleichstrom) wird auf der Tram-Train-Linie von Cádiz (Breitspur 1668 mm) durch die spanische Staatsbahn (RENFE) eingesetzt. Das auf 55 % der Gesamtlänge niederflurige, dreiteilige und 38,1 m lange Fahrzeug weist auf verschiedenen Höhen angebrachte Türen auf (380 resp. 760 mm), damit der Fahrgastwechsel sowohl von Bahnsteigen wie auch von den Haltestelleninseln auf dem städtischen Abschnitt aus erfolgen kann.

257 Das erste, teilweise niederflurige Tram Amerikas neuer Generation verkehrte ab 1997 in Portland (Siemens SD160, kuppelbar mit älteren Hochflurwagen von Bombardier). Schule machten die 163 LRV (ursprünglich hochflurige Zwei-

▷ **Bild 8.23**
Ein in Deutschland von Bombardier hergestellter Flexity Classic NGT D12DD in Dresden (Deutschland)

Aufnahme (2004): S. Göbel

▷ **Bild 8.24**
Ein Urbos-AXL-Tram von CAF mit teilweisem Niederflurbereich auf der Linie 4 in Tallinn (Estland)

Aufnahme (2016): Andrzej Otrebski, Lizenz: CC BY-SA 4.0

▷ **Bild 8.25**
Ein auf 70 % der Gesamtlänge niederfluriger Tango von Stadler auf der Linie 17 an der Haltestelle „Grangettes" in Genf (Schweiz)

Aufnahme (2020): Marcel Broennle

△ **Bild 8.26** • Ein Pragoimex-Tram vom Typ „VarioLF2+“ mit Niederflurbereich in Wagenmitte in Mährisch-Ostrau (Tschechische Republik) Aufnahme (2012): Petr Tomasovski, Lizenz: CC BY-SA 3.0

△ **Bild 8.27** • Ein Tram vom Typ Siemens S70 auf der „CityLynx Gold Line“ in der East Trade Street fährt über die Caldwell Street in Charlotte (USA). Aufnahme (2021): Mark Clifton, Lizenz: CC BY-SA 2.0

Die neuesten, mit teilweisem Niederflurbereich in Amerika gebauten Wagen sind der Typ S70 von Siemens[258] und der Liberty des einheimischen Herstellers Brookville.[259] Zu diesen gehört auch der Urbos LRV von CAF.[260]

Hochflurfahrzeuge

Ab Mitte der 1990er Jahre wurde kein neues Tramsystem mehr mit Hochflurperrons gebaut, auch nicht für LRT mit langen unterirdischen Abschnitten, wie sie für Prémétro- und Stadtbahnbetriebe errichtet worden waren. Im Übrigen ist der Umbau der hochflurigen Perrons der in den 1970er- und 80er Jahren gebauten, stetig gewachsenen LRT-Strecken auf Niederflur-Perrons in den meisten Fällen aus wirtschaftlichen Gründen nicht denkbar.

Deswegen werden weiterhin auf der ganzen Länge hochflurige, grösstenteils für Deutschland und Nordamerika bestimmte Wagen gebaut, aber auch für einige Spezialfälle.

Die Wagen gewisser Betriebe sind mit ausklappbaren Treppen für niederflurige Bahnsteige ausgerüstet, die zumeist auf oberirdischen Abschnitten in der Peripherie oder ausserhalb des Stadtgebiets vorkommen.

In Europa wurde das Marktsegment Fahrzeuge mit Hochflurboden auf der ganzen Länge vor allem von Deutschland abgedeckt. Die alten, auf den Stadtbahnstrecken eingesetzten Düwag-Fahrzeuge werden zurzeit fortlaufend durch neue Fahrzeuge aus einheimischer, künftig auch spanischer Produktion ersetzt.

Einige rheinländische Städte entschieden sich ab 2002 für das Modell Flexity Swift von Bombardier.[261]

In Stuttgart[262] wurde die neue Hochflurgeneration vom Typ DT8 in Betrieb genommen.

Besonders erwähnenswert ist Hannover, wo ab 2013 der TW 3000[263] als dritte Stadtbahnwagengeneration in Betrieb genommen wurde.

Im Weiteren lieferte Stadler den Tango nach Bochum, dieweil sich Bielefeld für den Vamos von HeiterBlick entschied.

teiler) in Dallas, die vom Hersteller Kinki Sharyō durch Einfügen eines niederflurigen Mittelteils ab 2008 zu dreiteiligen Wagen des Typs SLRV umgebaut wurden.

258 Es handelt sich um die amerikanische Version des „Avanto“, die im Werk Sacramento hergestellt und seit 2004 in Houston eingesetzt wird. Bis zu fünf dieser Dreiteiler mit 70 % Niederflurboden können in Vielfachtraktion eingesetzt werden. Unter den Endwagenkästen sind je ein Motordrehgestell und unter dem kurzen Mittelteil ein antriebsloses Fahrwerk eingebaut.

259 Es handelt sich um ein nur 20,3 m langes, dreiteiliges Gelenkfahrzeug mit Fahrwerken unter dem ersten und dem dritten Wagenkasten, das dank durch Rekuperation geladenen Batterien kurze, fahrleitungslose Abschnitte befahren kann. Erste Inbetriebnahme in Dallas 2015. Es handelt sich somit, wie beim Citadis 205 compact, um eine moderne Version des Typs „Zwei Zimmer mit Küche“.

260 Speziell für den amerikanischen Markt und dort produziert. Ab 2015 in Houston und ab 2018 in Boston eingesetzt; das Fahrzeug hat ein spezielles „Retro“-Design.

261 Für Köln und Bonn wurden bis 2011 89 28,4 m lange Fahrzeuge der Serien K5000 und K5200 hergestellt, die in Vielfachsteuerung verkehren können. Zwischen 2008 und 2017 entstanden die 226 Einheiten der Baureihe U5 für Frankfurt am Main (Länge 25 m, vier Einheiten können in Vielfachsteuerung verkehren).

262 Nach den ersten, von Duewag gebauten Stadtbahnwagengenerationen entschied sich der Betreiber für den Hersteller Bombardier (DT8.11, 27 Fahrzeuge, 2003-2005) und hernach für Stadler (DT8.12 und die darauffolgenden Serien, die zu der „Tango“-Familie gehören und ab 2012 gebaut wurden). Diese Züge setzen sich aus zwei permanent gekuppelten Triebwagen zusammen. Auf den neuesten Einheiten sind keine Klapptritte vorhanden.

263 Vossloh-Kiepe/Alstom/HeiterBlick stellten bis 2020 153 Exemplare dieser 25 m langen, zweiteiligen Wagen mit drei Drehgestellen her, welche maximal in Vierfachtraktion verkehren können.

▷ **Bild 8.28**
Ein Brookville-Liberty-Tram mit teilweisem Niederflurbereich in Dallas (USA)

Aufnahme (2016): Michael Barera, Lizenz: CC BY-SA 4.0

▷ **Bild 8.29**
Ein LRV von CAF mit teilweisem Niederflurbereich auf der Green Line in der unterirdischen Haltestelle North Station in Boston (USA)

Aufnahme (2018): MBTA

▷ **Bild 8.30**
Ein aus zwei TW 3000 gebildeter Hochflurzug der Stadtbahn Hannover, (Deutschland) aufgenommen auf der Linie 7 in der Station Kröpcke

Aufnahme (2016): S. Göbel

◁ **Bild 8.31** Hochflurige Bombardier-Trams vom Typ M5000 des Metrolink-Netzes an der Haltestelle St. Peter's Square in Manchester (Vereinigtes Königreich)

Aufnahme (2017): S. Göbel

△ **Bild 8.32** • Ein Hochflur-LRV vom Typ 3010 von Kinki Sharyō auf der Gold Line in Los Angeles (USA)

Aufnahme (2016): LACMTA

Unter den neuesten Hochflurwagen für deutsche Strassenbahnnetze findet sich der Avenio HF6[264] von Siemens.

In Europa wurden abgesehen von den deutschen Netzen neue Hochflurfahrzeuge nur in der englischen Stadt Manchester in Dienst gestellt: ab 2009 kamen die Bombardier-Strassenbahnwagen M5000[265] in Betrieb.

Auf den amerikanischen LRT-Hochflurnetzen sticht, was deren Grösse anbelangt, jenes von Los Angeles hervor, wo zwischen 2008 und 2011 50 Wagen der Serie P2250 des italienischen Herstellers AnsaldoBreda in Betrieb genommen wurden, ab 2016 gefolgt von den Kinki-Sharyō-Wagen P3010.[266]

Absoluter Leader in diesem Marktsegment ist in den ersten 20 Jahren des 21. Jahrhunderts Siemens in Amerika, dessen Niederlassung in Sacramento zwischen 1999 und 2008 363 Wagen des Typs SD160-SD460 für verschiedene LRT-Betriebe (als erster Saint Louis) liefern konnte und 2016 den neuen S200[267] vorstellte.

Schliesslich soll noch der Spezialfall des LRT-Netzes von Tuen Mun in Hong Kong erwähnt werden, wo weiterhin nur einteilige Hochflurfahrzeuge mit der aussergewöhnlichen Länge von 20,5 m eingesetzt werden und von denen verschiedene Generationen angeschafft wurden.[268]

264 Die Düsseldorfer Rheinbahn und die Duisburger Verkehrsgesellschaft haben 2020 91 resp. 18 hochflurige, zweiteilige Stadtbahnwagen bestellt. Die von Siemens hergestellten Wagen mit Jakobsdrehgestell unter dem Gelenk sind für den Einsatz auf dem etwa 85 km langen Normalspurnetz im Ruhrgebiet vorgesehen. Klapptritte ermöglichen den Zugang von den 30 resp. 90 cm hohen Bahnsteigen. Ablieferung ab 2025; es besteht eine Option für weitere 48 Wagen.

265 Diese nicht sehr gefälligen, zur Familie der „Flexity Swift" gehörenden, 28,4 m langen Fahrzeuge, von denen zwei miteinander gekuppelt werden können, ersetzten ab 2014 vollständig die italienischen T68.

266 Diese zweiteiligen, 27 m langen Wagen mit drei Drehgestellen können in Vielfachsteuerung von bis zu drei Einheiten verkehren. Sie ersetzten ab 2018 vollständig die japanischen P865-Wagen von Nippon Sharyō Seizō.

267 Dieses Fahrzeug wurde sowohl für Abschnitte mit LRT-Standard wie auch für von andern Verkehrsteilnehmern benutzte städtische Strassen gebaut. Von diesen 23 m oder 25,8 m langen und 2,65 m breiten Zweiteilern mit drei Drehgestellen können bis zu vier Wagen miteinander gekuppelt werden. Sie wurden zuerst in der kanadischen Stadt Calgary und im folgenden Jahr in San Francisco in Betrieb genommen.

268 Nach den schon erwähnten Strassenbahnwagen der ersten Generationen, die in Australien und Japan gebaut wurden, wandte sich der Betreiber Fahrzeugen aus chinesischer Produktion zu: 22 Wagen wurden 2009 von CSR geliefert, danach – ab 2018 – solche, die der fünften Generation von CRRC (Motor- und motorisierte Beiwagen) angehören.

▷ **Bild 8.33** Ein hochfluriges S200-Tram, in Amerika durch Siemens hergestellt, in Dienst in San Francisco (USA). Beachtenswert ist der niedrige Bahnsteig und der Einstieg mit Treppe im Wageninnern.

Aufnahme (2018): Rossana Conti

▷ **Bild 8.34** Ein aus hochflurigen „Phase-V-Wagen" von CRRC gebildeter Zug auf Testfahrt bei der Haltestelle „Chestwood" in Hongkong (China)

Aufnahme (2019): 春卷柯南, Lizenz: CC BY-SA 4.0

9 Panorama der heutigen Trambetriebe weltweit

Bild 9.1 Ein „Flexity Berlin" von Bombardier in der Version als siebenteiliger Einrichtungswagen im Betriebshof Lichtenberg in Berlin (Deutschland)

Aufnahme (2008): S. Göbel

Dieses Kapitel beschreibt in kurzer Form den aktuellen Stand aller weltweit zurzeit bestehenden Tramnetze. Weitere Informationen finden sich im Anhang B. Die aufgeführten Daten zeigen den Stand 1. Oktober 2022, im Falle der von Russland angegriffenen Ukraine den Stand 24. Februar 2022. Einige im Anhang B schon aufgeführte neue Projekte werden bei Erscheinen dieses Buches fertiggestellt sein.

Im Folgenden, wie auch im Anhang B, wird unter „Netzlänge" die Länge sämtlicher Streckenabschnitte eines Trambetriebes (aufgerundet auf den nächsten Kilometer) verstanden, die kommerziell befahren werden, unabhängig davon, ob ein Abschnitt ein- oder zweigleisig ist, ob die Hin- und die Rückfahrt in parallel verlaufenden Strassen erfolgt oder ob der Abschnitt von mehreren Tramlinien benützt wird. Die zur Betriebsabwicklung nötigen Dienst- und Depotgleise sind ebenfalls nicht inbegriffen.

Westeuropa

Deutschland ist mit fast 3800 km Netzlänge weltweit Rekordhalter, sowohl was die absolute Netzlänge anbelangt wie auch in Bezug auf die Anzahl Einwohner (beim zweiten Kriterium zieht Lettland mit Deutschland gleich). Mehr als 5200 Tramwagen verkehren in 53 Städten (56 bei separater Zählung von Bochum-Gelsenkirchen etc.). Nur zwei dieser Betriebe sind neu[270]. Die Gleise sind je zur Hälfte normal- resp. meterspurig (letzteres zumeist in kleineren Städten), mit zwei Ausnahmen.[271]

Das grösste Stadtnetz ist mit 198 km Länge und 24 Linien jenes von Berlin (Überlandlinien nach Woltersdorf und Rüdersdorf inbegriffen); es ist das drittgrösste weltweit. Dank der Wiedereinführung des Trambetriebs im Westen der Stadt in grossem Massstab wird es in einigen Jahren bald den ersten Rang einnehmen (nach dem Bau der Mauer war die Strassenbahn im westlichen Stadtteil vollständig eingestellt worden). Im Agglomerationsverkehr ist Deutschland vorbildlich: Das Land deckt mit dem Tram die Verkehrsbedürfnisse in den Städten sehr gut ab, mit optimalem Kosten-/Ertragsverhältnis. Die Strassenbahn ist in kleinen und mittleren Städten das Hauptverkehrsmittel, in den grösseren Städten verkehrt sie als Stadtbahn auf Eigentrassee, mit längeren unterirdischen Abschnitten, und ergänzt S-Bahnen, in selteneren Fällen sogar Untergrundbahnen. Als einzige grosse Stadt hat Hamburg keine Strassenbahn. Untergrundbahnen finden sich lediglich in vier Städten (Berlin, München, Nürnberg und Hamburg). Besonders leistungsfähig sind die Tram-/Stadtbahnnetze von Frankfurt am Main (132 km), Stuttgart (131 km) und Hannover (118 km). Von den herkömmlicheren Netzen finden sich nach Berlin die vier grössten in Dresden (130 km), Leipzig (124 km), München (80 km) und Bremen (79 km).

Eine weitere deutsche Eigenheit sind die „Tramagglomerationen", d.h. Strassenbahnnetze mehrerer Städte, die durch Überlandlinien miteinander verbunden sind und in den einzelnen Städten die Gleise der dortigen Linien benützen.[272] Dabei wird der Begriff „Überlandlinien" mit Blick auf den grenzüberschreitenden Charakter (Stadtgrenzen, Kreisgrenzen) der Linien verstanden. Hinsichtlich der Bebauung sind die Städte und Gemeinden teilweise längst zusammengewachsen. Interessanterweise befindet sich im Raum Karlsruhe, der keineswegs zu Deutschlands grössten Agglomerationen zählt, dank der konsequenten Einbeziehung von Eisenbahnstrecken das weltweit grösste, von Trams befahrene Netz (63 km langes Stadtnetz und 581 km langes Überlandnetz). Beachtlich sind auch die Agglomerationen Rhein-Ruhr (mit den zusammenhängenden Netzen der Städte Düsseldorf, Krefeld, Duisburg, Mülheim, Oberhausen, Essen, Bochum und Gelsenkirchen, insgesamt 450 km Normal- und Meterspurlinien), Köln-Bonn (ca. 250 km Normalspur) und Rhein-Neckar (Städte Heidelberg, Mannheim und Ludwigshafen, mit 207 km das grösste Meterspurnetz weltweit).

[270] Es handelt sich um die Städte Oberhausen und Saarbrücken, welche das Tram 1996, resp. 1997 wieder eingeführt haben.

[271] In Dresden beträgt die Spurweite 1450 mm, in Leipzig 1458 mm.

[272] Vor einem Jahrhundert gab es zahlreiche städteverbindende Trambahnen. Heute existiert abgesehen von Deutschland nur noch das polnische Netz in Oberschlesien, mit der Stadt Katowice (Kattowitz) als Zentrum

▷ **Bild 9.2** Ein Bombardier-Tram in steilstreckentauglicher Ausführung („Mountainrunner") für die Pöstlingbergbahn (Linie 50) an der stadtseitigen Endstation Hauptplatz in Linz (Österreich)

Aufnahme (2019): S. Göbel

▷ **Bild 9.3** Ein Urbos-Tram von CAF an der Haltestelle Luxexpo in Luxemburg

Aufnahme (2018): Smiley.toerist, Lizenz: CC BY-SA 4.0

Deutschland ist auch das Heimatland von fünf Tram-Train-Netzen (Beschreibung im Kapitel 11). Das längste ist wie erwähnt dasjenige von Karlsruhe (erste Linie weltweit 1992; hatte Vorbildcharakter für die danach eröffneten Betriebe), gefolgt von Kassel (86 km, zusätzlich zum 74 km langen Stadtnetz einschliesslich dort einbezogener Vorortstrecken).

Die gleiche Philosophie wird auch in den Deutschland geographisch und kulturell nahestehenden Ländern (Österreich, Schweiz und Benelux) praktiziert, welche eine ansehnliche Zahl von Tramnetzen haben und vor allem auf den Ausbau und die Verbesserung dieser Netze setzen.

Österreich verfügt in sechs Städten über Tramnetze mit einer Gesamtlänge von etwa 340 km. Wien ist seit jeher eine der grössten Tramstädte weltweit. Das Netz umfasst 195 km Normalspurstrecken (29 Tramlinien, Überlandlinie nach Baden Josefsplatz inbegriffen). Das zweitgrösste Netz besteht in Innsbruck (Meterspur, 44 km, inklusive Stubaitalbahn).

In der Schweiz gibt es acht Tramstädte; die Netzlänge beträgt etwa 350 km. Auch in diesem Land ist das Verhältnis Netzlänge – Anzahl Bewohner sehr gut. Mit Ausnahme von Lausanne (s.u.) sind es alles Meterspurbetriebe; ab Ende 2022 wird auch die seit ihrer Eröffnung (1880) bis 2021 750-mm-spurige Waldenburgerbahn als Meterspurbahn und mit Tramlink-Fahrzeugen betrieben.

Das grösste Netz hat Zürich (Gesamtnetzlänge etwa 130 km; 19 Linien, wovon sechs Überlandtrambahnen und eine Zahnradtrambahn), auf dem zweiten Rang ist Basel (102 km, elf Linien [Überlandlinien inbegriffen] mit drei internationalen Linien – eine nach Deutschland, zwei nach Frankreich), auf dem dritten Genf (37 km, mit einer Linie nach Frankreich). Einzige neue Tramstadt ist Lausanne: 1991 wurde zur Erschliessung der Universität und der Eidgenössischen Hochschule in Dorigny eine normalspurige Linie von Lausanne-Flon nach Renens-Gare in Betrieb genommen, die ähnliche Charakteristiken wie die deutschen Stadtbahnen aufweist.

In Lugano wird auf der Überlandbahn nach Ponte Tresa (ein zukünftiger Tram-Train-Betrieb) Rollmaterial mit Tramcharakteristiken eingesetzt.

Benelux-Staaten: Seit 2017 ist in der luxemburgischen Hauptstadt wieder eine Strassenbahnstrecke (T1) vorhanden, die zum Zeitpunkt des Erscheinens dieses Buches 8,5 km lang ist (Luxexpo–Gare centrale–Lycée Bouneweg/Bonnevoie), weiter ausgebaut wird und seit 2020 gratis benützt werden darf!

Vorbildlich ist auch Belgien: Das Land hat ein normalspuriges (Brüssel) und vier meterspurige Tramnetze mit einer Gesamtlänge von ca. 350 km. 2023 wird in Liège/Lüttich eine 12 km lange, normalspurige Tramlinie in Betrieb genommen. Das grösste Netz ist jenes der Hauptstadt Brüssel (133 km, 17 Linien), das zweitgrösste ist in Antwerpen, 89 km, 14 Linien), gefolgt von Charleroi; in diesen drei Städten gibt es unterirdische „Prémétro"-Abschnitte. Die längste Überland-Tramstrecke der Welt (68 km) ist das „Kusttram": es fährt entlang der Nordseeküste von der französischen bis zur niederländischen Grenze und ist die einzige übriggebliebene Strecke des einst riesigen (mehr als 4000 km) langen Überlandtramnetzes Belgiens.

Die Länge aller Strassenbahnlinien der Niederlande beträgt 337 km, alle in Normalspur. Trambetriebe finden sich in vier Städten: Das grösste Netz ist dasjenige in Den Haag (139 km; zwölf Linien; zwei Tram-Train-Linien „Randstadrail" inbegriffen), gefolgt von Amsterdam (96 km), Rotterdam (74 km), und Utrecht (28 km). Utrecht ist ein Spezialfall unter den „neuen Tramsystemen", da es 1983 nach deutschem Vorbild mit Hochperrons gebaut und im Zusammenhang mit der Inbetriebnahme von neuem Rollmaterial im zweiten Jahrzehnt dieses Jahrhunderts mit niederen Haltestelleninseln versehen wurde.

Frankreich hat nach der Einstellung der Trambetriebe in allen ausser drei Städten[273] während der letzten 35 Jahre mit einem grossen Aufwand das Tram in 29 Städten (total beinahe 1000 km) mit rund 1600 Fahrzeugen wieder eingeführt, sogar in kleinen Städten wie Aubagne (47.000 Einwohner; Benutzung gratis)! Nur die Netze von Lille und Saint-Étienne sind meterspurig, alle andern sind normalspurig. Im Durchschnitt sind die Netze jedoch noch nicht sehr lang, zumal sie erst vor wenigen Jahren gebaut wurden.

Das längste Netz ist jenes von Paris, das aus nicht miteinander verknüpften Linien mit verschiedenen, untereinander nicht kompatiblen Techniken besteht: Mehr als ein halbes Jahrhundert nach der Einstellung des Trambetriebs wurde ab den 90er Jahren damit begonnen, neue Tramlinien aufzubauen, aber nur in der Peripherie der Hauptstadt, d.h. Tangentiallinien und Tram-Train-Linien, die zum Teil auf aufgegebenen Eisenbahnstrecken verkehren, und neuerdings auch Linien, die Zubringerfunktionen zu ausserhalb der Stadt gelegenen Untergrundbahnendstationen haben. 2022 hat das Pariser Strassenbahnnetz mit elf Linien bereits eine Länge von 157 km und wird weiter ausgebaut. Inzwischen gibt es auch im Raum Île-de-France (Grossraum Paris) Tram-Train-Linien mit Tramstrecken-Abschnitten.

Das zweitlängste Tramnetz ist jenes von Nantes (1985 erste „neue" Tramstadt, 44 km plus 88 km Tram-Train), das drittlängste jenes von Lyon (66 km plus 7 km Rhônexpress [Abschnitt Meyzieu-les-Panettes–Aéroport Lyon Saint-Exupéry] plus 40 km Tram-Train)[274], gefolgt von Bordeaux (Pionierstadt für das unterirdische Speisesystem APS, 75 km), Montpellier (56 km) und Strassburg (46 km, mit einer Linie, die in Kehl [Deutschland] endet). Die einzige wirkliche Tram-Train-Linie verbindet die Stadt Mulhouse mit Thann Saint-Jacques (15 km; das städtische Tramnetz misst 13 km), während es sich in den andern Fällen in Frankreich um uneigentliche, komplett vom Strassenverkehr getrennte Tram-Train-Linien handelt, obwohl das Rollmaterial auch auf den städtischen Abschnitten eingesetzt werden könnte (vgl. dazu das Kapitel 11).

Frankreich ist auch das Land, wo das „Tram auf Pneurädern" seinen Ausgang genommen hat (es verkehrt zurzeit in Nancy, Clermont-Ferrand und Paris; in Caen ist es kürzlich durch eine herkömmliche Strassenbahn ersetzt worden).

In Italien, einst ein Land mit grosser Tramtradition, ist die Strassenbahn in moderner Form ab 2003 (mit der Inbetriebnahme der Linie in Messina) nur in acht Städten angekommen.[275] Die Wirtschaftskrise am Ende des ersten Jahrzehnts des 21. Jahrhunderts hat weitere Entwicklungen sehr verlangsamt. Zurzeit gibt es Tramlinien in 15 Städten; die Netzlänge ist nicht sehr bedeutend (351 km), und es verkehren etwa 1000 Fahrzeuge.

Die wichtigsten Netze, welche die alte, „italienische" Spurweite von 1445 mm beibehalten haben, sind – ihrer Länge nach aufgeführt – Mailand (gehört mit 117 km zu der Gruppe der 30 Städte mit den längsten Tramnetzen weltweit, mit 17 Linien und über 400 Tramwagen, wovon 125 historische „Milano 28" mit einteiligem Kasten vom Typ Peter Witt), Turin mit 65 km (mit fahrplanmässig betriebenen Museumslinien [Linie 7 und die Zahnradtrambahn Sassi-Superga]) sowie Rom (41 km).

Neben Frankreich ist Italien das einzige andere Land mit auf Pneurädern verkehrenden Tramwagen (Padua und Venedig). Alle andern neuen Trambetriebe haben Normalspur; einige der kleineren, schon bestehenden haben ihre Schmalspur beibehalten.

Spanien hat 1988, nach vorangegangener Schliessung aller Trambetriebe, in Valencia das erste neue Tramnetz eröffnet: Abgestimmt auf die grosse Entwicklung, welche in diesem Land alle öffentlichen Transportinfrastrukturen durchlaufen haben, wurde eine ganze Anzahl Tramnetze in Betrieb genommen (in 15 Städten; gesamte Streckenlänge etwa 260 km, fast 300 Wagen). Die Ausführung ist meistens in Normalspur, einige Netze in Meterspur und dasjenige von Cádiz sogar in Breitspur (1668 mm). Längstes ist das meterspurige Netz von Alicante (57 km, wovon 29 km Tram-Train); alle andern sind noch ziemlich klein.

Bezeichnend sind die Fälle von Jaén und Vélez-Malaga, wo der Betrieb wegen Meinungsänderungen hinsichtlich der Rentabilität schon kurze Zeit nach der Inbetriebnahme eingestellt wurde.[276]

Im Nachbarland Portugal, wo nur in Almada ein neues Netz in Betrieb genommen wurde (2007), gibt es Strassenbahnen in vier Städten; Gesamtlänge 127 km. Das moderne, gemäss Prémétro-Standards konzipierte Netz von Porto ist mit 67 km und zusätzlich 9 km historischen Linien das grösste der Iberischen Halbinsel. Es ist in Normalspur ausgeführt und kontrastiert stark mit dem Stadtnetz der Hauptstadt Lissabon, das nur noch 27 km lang ist, eine Spurweite von 900 mm aufweist und auf dem grösstenteils die kleinen, gelben zweiachsigen Motorwagen „Remodelados" verkehren.[277]

Im Vereinigten Königreich spielen Trambahnen (wie auch die Eisenbahnen) nicht die Rolle, die ihnen in einem Industrieland zukommen sollte, ganz im Gegensatz zu der diesbezüglich glorreichen Vergangenheit: Die aktuellen Statistiken erwähnen knappe 250 km Normalspurstrecken in sieben Städten/Agglomerationen, in denen Tramwagen verkehren; nur der Trambetrieb von Blackpool hatte die Netzeinstellungskampagne überlebt.

273 Marseille, Lille und Saint-Étienne

274 Sowohl in Nantes wie in Lyon („Tram-train de l'ouest lyonnais") verkehren die Tram-Train-Fahrzeuge nicht auf den Stadtlinien.

275 Als Folge des Erdbebens von 2009 in den Abruzzen wurde das Tram auf Pneurädern für die Stadt L'Aquila definitiv aufgegeben. Die Arbeiten hatten schon begonnen, waren aber wegen juristischer Probleme eingestellt worden.

276 In Jaén (115.000 Einwohner) wurde 2011 eine 5 km lange Linie eingeweiht, die von fünf Tramwagen befahren, aber nach kaum drei Monaten eingestellt wurde. In Vélez-Málaga (57.000 Einwohner) wurde 2012 eine 2006 gebaute, 6 km lange Linie geschlossen. Die drei Trammotorwagen gingen an die australische Stadt Sydney.

277 Die mythische Linie 28 befährt die steilen und engen Strassen des Alfama-Quartiers. Sie ist eine wichtige touristische Attraktion der lusitanischen Hauptstadt, aber auch weltweit eine Tramikone.

▷ **Bild 9.4**
Ein „Flexity Outlook“ kommt aus dem Noailles-Tunnel in Marseille (Linie T1).

Aufnahme (2008): R. Cambursano

▷ **Bild 9.5**
Ein Schmalspur-Tram Typ Urbos 3 von CAF bei der Haltestelle San Gottardo der Linie 2 in Cagliari (Italien)

Aufnahme (2018): Smiley.toerist, Lizenz: CC BY-SA 4.0

▷ **Bild 9.6**
Ein Citadis-Tram auf palmengesäumtem Rasengleis-Trassee auf der Linie T2 in Barcelona (Spanien)

Aufnahme (2014): S. Göbel

◁ **Bild 9.7**
Zwei Incentro-Tramwagen von Adtranz bei der ehemaligen Endstation Nottingham Station in Nottingham (Vereinigtes Königreich)

Aufnahme (2009): R. Cambursano

◁ **Bild 9.8**
Eine durch Stadler hergestellte Variobahn bei der Endhaltestelle Byparken der „Bybane"-Linie in Bergen (Norwegen)

Aufnahme (2018): R. Cambursano

◁ **Bild 9.9**
Ein Tatra-Tramzug in der unterirdischen Haltestelle Ploshchad Lenina in Wolgograd (Russland)

Aufnahme (2015): A.Savin, WikiCommons, Lizenz: CC BY-SA 3.0

Das grösste Netz, jenes von Manchester („Metrolink"), wurde 1992 eingeweiht; es erstreckt sich mit neun Linien auf 98 km und wird von 147 Einheiten befahren. Es weist Hochflurhaltestellen auf, was in der Peripherie, wo auf mehreren eingestellten Bahnlinien gefahren wird, ideal ist, aber in den Städten, wo die Wagen im Unterschied zu den deutschen Stadtbahnnetzen vollständig an der Oberfläche verkehren, nicht eben eine städtebauliche Bereicherung darstellt. An zweiter Stelle ist das „Supertram" von Sheffield (Netzlänge 35 km, drei Tramlinien, eine Tram-Train-Linie) zu erwähnen.

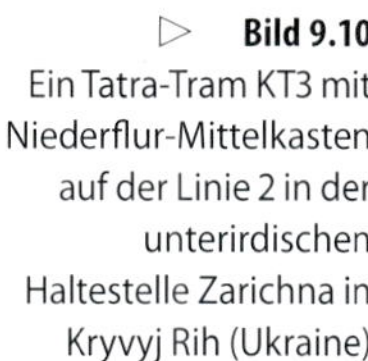

Bild 9.10
Ein Tatra-Tram KT3 mit Niederflur-Mittelkasten auf der Linie 2 in der unterirdischen Haltestelle Zarichna in Kryvyj Rih (Ukraine)

Aufnahme (2012): Andrew J. Kurbiko,

Andererseits können sich die britischen Inseln einer ganzen Anzahl von historischen Tramlinien sowie vieler bahn- und tramtechnischer Museen rühmen, z.B. auf der Insel Man, wahrhaft ein Mekka für Liebhaber von alten Fahrzeugen!

In Irland hat nur die Hauptstadt Dublin wieder ein Strassenbahnnetz gebaut (Einweihung 2004, zwei Linien, Netzlänge 44 km; Bezeichnung „Luas" = gälisch für „Geschwindigkeit").

In den skandinavischen Ländern ergaben sich beim schienengebundenen öffentlichen Stadtverkehr in letzter Zeit erfreuliche Entwicklungen.

In Schweden gibt es vier Strassenbahnstädte (Gesamtlänge der Netze 182 km, alle in Normalspur). Das grösste (118 km) und effizienteste ist jenes von Göteborg; das mit 40 km zweitgrösste, vor allem an der Stadtperipherie angelegte, findet sich in Stockholm. Das Netz von Norrköping ist 18 km lang. Eine „neue" Tramstadt ist Lund, wo 2020 eine 5,5 km lange Linie in Betrieb genommen wurde.

In Finnland gibt es in der Hauptstadt Helsinki ein 50 km langes Meterspurnetz. In Tampere existiert seit 2021 ein 18 km langes Normalspurnetz. Somit beträgt die Länge aller Tramlinien Finnlands 68 km.

In Norwegen sind total 72 km Normalspurtramlinien in drei Städten vorhanden: Das Netz von Oslo misst 43 km, jenes von Bergen 20 km (seit 2010 eine „neue Tramstadt") und in Trondheim findet sich eine 9 km lange Linie.

Dänemark hat den vor fast 50 Jahren eingestellten Trambetrieb wieder aufgenommen: Aarhus hat sein 110 km langes Netz (fast ausschliesslich Tram-Train-Linien) 2017 eingeweiht; Odense folgte Ende Mai 2022 mit 14 km. Die Gesamtlänge der Tramnetze von Dänemark beträgt somit 124 km.

Osteuropa

In den ex-kommunistischen Staaten ist die Strassenbahn das verbreitetste öffentliche Verkehrsmittel geblieben. Im osteuropäischen Raum gibt es wenige „neue Tramstädte", weil das Tram schon lange fast überall vorhanden ist. Bedauerlicherweise mussten – wie bereits im Kapitel 8 erwähnt – einige Betriebe in Ländern ausserhalb der Europäischen Union schliessen, auch in letzter Zeit, wegen zu schlechtem Zustand des Rollmaterials und der Infrastruktur.

Beginnen wir mit dem wichtigsten Land, Russland, das erst seit kurzem neue Fahrzeuge aus eigener oder osteuropäischer Produktion in Betrieb nimmt, um dem Niedergang, der nach dem Fall des Eisernen Vorhangs eingetreten ist, entgegenzuwirken. Das grosse Land hat weltweit immer noch am meisten Trambetriebe (60) und den grössten Fahrzeugbestand (circa 6300 Trammotorwagen, zumeist ältere, einteilige Wagen). Es belegt mit mehr als 2200 km Netzlänge nach Deutschland den zweiten Rang; die meisten Netze haben die typische russische Breitspur von 1524 mm.

Sankt Petersburg hat mit 41 Linien und 222 km Netzlänge das weltweit zweitgrösste Strassenbahnnetz.[278] Das zweitgrösste Netz Russlands (170 km, 41 Linien) findet sich in Moskau; dasjenige von Jekaterinburg ist 87 km lang. Weitere umfangreiche Netze: Nischni Nowgorod (74 km), Magnitogorsk (73 km), Samara (69 km), Nowosibirsk (62 km), Tscheljabinsk (61 km), Kasan (59 km) und Wolgograd (58 km; ein Streckenabschnitt unterirdisch, mit Prémétro-Standard).

Auf den beiden grössten Netzen dominieren nunmehr Tramwagen neuerer Generation aus einheimischer Produktion; auf den kleineren Netzen sind die alten, glorreichen Wagen der sozialistischen Welt, die Tatra T3 und KTM5, immer noch sehr verbreitet. Zum Teil sind es von den grösseren russischen Städten übernommene Fahrzeuge.

[278] Das Tramnetz der russischen Stadt war einst das längste der Welt, wurde aber ab den 1990er Jahren beträchtlich gekürzt.

Eine sehr ähnliche Situation wie in Russland findet sich in den ex-sowjetischen, nicht in die Europäische Union integrierten Staaten.

In der Ukraine (Stand vor der russischen Invasion) gibt es noch 18 Tramnetze mit fast 1000 km Netzlänge, fast alle in Breitspur und mehr als 2200 Wagen. Das grösste Netz findet sich in der Hauptstadt Kiew (145 km, 19 Linien), gefolgt von Charkiw (109 km), Krywyj Rih (106 km; ein Streckenabschnitt unterirdisch mit Prémétro-Standard), Odessa (99 km) und Dnipro (bis Mai 2016 Dnipropetrowsk genannt, 88 km).

In Weissrussland (Belarus) gibt es vier Breitspurnetze mit einer Gesamtlänge von 90 km. Nach einer Schrumpfung des Netzes in der Hauptstadt Minsk ist das grösste jenes der Stadt Vitebsk (35 km).

Es folgt eine Zusammenstellung der Situation in den osteuropäischen Ländern, die zur EU gehören.

Beginnen wir mit den beiden baltischen Republiken, die Trambetriebe haben: Lettland hat mit Deutschland mit 95 km in drei Städten und einer Einwohnerzahl von etwa 1,9 Millionen das Primat der grössten Länge aller Tramnetze pro Einwohner (4,5 cm/Kopf). Das längste Netz ist jenes der Hauptstadt Riga (61 km, Breitspur).

Estland verfügt nur über ein 18 km langes Kapspurnetz (1067 mm) in der Hauptstadt Tallinn.

In Litauen gibt es keine Trambetriebe.

Polen ist ein Land, in dem das Tram eine grosse Bedeutung hat. Die Spurweite ist zumeist 1435 mm. Die gesamte Netzlänge beträgt fast 900 km. Ungefähr 3400 Wagen (drittgrösster Wagenpark weltweit) verkehren in 15 Städten.

Das grösste Netz ist das Überlandnetz von Oberschlesien mit Zentrum Katowice (Kattowitz), das trotz Einstellungen in grösserem Umfang in den letzten Jahren noch die ansehnliche Netzlänge von 168 km hat (24 Linien). In der Hauptstadt Warszawa (Warschau, 127 km) verkehren 25 Linien, das Liniennetz von Łódź (Lodz)

Bild 9.11
Ein Škoda-Tram 15T in Riga (Lettland)

Aufnahme (2011): Dezidor, Lizenz: CC BY-SA 3.0

Bild 9.12
Ein aus zwei von Alstom-Konstal 2000-2001 produzierten 105N2k/2000-Wagen bestehender Tramzug auf der Linie 26 in Warschau (Polen) fährt über die Śląsko-Dąbrowski-Brücke.

Aufnahme (2013): A.Savin, WikiCommons, Lizenz: CC BY-SA 3.0

ist 112 km lang (103 km Stadt- und 9 km Überlandnetz), jenes von Wrocław (Breslau) 92 km, gefolgt von Kraków (Krakau) 89 km, Poznań (Posen) 73 km, Gdańsk (Danzig) 58 km. Polen hat auch eine neue Tramstadt, Olsztyn (Allenstein), wo 2015 ein 10 km langer Trambetrieb mit drei Linien eingeweiht wurde.

Auch in Mittel- und Osteuropa gibt es zahlreiche Trambetriebe. In der Tschechischen Republik sind sieben Normalspurnetze mit einer Gesamtlänge von ca. 350 km vorhanden: Praha (Prag) hat das grösste, sehr kapillare Netz mit 23 Linien (138 km, ca. 900 Wagen), gefolgt von Brno (Brünn, 72 km) und Ostrava (Mährisch-Ostrau, 62 km). Die letzte Meterspurlinie (zwischen dem Viadukt beim Bahnhof Liberec/Reichenberg und Jablonec nad Nisou/Gablonz an der Neisse) ist 2021 auf Normalspur umgebaut worden.

Bild 9.13
Der für Trams reservierte Tunnel unter dem Schlosshügel von Bratislava (Pressburg, Slowakei)

Aufnahme (2017): Pixabay Lizenz: Pixabay

In der Slowakei gibt es drei Tramnetze, die zusammen 76 km lang sind. Das grösste ist in der Hauptstadt Bratislava (Pressburg): 38 km in Meterspur.

Ungarn verfügt in vier Städten über mehr als 200 km Tramstrecken, alle in Normalspur. Budapest hat mit 151 km das längste Tramsystem, das von 26 Linien befahren wird (eine Zahnradtramlinie inbegriffen). Rumänien, obwohl gesamthaft im Vergleich zu den nördlicheren ehemaligen Bruderländern etwas weniger entwickelt,

hat in zehn Städten Tramnetze von total 363 km Länge, teils in Meterspur, teils in Normalspur. Das grösste ist in Bukarest (143 km, 25 Linien, Normalspur).
In Bulgarien gibt es nur in der Hauptstadt Sofia Tramlinien. Das fast 80 km lange Netz hat zwei Spurweiten: alle älteren Linien 1009 mm, die drei neueren Linien sind normalspurig, wobei ein 4 km langer, zentral gelegener Abschnitt mit einem Dreischienengleis ausgerüstet ist.
Strassenbahnbetriebe gibt es in drei Ländern des einstigen Jugoslawien. In Bosnien-Herzegowina besteht in Sarajevo ein 11 km langes Normalspurnetz. Auch in Serbien gibt es nur eine Tramstadt: Belgrad. Das Meterspurnetz ist 47 km lang und umfasst zehn Linien. In Kroatien befinden sich zwei Tramstädte mit total 66 km Netzlänge (1000 mm). Dasjenige von Zagreb ist respektable 54 km lang.

▷ **Bild 9.14** Zweiteiliges Schmalspur-Gelenktram T6M-700 mit drei Drehgestellen (1986 vom örtlichen Verkehrsbetrieb hergestellt und 2009 modernisiert), in Dienst in Sofia (Bulgarien)

Aufnahme (2019): José Banaudo

Das europäische Trampanorama beschliesst Griechenland, wo das Tram anlässlich der Olympischen Spiele von 2004 zurückgekehrt ist. Das Netz von Athen ist zurzeit 30 km lang; in allen anderen Städten gibt es keine Trambetriebe.

Asien

Die Türkei, Brückenstaat zwischen Europa und Asien, lange Zeit ohne moderne Verkehrssysteme, erlebt zurzeit eine sehr starke Entwicklung ihrer Transportinfrastrukturen.

▷ **Bild 9.15** Zwei Končar-Crotram-Fahrzeuge der Serie TMK 2200 in Zagreb (Kroatien), aufgenommen bei der Endstation Dubrava

Aufnahme (2009): Ex13, Lizenz: CC BY-SA 3.0

▷ **Bild 9.16** Zwei Züge aus je zwei „Flexity Swift" von Bombardier auf der Linie T1 passieren die Galatabrücke in Istanbul (Türkei).

Aufnahme (2013): S. Göbel

Bild 9.17
Ein Citadis-Tram von Alstom fährt als Linie 1 über die Calatrava-Brücke „Weiße Harfe" bzw. „Chords Bridge" in Jerusalem (Israel).

Aufnahme (2011): User:Matanya, Lizenz: CC BY-SA 3.0

1992 wurden in Istanbul und Konya die ersten beiden Trambetriebe eröffnet. Bis heute sind in acht weiteren Städten Tramlinien hinzugekommen. Die Gesamtlänge aller Netze beträgt circa 300 km (fast alle in Normalspur), auf denen mehr als 500 Strassenbahnwagen verkehren.
Das längste Netz (54 km, Meterspur) ist jenes von Eskişehir, aber das wichtigste ist jenes von Istanbul (47 km, mit 200 Tramwagen): Es ist das einzige Tramsystem weltweit, das auf zwei Kontinenten fährt; die beiden Teilnetze sind aber nicht miteinander verbunden. Auf Rang 3 ist Antalya mit 46 km Netzlänge.
Im Mittleren Orient finden sich einige normalspurige Trambetriebe neueren Datums.
Israel hat als erster Staat in dieser geographischen Zone im Jahr 2011 in Jerusalem eine 14 km lange Stadtbahnlinie in Betrieb genommen. Weit fortgeschritten ist der Bau von drei Tramlinien in Tel Aviv, die ab 2023 („Red line": erste, 24 km lange Linie) in Betrieb genommen werden sollen.
In Dubai, eine Stadt in den Vereinigten Arabischen Emiraten, wurde 2014 eine 12 km lange Strecke in Betrieb genommen, die weltweit als erste auf ihrer ganzen Länge keine Fahrleitung aufweist (Speisung der Fahrzeuge mit dem APS-System).

Bild 9.18
Citadis-Trams von Alstom mit unterirdischer Speisung (APS) an der mit klimatisierten Wartezonen ausgestatteten Haltestelle Dubai Marina in Dubai (Vereinigte Arabische Emirate)

Aufnahme (2015): Alstom/HUGUET Linda

Bild 9.19
Ein Tram von CSR-Zhuzhou mit Siemens-Lizenzen in Kanton (Guangzhou, China)

Aufnahme (2014): Nissangeniss, Lizenz: CC BY-SA 4.0

2015 kam eine touristische Linie hinzu, die von Replica-Fahrzeugen mit Brennstoffzellenantrieb befahren wird.

Im Emirat Katar existieren zurzeit zwei Tramnetze, die zusammen 19 km lang sind. Das erste wurde 2018 in der Hauptstadt Doha eröffnet. Seit 2022 existiert im benachbarten Lusail ein zweites Netz, das im Endausbau eine Länge von 28 km und vier Linien haben soll.

In den weiter östlich gelegenen Gebieten finden sich ehemalige sowjetische Staaten, in denen es nur in zweien Trambetriebe gibt:

In Usbekistan ist die Strassenbahn in der Stadt Samarkand 2017 wieder eingeführt worden (zwei Linien in Breitspur; totale Länge 11 km). Die Fahrzeuge stammen aus der Hauptstadt Taschkent, wo der Trambetrieb 2016 eingestellt worden war.

Das zweite Land ist Kasachstan, das drei Breitspur-Strassenbahnnetze (darunter jenes von Pawlodar, mit 45 km das längste des Staates) beibehalten hat; heutige Länge total 73 km. In der Hauptstadt Nursultan (vormals Astana) waren die Arbeiten für eine Linie mit LRT-Standard, die 2017 hätte in Betrieb gehen sollen, eingestellt worden.

Auf dem restlichen asiatischen Kontinent ist das Tram nur in wenigen andern Ländern vorhanden.

In Indien überlebt das einzige und historische, fast 70 km lange Netz von Kolkata (Kalkutta), auf dem etwa 250 Tramwagen verkehren, möglicherweise die am schlechtesten unterhaltenen Fahrzeuge weltweit, die aber trotzdem fahren und es deswegen verdienen, bewundert zu werden.

Besonders aufsehenerregend ist China, wo die modernen, schienengebundenen Verkehrsmittel (alle in Normalspur) ab Beginn des 21. Jahrhunderts Eingang gefunden haben, einen eigentlichen Boom erleben und sich mit schwindelerregender Geschwindigkeit verbreiten, wie sonst nirgends auf der Welt.

Die erste moderne Linie wurde 2007 in Tianjin (es handelt sich um ein Tram mit Pneurädern, solche Fahrzeuge verkehren zum Teil auch in Shanghai) eingeweiht. Zurzeit gibt es in China 24 Trambetriebe (wovon nur drei schon im 20. Jh. existierten[279]) mit fast 900 Wagen; totale Netzlänge mehr als 500 km.

Das Tram ist nur in den kleineren Städten das Hauptbeförderungsmittel; in den grösseren hat es eine Zubringerfunktion zu den peripher gelegenen Endstationen der Untergrundbahnlinien, die den eigentlichen Massentransport bewältigen.

[279] Es sind dies Dalian, Changchun und Hongkong (britische Kolonie bis 1997).

▷ **Bild 9.20**
Trams im Depot Arakawa (Bezirk von Tokyo, Japan)

Aufnahme (2017) aus: pxhere.com, Lizenz: Creative Commons Zero (CC0)

▷ **Bild 9.21**
Ein Flexity-2-Tram von Bombardier in der Stadt Gold Coast (Australien)

Aufnahme (2017) aus: Pixabay, Lizenz: Pixabay

Zurzeit werden im ganzen Land viele neue Tramlinien gebaut oder sind in Planung, mit dem erklärten Ziel, in den nächsten zehn Jahren die Netzlängen zu verzehnfachen, was China über kurz oder lang weltweit auf einen der ersten Ränge unter den Tramländern bringen wird.

Das zurzeit längste Netz ist mit 60 km und sechs Linien dasjenige von Shenyang. Einen Spezialfall stellt Hongkong dar, das über zwei von Grossbritannien „geerbte", zusammen ca. 50 km lange Tramnetze verfügt. Das historische im Zentrum hat eine Spurweite von 1067 mm und wird von den typischen Doppelstockwagen befahren. Das in der peripheren Zone gelegene Netz von Tuen Mun existiert seit 1988, ist normalspurig und weist Stadtbahn-Standard auf.

Das Rollmaterial der chinesischen Trambetriebe wird fast gänzlich von einheimischen Produzenten hergestellt, zum Teil werden aus der westlichen Welt stammende oder in Lizenz erzeugte Komponenten verbaut. Die verwendeten Technologien entsprechen den modernsten, internationalen Standards.[280]

Auch in Taiwan, dem „anderen China", gibt es in zwei Städten seit kurzem moderne, normalspurige Tramlinien von total 25 km Netzlänge. Das grössere der beiden Netze, 2016 eingeweiht, ist mit einer 15 km langen Linie jenes von Kaohsiung.

[280] China bietet sich auch als Lieferant für betriebsbereite Schienenverkehrsnetze in Staaten an, mit denen es in Handelsbeziehungen steht, z.B. Äthiopien und Nigeria.

In Japan entspricht die Anzahl Trambetriebe nicht dem Rang des Landes als grosse Industriemacht: nur etwa 300 km Tramstrecken in 18 Städten, zumeist in Kapspur (1067 mm) und etwa 750 zumeist ältere Tramwagen, ganz im Gegensatz zum Eisenbahnnetz, das zu den wichtigsten weltweit gehört! Das längste Tramnetz (35 km, Normalspur) ist jenes von Hiroshima, dieweil sich moderne Tramsysteme nur in Toyama („Portram", Einweihung 2006) und Utsunomiya (Einweihung wahrscheinlich 2023) befinden, resp. befinden werden.

In Nordkorea gibt es drei insgesamt etwa 70 km lange Trambetriebe mit verschiedenen Spurweiten, die 1991–2020 eröffnet wurden. Sie werden hauptsächlich von etwa 300 verschiedenen Tatrawagen aus Osteuropa befahren (neue oder Occasionsfahrzeuge); einige stammen aus örtlicher Produktion und 18 Tramzüge wurden aus der Schweiz importiert. Das längste Netz ist jenes der Hauptstadt Pjöngjang (54 km).

Ozeanien

Der kleinste Kontinent ist hinsichtlich seiner Trambetriebe nicht der unbedeutendste: Heute gibt es in Australien in

◁ **Bild 9.22**
Ein Citadis-Tram Typ 402 von Alstom in Sétif (Algerien)

sechs Städten Tramnetze von total 326 km Länge in Normalspur. Melbourne hat mit 250 km das einzige grössere und zugleich weltweit grösste Netz; es umfasst 24 Linien und wird von 500 Wagen befahren.

Das erste neue System wurde in Sydney 1996 eröffnet; es ist mit 25 km Länge das zweitgrösste des Landes.

Seit den 1970er Jahren gibt es in Australien zudem auch einige ausschliesslich touristische Betriebe, zumeist auf historischen Strecken.

Dieses Konzept findet sich auch in Neuseeland, wo es nur historische Linien (in Christchurch und Auckland), aber keinen regelmässigen Betrieb gibt.

Afrika

In Afrika finden sich Trambetriebe in sechs Ländern, alle in Normalspur, wobei nur das 32 km lange Netz in der ägyptischen Stadt Alexandria eines der ersten Generation ist.

In den anderen nordafrikanischen, am Mittelmeer gelegenen Ländern finden sich bedeutende, moderne Trambetriebe. Tunesien führte 1985 als erstes Land in der Hauptstadt Tunis das Tram wieder ein: Das gemäss deutschem Stadtbahnmodell konzipierte, aus sechs Linien bestehende Netz ist 45 km lang und wird von 173 Wagen befahren.

Marokko verfügt über zwei neue Tramnetze von total 74 km Länge in der Hauptstadt Rabat (Eröffnung 2011), resp. Casablanca (Eröffnung 2012, mit 48 km grösstes Netz Afrikas, 124 Fahrzeuge).

Algerien ist mit 117 km Tramlinien in sieben Städten und über 200 Wagen neuer Generation das wichtigste afrikanische Tramland. Die Hauptstadt Algier war die erste Stadt, in der das Tram wieder eingeführt wurde (2011). Ihr Netz ist mit 23 km das längste des Landes. Die Bauarbeiten für Tramnetze in Batna und Annaba sind zurzeit unterbrochen. In Annaba befindet sich eine Fabrik, in der in einem Joint-Venture mit Alstom Tramwagen hergestellt werden, was für den bemerkenswerten Fortschritt des Trams im Land ausschlaggebend ist.

Auf der Insel Mauritius ist im Jahr 2020 eine Überlandtramlinie eingeweiht worden, die von der Stadt Port Louis ausgeht und nun 26 km lang ist.

In der äthiopischen Hauptstadt Addis Abeba existiert seit 2014 ein aus zwei Linien bestehendes, 32 km langes Tramnetz.

Ausser drei sehr kleinen historisch-touristischen Betrieben in Südafrika resp. Simbabwe und in Ägypten gibt es in Afrika sonst keine weiteren Trambahnen.

Amerika

Nach Europa ist – was Strassenbahnbetriebe angeht – Nordamerika der zweitwichtigste Kontinent, bis zum Zweiten Weltkrieg führend in der Entwicklung und danach in der Beseitigung des Verkehrsmittels Strassenbahn. Wie in Westeuropa trat ab Ende der 1970er Jahre eine Tendenzumkehr ein, was nach und nach zur Wiedereinführung von Tramsystemen in den Städten führte.

Die Vereinigten Staaten sind zurzeit mit Strassenbahnnetzen von gut 1600 km Länge weltweit an dritter Stelle, was aber im

◁ **Bild 9.23**
Ein Urbos-100-LRV von CAF fährt in Port Louis (Mauritius) vor Aufnahme des kommerziellen Betriebs über einen Viadukt der Überlandlinie nach Curepipe.

▷ **Bild 9.24**
Ein Siemens-LRV S70 an der Haltestelle Fort Douglas des TRAX-Netzes von Salt Lake City (USA)

Aufnahme (2012): vxla, Lizenz: CC BY-SA 2.0

▷ **Bild 9.25**
Ein Einrichtungsfahrzeug „Flexity Outlook" von Bombardier in Toronto (Kanada), Stromversorgung mit Stangenstromabnehmer, doch zusätzlich ist bereits ein Pantograph montiert.

Aufnahme (2017): S. Göbel

Vergleich zur Anzahl Bewohner nicht umwerfend ist. Die Gleise sind – abgesehen von einigen wichtigen Ausnahmen[281] – normalspurig.

In den meisten der zurzeit 40 von fahrplanmässig eingesetzten Tramwagen bedienten Städte bestehen moderne LRT-Systeme, die zum grossen Teil vom deutschen Stadtbahnmodell inspiriert und teilweise mit Hochperrons ausgerüstet sind.

[281] Philadelphia (1581 mm), New Orleans und Pittsburgh (1588 mm)

Liste der Städte mit langen Tramnetzen: Dallas (160 km), Los Angeles (150 km), Portland (108 km), San Diego (100 km, erste Stadt des Landes, welche 1981 das Tram moderner Generation eingeführt hat), Denver (94 km), Salt Lake City (75 km), Saint Louis (73 km) und Sacramento (69 km).

Von den Tramnetzen, welche die Einstellungswelle überlebt haben, ist dasjenige von San Francisco mit fast 80 km Länge (Total der historischen und der modernen Linien) das wichtigste.

In einem Dutzend Städten ist eine beachtliche Anzahl von mit historischen Wagen („heritage streetcars") befahrenen Tramlinien vorhanden (vgl. Kapitel 10). In den grossen Städten wie New Orleans und San Francisco gibt es viele solcher Wagen; es gibt aber auch Betriebe mit nur einem oder zwei Fahrzeugen (zählt man diese auch mit, existieren in den Vereinigten Städten insgesamt 22 Betriebe mit historischen Wagen).

Kanada weist in kleinerem Massstab eine ähnliche Situation wie die Vereinigten

◁ **Bild 9.26**
Ein VLT („Veiculo Leve Sobre Trilhos") mit Dieseltraktion und Meterspur, hergestellt von der brasilianischen Unternehmung Bom Sinal, im Dienst in Sobral (Brasilien)

AUFNAHME (2019): GOVERNO DO CEARÁ

Staaten auf: totale Netzlänge der fünf Betriebe circa 200 km.

Der erste Betrieb neuer Generation in diesem Land (wie auch weltweit) war 1978 jener von Edmonton.

Das längste Netz (83 km; elf Linien, mehr als 200 Wagen) ist jenes von Toronto, das bald zwei Spurweiten aufweisen wird: bestehendes Netz 1495 mm und die 19 km lange Eglinton-Crosstown-Linie in Normalspur, die wahrscheinlich 2023 in Betrieb genommen wird. – Das 60 km lange Netz von Calgary besteht aus zwei Linien.

Wie in den USA gibt es in Kanada mehrere kleine, geschichtlich-touristische Trambetriebe.

In Zentralamerika gibt es in Mexiko zwei Trambetriebe von insgesamt 38 km Länge. Das grösste, von zwei LRT-Linien befahrene und 25 km lange Netz ist jenes von Guadalajara, das 1987 eingeweiht wurde. Als einzige Linie der ersten Generation existiert in Ciudad de México (Mexiko-Stadt) noch eine Überlandstrecke.

Auf der Insel Aruba in den niederländischen Antillen verkehren im Hauptort Oranjestad – wie schon erwähnt – auf einer touristischen Strecke mit Brennstoffzellen und Batterien angetriebene „replica cars", eine Technik, die 2012 eine Weltpremiere war.

In Südamerika gibt es heute nicht mehr viele Trambetriebe. Einst gehörte Argentinien hinsichtlich der Anzahl Kilometer Tramgleise zu den ersten weltweit.

Zurzeit ist, was das Tram anbelangt, Brasilien mit ca. 200 km Linienlänge in neun Städten das wichtigste Land auf dem südamerikanischen Kontinent. Es existieren sowohl historische Linien als Überbleibsel von Strassenbahnnetzen der ersten Generation, moderne Linien in Normalspur (das erste neue Netz des Landes ist das 2016 anlässlich der Olympischen Spiele in Rio de Janeiro eingeweihte, welches 14 km lang ist und vollständig unterirdisch gespeist wird), aber auch mit thermischen Fahrzeugen betriebene meterspurige und eingleisige Linien, die auf eingestellten Bahnlinien verkehren (das längste Netz ist mit 56 km dasjenige von Natal, 2014 in Betrieb genommen). Das Schicksal zweier anderer, neuer Netze in Brasilia und Cuiabá ist ungewiss, da die Arbeiten für deren Bau zurzeit eingestellt sind.

In Argentinien gibt es neben zwei kleinen, historisch-touristischen Betrieben insgesamt nur 41 km normalspurige Tramstrecken in zwei Städten. Die Hauptstadt Buenos Aires führte 1987 als erste das Tram wieder ein. Heute verkehren dort zwei Tramlinien; Netzlänge 23 km.

Vor kurzem haben zwei Länder in der Andenregion moderne Strassenbahnsysteme eingeführt (je eine Linie): Kolumbien machte 2016 in Medellín mit einer 4 km, von pneubereiften Fahrzeugen befahrenen Linie den Anfang. 2020 wurde in der ecuadorianischen Stadt Cuenca eine 11 km lange, normalspurige Tramlinie mit unterirdischer Speisung (APS) in Betrieb genommen.

Bolivien gehört mit einem grösseren Normalspurnetz (Cochabamba: voll funktionsfähig 42 km, drei Linien, zwölf Wagen) seit kurzem (2022) zu den Ländern mit Trambetrieben.

Zum Schluss sollen Peru und Chile erwähnt werden, die beide je über eine kurze historische Linie verfügen.

◁ **Bild 9.27**
Ein Citadis-302-Tram auf einem mit Oberleitung gespeisten Abschnitt im Zentrum von Cuenca (Ecuador)

AUFNAHME (2021): CARLITOS MANUEL RONQUILLO ORDÓÑEZ, LIZENZ: CC BY-SA 4.0

10 Historische und touristisch genutzte Tramlinien

Das Tram als Teil des nationalen Kulturgutes

In einigen Städten werden Strassenbahnwagen, die soweit wie möglich in den Ursprungszustand zurückversetzt wurden, fahrplanmässig eingesetzt. Tramwagen nicht nur in Museen aufzustellen, sondern betrieblich auf Linien zu nutzen, die in das Streckennetz der Trambetriebe integriert sind, ist ein Konzept, das sich beim Publikum grosser Beliebtheit erfreut, ganz besonders, wenn die Wagen mit den normalen Fahrausweisen benutzt werden dürfen. Erstmals wurde ein solcher Betrieb 1967 bis 1974 in der uruguayischen Hauptstadt Montevideo durchgeführt, wo der Trambetrieb schon 1957 endete.

Der grösste und bekannteste Trammuseumsbetrieb mit öffentlichen Fahrten ist ohne Zweifel die „Market Street Railway" in San Francisco. Seit 1995 wird in dieser kalifornischen Stadt die Linie F mit historischen, aus der ganzen Welt stammenden Tramwagen geführt. Die 10 km lange Strecke folgt auf der ganzen Länge der Market Street (diagonal verlaufende Hauptstrasse der Stadt) und biegt dann zum Hafen ab (Fisherman's Wharf).[282] Der Betrieb wird ganzjährig von 5:45 Uhr bis 1:15 Uhr durchgeführt (alle sechs bis 20 Minuten ein Fahrzeug). Während der Hauptverkehrszeiten werden 20 Kurse eingesetzt; täglich benützen mehr als 20.000 Fahrgäste die Museumslinie. Eine Besonderheit der „Market Street Railway" ist, dass die Fahrzeuge zwar von Angestellten des städtischen Verkehrsbetriebs (Muni) geführt, alle andern Tätigkeiten (Werbung, Begleitung, Fahrzeugrestaurierung, Unterhalt und Reinigung) aber von Freiwilligen wahrgenommen werden. Dafür wurde ein gemeinnütziger Verein gegründet, welcher partnerschaftlich mit dem Verkehrsbetrieb zusammenarbeitet, über 1200 Mitglieder zählt und sich auch um die historischen Cablecar-Linien kümmert.

Unter Beibehaltung der gleichen Kriterien ist 2015 eine zweite Museumslinie (die Linie E) geschaffen worden, die beim Embarcadero einen Teil der Linie F mitbenutzt, dann nach Süden abbiegt und entlang der inneren Bucht von San Francisco auf den Gleisen der Linie T fährt und diese verstärkt. Weil auf der Linie E Wendeschlaufen fehlen, werden ausschliesslich Zweirichtungs-PCC (Spitzname „Torpedo") eingesetzt.

Natürlich ist San Francisco auch wegen den schon im Kapitel 2 erwähnten histori-

[282] 1982 wurden die auf der Market Street verkehrenden Linien unter die Strassenoberfläche verlegt, knapp oberhalb der tiefer verlaufenden Untergrundbahn (BART). Nach dem grossen Erfolg des 1983-1987 jeweils im Sommer auf den nicht mehr benutzten Gleisen mit historischen Wagen durchgeführten „San Francisco Historic Trolley Festival" regte die örtliche Handelskammer angesichts der Begeisterung der Bevölkerung die Schaffung einer permanent befahrenen Museumstramlinie auf der Market Street an, eine Idee, welche die Behörden bewog, auf die Entfernung der Gleise zu verzichten. Nach der vollständigen Erneuerung der Gleise konnte 1995 die Linie mit der Bezeichnung F zwischen Castro und Ferry Building eingeweiht und 2000 nach Fisherman's Wharf (beim Embarcadero [Schifflände]) verlängert werden. Das Rollmaterial setzt sich aus mehr als 50 Wagen zusammen, darunter viele PCC in den Farben verschiedener amerikanischer Städte, englische und australische Wagen, sowie elf Peter Witt aus Mailand (Typ „Ventotto" = „Achtundzwanzig", offizielle Bezeichnung einer Ende der 20er Jahre in Betrieb genommenen, 502 Wagen umfassende Serie).

▽ **Bild 10.1** • Historisch gestalteter Poster für den Trolley-Festival in San Francisco (USA), 1984 ABBILDUNG: CITY AND COUNTY OF SAN FRANCISCO

◁ **Bild 10.2**
Der Wagen 1895 des Tramtyps „Ventotto“ ex Mailand auf der Linie F in der Market Street von San Francisco (USA)

Aufnahme (2018): Rossana Conti

◁ **Bild 10.3**
Cablecar auf der Linie Powell–Mason in San Francisco (USA)

Aufnahme (2018): Rossana Conti

◁ **Bild 10.4**
Nachbau eines Drehgestelltrams vom Typ Birney, hergestellt von der Gomaco Trolley Company unter Verwendung von Komponenten des Tramtyps „Ventotto“ ex Mailand, auf der Touristiklinie von Little Rock (USA)

Aufnahme (2007): Justin Baeder, Lizenz: CC BY-SA 2.0

▷ **Bild 10.5**
Ein historisches Perley-Thomas-Tram auf der Saint-Charles-Linie in New Orleans (USA)

Aufnahme (2008): Diego Delso, Lizenz: CC BY-SA 3.0

schen Cablecars berühmt, die als nationales Weltkulturgut im „National Register of Historic Places“ verzeichnet sind. Auf den drei im oberen Teil der Stadt gelegenen Linien Powell–Mason, Powell–Hyde und California Street Line[283] verkehren total 40 Wagen (zum Teil den Originalen entsprechend nachgebaute „Replica“-Fahrzeuge). Das heutige, 1984 komplett renovierte System überträgt die Antriebskraft mit vier umlaufenden Drahtseilen (eines für die ganze California Street Line, eines für den von den beiden anderen Linien gemeinsam befahrenen Abschnitt, das dritte und vierte für die Reststrecken der beiden Linien). Die Umlaufgeschwindigkeit der Seile beträgt 9,5 Meilen pro Stunde (15,3 km/h), die maximale Steigung 21 %.

Museumstrambetriebe sind in Nordamerika sehr populär; es gibt dort mehr als 30 kürzere und längere Linien. Es muss jedoch erwähnt werden, dass in einigen Fällen falsche historische Wagen eingesetzt werden (eine typisch amerikanische Idee): Die sogenannten „Replica Cars“ sehen zwar historisch aus, sind aber vollständig neu erstellte Fahrzeuge (oder in einigen Fällen quasi neue, wie die von Gomaco Trolley Company produzierten Wagen, für welche Drehgestelle und andere Komponenten von Mailänder Peter-Witt-Wagen benutzt wurden).

▷ **Bild 10.6**
Programmzettel einer Vorstellung des berühmten Theaterstücks „A streetcar named desire“ von Tennessee Williams, 1947

Abbildung: aus einem örtlichen Werbeprospekt, Sammlung R. Cambursano

▷ **Bild 10.7**
Ein historisches PCC-Tram in El Paso, Texas; der Wagen wurde 1937 von der Saint Louis Car Co. gebaut und von der Unternehmung Brookville aufgearbeitet. Rechts ein Gelenkbus des BRT-Systems „brio“

Aufnahme (2019): Peter Ehrlich

In diesem Zusammenhang muss auch die Stadt New Orleans mit ihren fünf historischen Tramlinien erwähnt werden: Auf der „Saint Charles“-Linie verkehren originale, sorgfältig renovierte „Perley Thomas“-Wagen, die 1947 durch das Theaterdrama „Endstation Sehnsucht“ (englischer Titel: A streetcar named desire)[284] von Tennessee Williams Weltberühmtheit erlangten. Auf den anderen Linien verkehren hingegen normalerweise Replica Cars. Andere amerikanische Städte setzen schon seit einiger Zeit historische PCC-Wagen fahrplanmässig auf wichtigen Linien ein: in Philadelphia (Linie 15), Boston (Linie Mattapan–Ashmont) und in der texanischen Stadt El Paso, wo das Tram 2018

[283] Die California Street Line wird von Zweirichtungswagen befahren, die an den Endstationen die Fahrtrichtung über Gleiswechsel ändern, dieweil auf den beiden andern Linien Einrichtungswagen im Einsatz sind, die mit von Hand bedienten Drehscheiben gewendet werden.

[284] Ironie des Schicksals: Die „Desire Street“ genannte, 1920 in Betrieb genommene Tramlinie, welche das französische Quartier mit Bywater verband, wurde 1948 durch Busse ersetzt – drei Jahre vor dem Film von Kazan, der das Theaterstück von Williams berühmt machte. Hingegen ist die „Saint-Charles“-Linie die weltälteste Tramlinie, die seit 1835 ohne Unterbruch betrieben wird.

◁ **Bild 10.8**
Ein „Boat"-Tram im Depot der Tramlinie von Blackpool (Vereinigtes Königreich)

Aufnahme (2009): R. Cambursano

◁ **Bild 10.9**
Ein Wagen der Snaefell Mountain Railway auf der Isle of Man; zwischen den Fahrschienen ist eine Bremsschiene des Systems „Fell" erkennbar.

Aufnahme (2015): S. Göbel

◁ **Bild 10.10**
Ein aus MAN-Wagen von 1927 gebildeter Museums-Tramzug auf der Kirnitzschtalbahn (eingleisige Überlandlinie, welche Bad Schandau mit dem Lichtenhainer Wasserfall in der Sächsischen Schweiz verbindet) beim Betriebshof vor der Haltestelle Waldhäusl

Aufnahme (2019): R. Cambursano

▷ **Bild 10.11** Drei auf der Museumslinie 7 von Turin (Italien) eingesetzte Wagen der Serie 2500

Aufnahme (2015): Massimo Condolo

▷ **Bild 10.12** Ein Tram auf der Museumslinie 18 beim Trammuseum in Porto (Portugal)

Aufnahme (2019): R. Cambursano

▷ **Bild 10.13** Begegnung zweier Wagen, hergestellt 1913 durch Franco-Belge, in der Ausweiche der nostalgischen Tramlinie T2 Taksim–Tünel in Istanbul (Türkei)

Aufnahme (2013): S. Göbel

△ **Bild 10.14** • Ein Museumsfahrzeug als „Vintage Talking Tram“ fährt beim historischen Postamt von Bendigo (Australien) vorbei. Aufnahme (2015): Robert Merkel

△ **Bild 10.15** • Ein Replica Car mit Brennstoffzellenantrieb in Oranjestad auf der Insel Aruba (Niederländische Antillen) Aufnahme (2017): Rennbootarchiv, Lizenz: CC BY-SA 3.0

auf eine neu gebaute Linie zurückgekehrt ist, auf der sechs originale, vollständig revidierte und modernisierte PCC von 1937 verkehren.

Eine ähnliche Philosophie wird auch in Städten Europas angewendet, wo das Tram Kultstatus geniesst: Die grössten Betriebe sind in Lissabon (Linien 12, 18, 24, 25 und 28), Mailand (Linien 1, 5, 10, 19 und 33) sowie Prag (Linie 23) und Warschau (Linie 36), wo im fahrplanmässigen Liniendienst komplett revidierte historische Fahrzeuge eingesetzt werden (die zweiachsigen „Remodelados“ in der lusitanischen Hauptstadt, die „Ventotto“ in der italienischen Metropole, die Tatra T2 und T3 in Prag und die Konstal-Fahrzeuge in Warschau).

Darüber hinaus existieren weltweit viele andere, permanent mit historischen Wagen betriebene Linien (in etwa 100 Städten, mit einem oder zwei Wagen, zum Teil auf einer dafür vorgesehenen kurzen Strecke oder in das normale Streckennetz integriert). Vielerorts werden auch spezielle Fahrten mit einzelnen historischen Tramwagen durchgeführt, wie auch historische Linien, die unregelmässig oder nur gelegentlich befahren werden und die in diesem Buch nicht berücksichtigt wurden.

Weitere historische, ganzjährig und fahrplanmässig befahrene Linien, deren Gesamtheit in den Tabellen am Schluss des Buches aufgeführt ist, finden sich auf der ganzen Welt. In Europa gibt es Betriebe in Douglas (gleich drei Linien auf der Isle of Man[285], einem Paradies für Liebhaber von alten Fahrzeugen), im Vereinigten Königreich in Blackpool (gemischter Betrieb mit modernen und historischen, zweistöckigen, „Balloons“ genannten Wagen), in Deutschland in Naumburg (Linie 4), Bad Schandau (Kirnitzschtalbahn) und Berlin (Woltersdorf, Linie 87), in der Schweiz in Zürich (Linie 21), in Italien in Turin (Linie 7 und Zahnradtrambahn Sassi-Superga)[286] und Triest (Linie 2 nach Opicina), in Spanien in Sóller auf der Insel Mallorca und in Barcelona („Tramvia Blau“) sowie in Portugal in Porto (die Linien 1, 18 und 22 befahren ein historisches Tramnetz, das vom modernen Betrieb vollständig getrennt ist) und in Sintra (Überlandtram nach Praia das Maçãs).

In der Türkei existieren in Istanbul je eine historische Linie im europäischen (T2) und im asiatischen Teil (T3) der Stadt, in Antalya und Bursa gibt es je eine Linie (T2 resp. T3). Asien: In der nordkoreanischen Hauptstadt Pjöngjang verkehren auf der 3,5 km langen Strecke zum Kŭmsusan-Palast (Mausoleum des 1994 gestorbenen Staatsgründers Kim-Il-sung) je 18 revidierte Zürcher Motor- und Anhängewagen aus den Jahren 1947-1954. Australien: In Melbourne wird die zentrale Ringlinie „City Circle“ mit gratis benutzbarem historischem Rollmaterial betrieben. Südamerika: In Rio de Janeiro gibt es eine Y-förmige Linie („Bonde de Santa Teresa“). Nordamerika: Zusätzlich zu den schon erwähnten Städten sind wichtige Betriebe in Memphis (ein Netz von drei ausschliess-

[285] Es sind dies das „Douglas Bay Horse Tramway“ (seit 1876 in Betrieb, Länge 2,6 km, Spurweite 914 mm), die „Manx Electric Railway“ (Betrieb mit 550 V Gleichstrom, Länge 27,4 km, Spurweite 914 mm) und, ab Laxey, die „Snaefell Mountain Railway“ (Betrieb ebenfalls mit 550 V Gleichstrom, 8 km lange Adhäsionsbahn, Spurweite 1067 mm).

[286] Die Linie 7 wurde 2011 anlässlich der Feiern zum 150-jährigen Bestehens des vereinten Italiens nach dem Vorbild der „Market Street Railway“ von San Francisco ins Leben gerufen. Sie verkehrt sonntags und an Feiertagen auf einer 7 km langen Rundstrecke. Die Restaurierung der aus verschiedenen italienischen Städten stammenden, zwischen 1911 und 1959 gebauten Wagen wurde vom Umweltministerium und dem Turiner Verkehrsbetrieb (GTT) mitfinanziert. Die zurzeit 15 Wagen können mit einem normalen Fahrausweis benützt werden. Die Zahnradtrambahn Sassi–Superga wird gänzlich mit historischem Rollmaterial betrieben (Triebwagen von 1934, Vorstellwagen von 1884).

▷ **Bild 10.16**
Das „Vienna Ring Tram" am Heldenplatz in Wien (Österreich)

Aufnahme (2015): Luca Giannitti

▷ **Bild 10.17**
Ein Pferdetram auf der Museumslinie der Stadt Döbeln (Deutschland)

Aufnahme (2018): R. Cambursano

▷ **Bild 10.18**
Zwei Wagen des Nationalen Trammuseums (links Blackpool Nr. 40, Baujahr 1925, rechts Sheffield 74, Baujahr 1900) kreuzen sich 2009 auf einem rekonstruierten Abschnitt der Strecke im „Crich Tramway Village" (Vereinigtes Königreich).

Aufnahme: R. Cambursano

◁ **Bild 10.19** Fahrzeugaufstellung vor dem Depot Chaulin in Chamby (Schweiz): zweiter von links der Posttriebwagen Ze 2/2 31 ex Rheintalische Strassenbahnen, rechts der Ce 2/3 28 ex Société des tramways lausannois

Aufnahme (2009): R. Cambursano

◁ **Bild 10.20** „Colonial Tram Restaurant" in Melbourne (Australien), aus einem Wagen des Typs W hergerichtet

Aufnahme (2017): Sivahari, Lizenz: CC BY-SA 4.0

lich historischen Linien), Dallas (die gratis benützbare Linie M), sowie in Tampa und Little Rock (Betrieb mit Replica Cars) zu erwähnen.

Zwei spezielle, mit Replica Cars befahrene Strecken finden sich – wie schon erwähnt – in Oranjestad (auf der karibischen Insel Aruba) und in Dubai (Vereinigte Arabische Emirate). Die Fahrzeuge werden mit wasserstoffgespeisten Brennstoffzellen und Batterien angetrieben.

Hier sollen der Vollständigkeit halber auch andere Tramlinien mit einer gewissen Relevanz erwähnt werden, die eher touristische Fahrten ausführen, aber nicht Teil des normalen Transportnetzes sind und deshalb in den Listen am Ende des Buches nicht aufgeführt sind. In einigen Fällen, wie z.B. dem „Vienna Ring Tram"[287] in Wien, kann man effektiv von einer „touristischen Tramlinie" sprechen, weil damit fahrplanmässig und mehrsprachig kommentierte Stadtrundfahrten aus-

[287] Für diese Fahrten werden zwei gelb gestrichene „Düwag"-Gelenktriebwagen vom Typ E1 mit für den neuen Verwendungszweck angepasster Innenausrüstung eingesetzt, die auf dem Ring um die Altstadt herum verkehren.

◁ **Bild 10.21** Restauranttram 1802 („Sushi-Linie") und Beiwagen 1971 auf der Bahnhofbrücke in Zürich (Schweiz)

Aufnahme (1993): Richard Gerbig

geführt werden, wobei ein Spezialtarif erhoben wird. In anderen Fällen kann an beliebigen Orten zu- oder ausgestiegen werden („hop-on/hop-off“).

Weitere, bekannte historisch/touristische Linien finden sich in Portugal in Lissabon („Hills Tramcar Tour“), in Schweden in Stockholm (die auf der gleichen Route wie die „moderne“ Linie 7 verkehrende Linie 7N) und in Göteborg („Lisebergslinijen“), in den Niederlanden in Amsterdam („Electrische Museumtramlijn Amsterdam“), in Den Haag (Linie T) und in Rotterdam (Linie 10), in Deutschland in Stuttgart (Linien 21 und 23), in der Tschechischen Republik in Prag (Linie 41), in Russland in Sankt Petersburg (Linie T1), in Australien in Bendigo („Talking Tram“) und in Ballarat, in Neuseeland in Christchurch, in den Vereinigten Staaten in Kenosha und Galveston, in Brasilien in Santos. Daneben finden sich auf der ganzen Welt weitere, weniger wichtige Linien oder solche mit weniger fahrplanmässigen Fahrten.

Nach Fahrplan verkehrende Pferdetramwagen gibt es nicht nur auf der Insel Man, sondern auch in Victor Harbor (Australien), in Mrozy (Polen), in der deutschen Stadt Döbeln und auf der Nordseeinsel Spiekeroog.

Zudem gibt es weltweit zahlreiche Trammuseen, die zumeist von örtlichen Vereinen geführt werden, welche sich um die historischen Fahrzeuge kümmern. Einige sind an das städtische Strassenbahnnetz angeschlossen; andere verfügen über eigene Gleisabschnitte, auf denen ihre Fahrzeuge eingesetzt werden können. Für auf nicht öffentlichem Grund fahrende Wagen gelten die für den allgemeinen Verkehr vorgeschriebenen Normen nicht.[288]

„Seaton Tramway“ – ein einmaliger, atypischer Fall in England: Es handelt sich um eine 4,8 km lange Strecke mit nur 838 mm Spurweite, die seit 1970 von im Massstab 1:2 nachgebauten Fahrzeugen nach historischen Vorbildern befahren wird und auf der Trasse einer abgebauten Normalspur-Überlandbahn angelegt ist.

[288] Es ist nicht möglich, alle Trammuseen dieses Typs aufzuzählen, weshalb wir uns auf die wichtigsten beschränken: das Seashore Trolley Museum in Kennebunkport im Staat Maine in den USA (dieses 1939 gegründete Museum ist das weltweit älteste und beherbergt mit mehr als 250 Exemplaren am meisten Tramwagen), das National Tramway Museum in Crich (England) und das Skjoldenæsholm-Trammuseum bei Ringsted in Dänemark, jenes in Malmköping in Schweden und dasjenige von Arnhem in den Niederlanden, sowie die Museumsbahn Blonay–Chamby in der Schweiz, welche die grösste Sammlung von betriebsfähigen Meterspurfahrzeugen inkl. einiger Tramwagen beherbergt.

△ **Bild 10.22** • Der Tramwagen 3179 als Bühne für Aufführungen auf der Piazza Madama Cristina in Turin (Italien)
Aufnahme (2007): Archiv ATTS

△ **Bild 10.23** • Das Pub-Tram „SpåraKoff“ in Helsinki (Finnland) Aufnahme (2012): S. Göbel

Restaurant- und „Event“-Trams

Sympathisch und ungewohnt ist der Einsatz von alten Tramwagen als fahrende Gaststätten, sei es als Bar, Restaurant oder für die Unterhaltung im weitesten Sinne. Zurzeit haben zahlreiche, seit langem bestehende Strassenbahnbetriebe Fahrzeuge für diesen Zweck.

Das erste Restauranttram verkehrte ab 1982 in Melbourne (Australien)[289], gefolgt 1984 von Turin (Italien). Erfreulich ist auch die grosse Anzahl von für spezielle Nutzungen (Bar, Bibliothek, Diskothek, Theater, etc.) eingerichteten Tramwagen.[290]

[289] Der Wagenbestand des „Colonial Tram Restaurant“ umfasste drei umgebaute Wagen der Serie W. 2018 wurden die Wagen von der Verwaltung ausser Betrieb genommen, weil sie nicht mehr zeitgemäss seien, was die Stadtbevölkerung zu Protesten veranlasste.

[290] Die charakteristischsten, regelmässig verkehrenden sind: das Bistrotram „SpåraKoff“ von Helsinki, der „Ebbelwei-Expreß“ (Apfelwein-Express) in Frankfurt am Main, das „Café Tram“ in Stockholm und das „Bonde Café“ in Santos (Brasilien), 2013 eingeweiht, aus dem Umbau eines Tramwagens der Turiner Serie 3100 entstanden. Ein ganz spezielles Fahrzeug ist das Theatertram 3179 der Turiner Verkehrsbetriebe, dessen Wagenboden nach dem Hochklappen der einen Seitenwand zur Bühne wird.

11 Tram-Train

Bild 11.1
Ein Tram-Train der ersten Hochflurgeneration (GT8-100C/2S) gekuppelt mit einem Mittelflurfahrzeug der zweiten Generation (GT8-100D/2S-M) als Linie S32 im Hauptbahnhof Karlsruhe

Aufnahme (2016): S. Göbel

Die Bezeichnung Tram-Train ist hauptsächlich im französischen und teilweise im englischen Sprachraum gebräuchlich, wird aber mehr und mehr auch im deutschsprachigen Raum verwendet, weil Bezeichnungen wie „Regionalstadtbahn", „Regiotram" oder „Zweisystemstadtbahn" das Wesentliche der Betriebsart nicht zum Ausdruck bringen.

Das Tram-Train ist eine modernere Form der alten Überlandtrambahnen, mit dem Unterschied, dass die modernen Tram-Train-Wagen auch auf Hauptbahnstrecken verkehren können. Mit diesen Fahrzeugen können jene untergenutzten oder eingestellten Eisenbahnstrecken im Einzugsgebiet der Stadt genutzt werden, deren Umbau in eine Untergrundbahn oder eine moderne Vorortsbahn wirtschaftlich nicht vertretbar ist. Solche Strecken ermöglichen das Zusammenfassen von regionalem und örtlichem Verkehr und direkte, umsteigefreie Fahrten.

Die Definition des Begriffes „Tram-Train" ist oft unklar, weil es diverse Konfigurationen gibt, die verschiedenen Systemen mit unterschiedlichem Komplexitätsgrad entsprechen.

Das „echte" Tram-Train

Als echter „Tram-Train-Betrieb" wird ein System definiert, bei dem sowohl Tramwagen wie auch Eisenbahnfahrzeuge auf dem gleichen Gleis verkehren können. Dazu müssen die Tramwagen so ausgerüstet sein, dass sie den Anforderungen an auf Eisenbahngleisen verkehrenden Fahrzeugen genügen (Kastenfestigkeit, Signalsystem, Radsatzprofil, Speisung mit verschiedenen Spannungen/Stromarten oder thermischer Antrieb, Höhe des Fussbodens, etc., s.u.).

Ein „echtes" Tram-Train muss zudem in der Lage sein, sowohl auf einem städtischen Tramnetz wie ein Tram fahren zu können („Fahrt auf Sicht", Einhaltung der Strassenverkehrsvorschriften für städtische Tramwagen), als auch wie ein Zug (schneller, von zentralisierten Signalen gesteuerter Verkehr).

Das Traktionssystem muss in Funktion der zu befahrenden Strecken ausgelegt sein: In Stadtgebieten werden die Wagen mit Gleichstrom niedriger Spannung gespeist, auf Bahnhauptstrecken zumeist mit Wechselstrom hoher Spannung. Sie können für das Befahren von nichtelektrifizierten Nebenbahnen auch mit einer Generatorgruppe ausgerüstet sein.

Selbst bei gleicher Spurweite gibt es Unterschiede zwischen Tram- und Bahnschienen, ganz besonders in Kurven, bei Weichen und Kreuzungen, weshalb die Räder und Spurkränze auf ein Mittelmass zwischen den Standardwerten profiliert werden.

Bislang sind Tram-Train-Systeme nur bei gleicher Spurweite verwirklicht worden. Theoretisch wäre auch die Anpassung an andere Spurweiten möglich, aber dazu bräuchte es Drehgestelle mit verschiebbaren Radscheiben.

Hinzu kommt das Problem der Haltestellen auf den Eisenbahnabschnitten, weil Bahnfahrzeuge bekanntlich breiter sind als Tramwagen, und jenes der Höhenunterschiede zwischen Haltestelleninseln und den Wagenböden (Hochflur/Niederflur). Diese Probleme werden auf verschiedene Arten gelöst, z.B. mit Schiebetritten in den Fahrzeugen, mit für die Tram-Train-Wagen tiefer gebauten Verlängerungen der Haltestelleninseln oder, wie in Kassel, durch Gleise mit unterschiedlichem Abstand zu den Haltestellenkanten.

Die erste echte, moderne Tram-Train-Linie ist 1992 in Deutschland auf der Strecke Karlsruhe–Bretten durch eine Verbindung des mit 15.000 Volt Einphasen-Wechselstrom gespeisten Staatsbahnnetzes (DB) mit dem städtischen Strassenbahnnetz (750 Volt Gleichstrom) entstanden. Der neue, umsteigefreie Betrieb mit Zweistromtramwagen verdreifachte die Benützerzahlen und ebnete den Weg für Erweiterungen. Heute umfasst das riesige Regio-Stadtbahnnetz elf Linien mit einer Länge von 565 km und führt bis in andere Städte wie Heilbronn, Baden-Baden, Pforzheim, Freudenstadt, etc.[291]

[291] Das Karlsruher Tram-Train-Netz besteht aus Eisenbahnstrecken verschiedener Eigentümer, die der Eisenbahn-Bau- und Betriebsordnung (EBO) unterstellt sind und auf denen teilweise auch Züge der DB verkehren, sowie Strassenbahnstrecken, auf denen die Straßenbahn-Bau- und Betriebsordnung (BOStrab) gilt. Ein Beispiel dafür ist die schon seit 1966 zum Karlsruher Tramnetz gehörende Albtalbahn. Die Tram-

▷ **Bild 11.2**
Der Albtalbahnhof in Karlsruhe (Deutschland) Anfang der 1990er Jahre, nach Errichtung der Bahnhofshalle (1988) und vor dem 1996 erfolgten Bau der Verbindungsstrecke zum Netz der Deutschen Bahn

Aufnahme: S. Göbel

Dazu kommen in der Stadt weitere sechs Tramlinien (1-5 und S2) mit einer Gesamtlänge von 79 km. Es ist aber festzustellen, dass auf einigen sehr langen Verbindungen inzwischen oder künftig wieder echte Eisenbahnfahrzeuge verwendet werden, die zwar nicht den umsteigefreien Durchlauf ins Stadtzentrum auf Tramgleisen bieten, aber dafür mehr Reisekomfort. Bezogen auf das Platzangebot sind Eisenbahnfahrzeuge auch meist billiger zu beschaffen als Tram-Trains.

Im Stadtzentrum benützen die Tram-Train-Fahrzeuge und die Tramwagen dieselben Gleise, welche zum Teil durch Fussgängerzonen führen. Paradoxerweise ergaben sich wegen der in sehr kurzen Zeitabständen verkehrenden Wagen eigentliche „Tramstaus", was die Stadtverwaltung im Karlsruhe zum Bau von unterirdischen Abschnitten für die Trams und Autos im Stadtzentrum veranlasste, um das Problem dauerhaft zu lösen.[292]

Heute wird für das „echte" Tram-Train-System die Bezeichnung „Modell Karlsruhe" verwendet. Es gibt daneben verschiedene andere, weniger komplexe Lösungen und Kombinationen mit anderen Betriebsarten, welche weiter unten vorgestellt werden.

Die wichtigsten Fahrzeughersteller bieten heute in ihrem Sortiment Tram-Train-Versionen ihrer Modelle an (vgl. dazu das Kapitel 8).

Deutschland nimmt bei der Verwirklichung von Tram-Train-Betrieben eine Pionierrolle ein. Tram-Trains finden sich auch – in chronologischer Reihenfolge aufgezählt – in Saarbrücken, Chemnitz, Nordhausen und Kassel.[293]

In den Niederlanden finden sich zwei spezielle Situationen: In Den Haag befahren Tram-Train-Züge weltweit einmalig ein Teilstück einer Metrolinie, und zudem ist eine mit Tram-Train-Zügen bediente Strecke wieder auf konventionellen Bahnbetrieb umgestellt worden.[294]

Train-Wagen der ersten Generation (erste Zweistrom-Serienfahrzeuge für 750 V Gleichstrom und 15 kV Einphasen-Wechselstrom) sind die 36 hochflurigen GT8-100C/2S von Duewag/ABB Henschel, denen die teilweise mittelflurigen 86 GT8-100D/2S-M von Duewag/Siemens/Adtranz/Bombardier und die 62 Flexity Swift von Bombardier folgten. Einige GT8-100C/2S sind schon nicht mehr in Betrieb.

[292] Der Bau des „Kombilösung" genannten Tramtunnels unter der Kaiserstrasse ist 2021 abgeschlossen worden. Dessen Länge beträgt 3342 m: Er setzt sich zusammen aus dem Ost-West-Tunnel (2451 m) und dem Südabzweig mit Gleisdreieck unter dem Marktplatz (891 m). Es gibt sieben Tunnelstationen. Zur Kombilösung gehören auch eine oberirdische Straßenbahnstrecke und ein Autotunnel.

[293] Saarbrücken war die zweite Stadt, die einen Tram-Train-Betrieb einführte: Seit 1997 wird die nach Sarreguemines (Saargemünd) in Frankreich führende Saarbahn mit 28 Zweistromfahrzeugen Flexity Link von Bombardier bedient. Chemnitz hat vier ins städtische Tramnetz integrierte Tram-Train-Linien, deren erste 2002 in Betrieb genommen wurde: Auf dieser Linie sind sechs Stadler-Variobahn-Zweispannungsfahrzeuge (600/750 V DC) im Einsatz, auf den andern verkehren zwölf Tram-Train-Wagen (von Vossloh/Stadler gebaute Citylink-Zweisystemwagen: Antrieb elektrisch oder dieselelektrisch). Seit 2004 fahren in Nordhausen auf der Überlandlinie 10, die zum Teil das städtische Netz benutzt, drei Zweisystemwagen vom Typ Combino Duo von Siemens. 2006 ist in Kassel das „RegioTram"-System eingeführt worden: 28 Zweisystem-Fahrzeuge vom Typ Regio Citadis (Hersteller: Alstom) befahren drei Tram-Train-Linien, die am Hauptbahnhof in das Stadtnetz eingebunden sind. Bereits 1995 war in Kassel der Strassenbahnbetrieb erstmals über eine Eisenbahnstrecke (nach Baunatal-Großenritte) ausgedehnt worden.

[294] Der erste Fall betrifft zwei Linien des „Randstad-Rail"-Netzes, die auf einem Abschnitt die Gleise

▽ **Bild 11.3** • In Deutschland gebräuchliche Signale in Karlsruhe (oben) und Chemnitz (unten) an den Übergangspunkten zwischen den der Strassenbahn-Bau- und Betriebsordnung (BOStrab) resp. der Eisenbahn-Bau- und Betriebsordnung (EBO) unterliegenden Streckenabschnitten

Aufnahmen (2009 resp. 2018): Reinhard Dietrich und Roberto Cambursano

◁ **Bild 11.4**
Haltestelle der Lossetalbahn bei Kassel (Deutschland) mit Sechsschienengleis, damit Güterzüge im Eisenbahnprofil sowie die schmaleren Niederflur-Einrichtungstrams in beiden Richtungen ohne übergrossen Abstand zu den Haltestellenkanten verkehren können: Schienen 1, 3, 4 und 6 für Strassenbahn, Schienen 2 und 5 für Güterzüge, Kreuzungsverbot für Tram in der Haltestelle.

AUFNAHME (AM 29. JANUAR 2006, DEM TAG DER ERÖFFNUNG BIS HESSISCH LICHTENAU): S. GÖBEL

▽ **Bild 11.5** • Karte des Karlsruher und Heilbronner Zweisystem-Stadtbahnnetzes mit Stand Dezember 2021, als östlich von Pforzheim bereits keine Stadtbahnfahrzeuge mehr eingesetzt wurden. Auch im Süden (Achern, Freudenstadt, Bondorf) sollen gemäss neuen Verkehrsverträgen mit dem Land Baden-Württemberg künftig wieder reine Eisenbahnzüge rollen.

ABBILDUNG: CHUMWA/PECHRISTENER/OPENSTREETMAP CONTRIBUTORS, LIZENZ: CC BY-SA 3.0

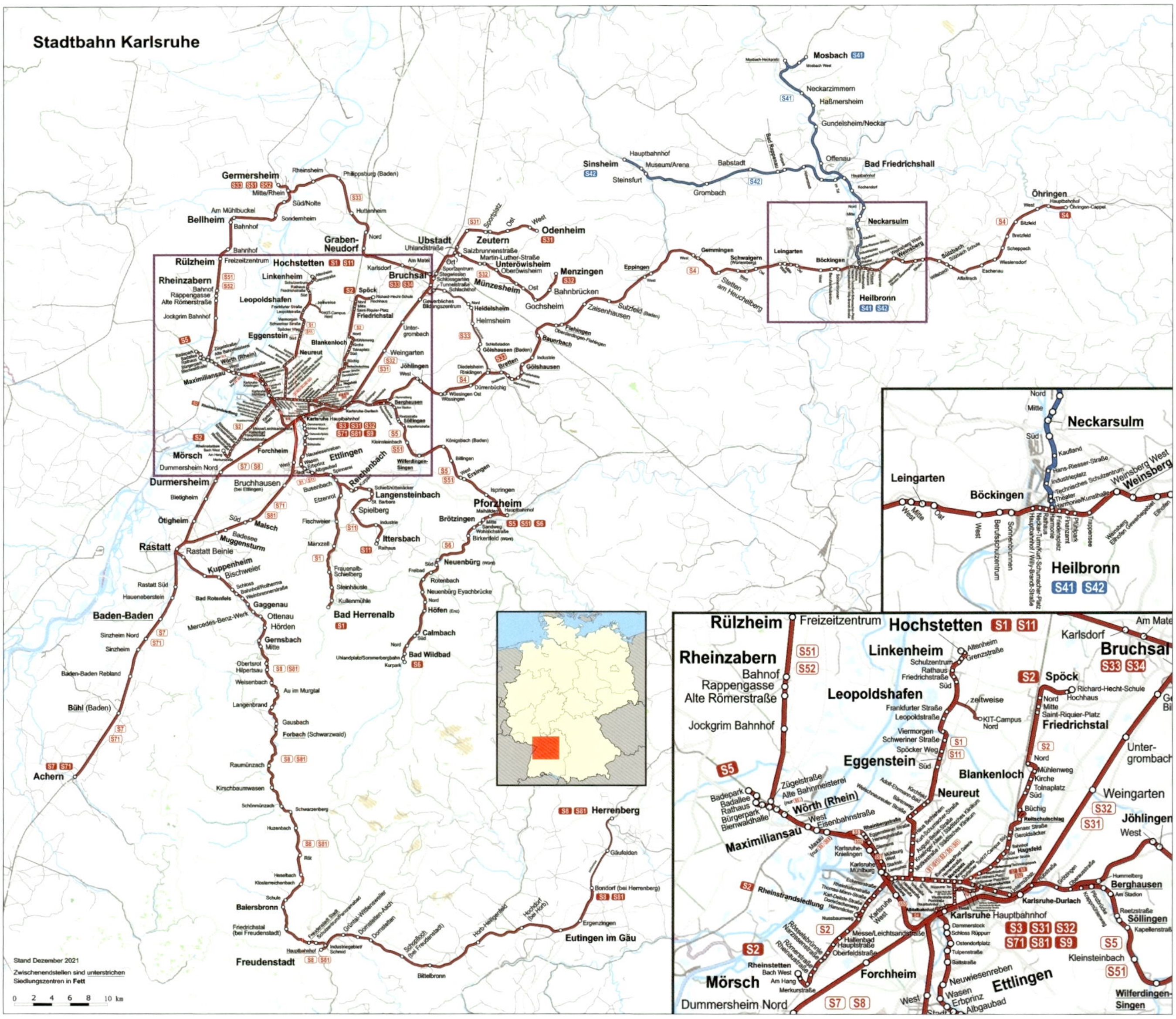

Stadtbahn Karlsruhe

Stand Dezember 2021
Zwischenendstellen sind unterstrichen
Siedlungszentren in Fett

▷ **Bild 11.6**
Ein Tram-Train der dritten Karlsruher Generation (Bombardier Flexity Swift) am Hauptbahnhof Karlsruhe (Deutschland)

Aufnahme (2015): S. Göbel

▷ **Bild 11.7**
Ein Zweikraft-Citylink (Diesel/Gleichstrom) von Vossloh im Bahnhof Chemnitz (Deutschland)

Aufnahme (2018): R. Cambursano

▷ **Bild 11.8**
Einer der drei Combino Duo (Zweikraftfahrzeuge Diesel/Gleichstrom) auf der Linie 10 vor dem Bahnhof Nordhausen (Deutschland)

Aufnahme (2012): Falk2, Lizenz: CC BY-SA 4.0

◁ **Bild 11.9**
Ein Tram-Train Regio Citadis von Alstom auf der Linie 4 des „RandstadRail"-Netzes in Den Haag (Niederlande) bei der Station Den Haag Laan van NOI. Der niederflurige Zug fährt an dem höheren Teil des Bahnsteigs, welcher für die Rotterdamer Metrolinie E reserviert ist, vorbei und wird am niedrigen Teil anhalten.

Aufnahme (2017): S. Göbel

◁ **Bild 11.10**
Tram-Train „TT" von CAF für das System „Tren tranvía de la Bahía de Cádiz" (Spanien) auf Probefahrt

Aufnahme (2019): Junta de Andalucía

◁ **Bild 11.11**
Ein Tram-Train „Avanto" von Siemens (links) und ein Citadis des Stadtnetzes begegnen sich an der Haltestelle Musées in Mulhouse (Frankreich)

Aufnahme (2012): S. Göbel

▷ **Bild 11.12** Sirio-Tram von AnsaldoBreda nahe der Haltestelle Nembro Centro der Linie T1 auf dem Weg nach Bergamo (Italien)

Aufnahme (2021): S. Göbel

▷ **Bild 11.13** Ein Tram-Train „Tango" von Stadler bei der Station Gare de Villeurbanne der „Rhônexpress"-Linie Lyon–Aéroport Saint-Exupéry

Aufnahme (2015): S. Göbel

In Spanien gibt es zwei Tram-Train-Linien: in Alicante und in Cádiz.[295]

In Frankreich findet sich nur eine einzige echte Tram-Train-Linie in Mulhouse.[296]

Im Vereinigten Königreich gibt es eine Tram-Train-Linie in Sheffield.[297]

Eine der neuesten Tram-Train-Linien (Inbetriebnahme im November 2021) befindet sich in Ungarn zwischen den Städten Szeged und Hódmezővásárhely. Die zwölf von Stadler gebauten LRV vom Typ Citylink werden in den Städten elektrisch, auf der Überlandstrecke dieselelektrisch angetrieben.

Weitere Verwirklichungen werden in verschiedenen Teilen der Welt ins Auge gefasst, aber die Verbreitung von „echten" Tram-Trains wird in vielen Ländern dadurch behindert, dass die gesetzliche Basis nicht vorhanden ist.

„Unechte" Tram-Train-Betriebe

Es gibt zahlreiche Betriebe, welche „Tram-Train"-Wagen auf Gleisen einsetzen, die nicht von Eisenbahnfahrzeugen benutzt werden: Die Wagen verkehren auf diesen Strecken gemäss dem Reglement für Strassenbahnwagen.

der mit 750 V Gleichstrom elektrifizierten Metrolinie E benützen, welche Rotterdam (unter Nutzung einer früheren Eisenbahnstrecke) mit Den Haag verbindet. Auf ihr verkehren seit 2006 72 Regio-Citadis von Alstom. Der zweite Fall ist die „RijnGouwelijn", eine Tram-Train-Linie mit „Modell Karlsruhe"-Charakteristiken, die 2003 eingeweiht und zehn Jahre später wegen einer lokalen politischen Entscheidung wieder in einen herkömmlichen Bahnbetrieb verwandelt wurde. Die sechs Zweispannungsfahrzeuge Flexity Swift sind danach vom Stockholmer Trambetrieb übernommen worden.

295 Von Alicante nach Benidorm verkehren seit 2007 neun Tram-Train-Meterspurfahrzeuge Citylink (Serie 4100 von Vossloh), die in Alicante die Gleise der Strassenbahn benützen und danach die elektrifizierte Überlandstrecke, auf der auch Güter- und Reisezüge mit Dieseltraktion fahren. – Das „Tranvía metropolitano de la Bahía de Cádiz" ist eine Überlandlinie, die nach langer Verzögerung 2022 eingeweiht werden soll und einen von der nationalen Bahngesellschaft RENFE betriebenen Streckenabschnitt mitbenützt. Es werden sieben breitspurige (1668 mm) Zweistrom-Tram-Train-Fahrzeuge TT von CAF eingesetzt.

296 Seit 2010 verkehren zwölf Zweispannungsfahrzeuge Avanto von Siemens auf der Überlandlinie Mulhouse Ville (Bahnhof)–Thann Saint-Jacques, die auch das Stadtnetz benützen.

297 2018 wurde eine von sieben Citylink-Tram-Train-Zweispannungs-Fahrzeugen von Stadler befahrene Verlängerung der gelben Tramlinie des städtischen „Supertram"-Netzes in Betrieb genommen.

◁ **Bild 11.14**
Ein Zug der RhB nach Arosa befährt in Chur (Schweiz) wie ein Tram das in den Strassenbelag eingelassene Gleis

Aufnahme (2020): Tibert Keller

Innerhalb dieser Kategorie gibt es Linien, die mit normalen Tramwagen betrieben werden.[298]

Es gibt auch Wagen, die „Tram-Train"-Charakteristiken haben, welche aber nicht als solche genutzt werden.[299]

Eine weitere, „unechte" Tram-Train-Nutzung ist der alternierende Einsatz (d.h. nicht während der gleichen Fahrplanzeiten) von Tram- und Eisenbahnfahrzeugen. Diese Betriebsart kann nur bei geringem Eisenbahnverkehr durchgeführt werden.[300] In diesem Fall müssen die Tramwagen den Anforderungen an Bahnfahrzeugen nicht genügen.

Der „Train-Tram"

Um einem weit verbreiteten Missverständnis vorzubeugen, soll hier auf den Unterschied zwischen „Tram-Train" und „Train-Tram" hingewiesen werden. Dieweil ein „Tram-Train" ein Fahrzeug ist, das auch auf Eisenbahnlinien verkehren kann, ist der „Train-Tram" (eine offizielle Kategorie für diese Betriebsart gibt es nicht) ein Eisenbahnzug, der üblicherweise einer Nebenbahn gehört und der mit „Fahrt auf Sicht", d.h. mit einer Geschwindigkeit, die im Gefahrenfall ein sicheres Anhalten ohne Kollision ermöglicht, in einem städtischen Gebiet auf einem in den Strassenbelag eingelassenen Gleis fährt und der auch – wie die allfällig vorhandene, örtliche Strassenbahn – innerstädtische Haltestellen bedient.

Dieses System, das zuweilen mit den Überlandtrambahnen (die keine eigentlichen Eisenbahnstreckenabschnitte benutzen) verwechselt wird, und das es schon seit Beginn der Eisenbahnen gab, verschwand in der zweiten Hälfte des 20. Jahrhunderts wegen der Einstellung vieler Nebenbahnen immer mehr, ausgenommen in der Schweiz.[301]

Eine Wiederauflage dieser Betriebsart erfolgte an 28. Mai 1999 in der deutschen Stadt Zwickau, wo die normalspurigen Dieseltriebwagen der Vogtlandbahn vom Hauptbahnhof auf einem Dreischienengleis (das städtische Tramnetz ist meterspurig) bis zur Haltestelle „Zentrum" fahren und die Tramhaltestellen ebenfalls bedienen.

298 Es sind dies die typischen Fälle, wo nicht mehr benützte Bahnstrecken in normale Tramstrecken umgebaut wurden, in Paris z.B. die Linie T2, im Vereinigten Königreich fast alle neuen Netze (erste Verwirklichung in Manchester), in Irland das Netz von Dublin, in Portugal dasjenige von Porto und in Australien jenes von Sydney, in Italien die Linie T1 von Bergamo, sowie ein grosser Teil der neuen amerikanischen LRT-Systeme.

299 In Frankreich gibt es zahlreiche Beispiele für diesen Typ: Zum Beispiel die Linie T4 in Paris (von Siemens Avanto und Alstom Citadis Dualis befahren), der Rhônexpress von Lyon mit Tangos von Stadler, sowie weitere, von Citadis Dualis befahrene Strecken (Paris T11, Nantes, Lyon). In Karlsruhe befahren Citylink von Stadler zu dieser Kategorie gehörende Linien. In Dänemark werden einige Überlandabschnitte des Netzes von Aarhus („Letbane" genannt) von Tangos aus dem Hause Stadler befahren.

300 Beispiele für diesen Typ sind die Tramlinien von Cagliari und Sassari in Italien, sowie die „River Line" von Trenton in den USA.

301 In der Schweiz gibt es noch Nebenbahnen mit Strassenabschnitten, z.B. in Chur (Strecke Chur–Arosa), in Le Prese (Berninabahn) oder in den waadtländischen Städtchen Aigle und Bex. In diesem Land wird amtlich nicht zwischen „Eisenbahn" und „Strassenbahn" unterschieden; letztere ist eine Eisenbahn, die nicht auf eigenem Trassee verkehrt. Ein spezielles Beispiel eines aktuellen amerikanischen Train-Tram-Betriebes ist die „South Shore Line", die in Chicago endet. Sie wurde 1901 als Überlandtram eröffnet und dann in eine Eisenbahnlinie umgebaut.

◁ **Bild 11.15**
Ein Dieseltriebwagen der Vogtlandbahn an der Station Zwickau Zentrum (links), wo das Normalspurgleis endet, während das städtische Meterspurgleis weiter durch die Stadt führt

Aufnahme: S. Göbel

12 Nicht nur Fahrgäste!

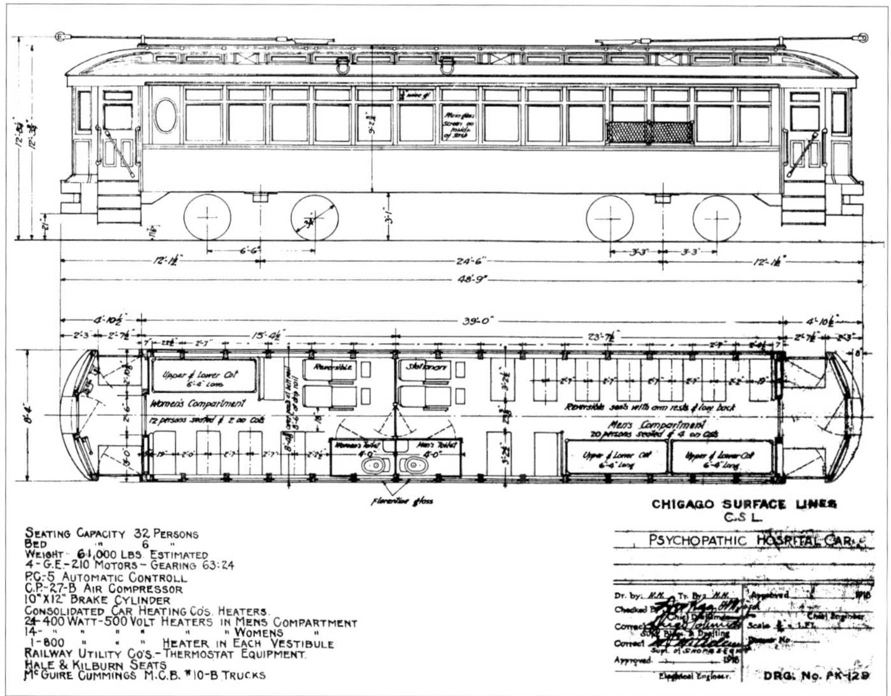

△ **Bild 12.1** • Überland-Ambulanztram für die Beförderung von Psychiatriepatienten auf dem Netz der Chicago Surface Lines ABBILDUNG: CSL CHICAGO (USA), 1918

Güterstrassenbahnen

In den vorangehenden Kapiteln wurden nur Tramwagen für die Personenbeförderung vorgestellt. Hier soll aber auch von Strassenbahnwagen für den Gütertransport die Rede sein, auch wenn sie nur eine zweitrangige Bedeutung haben.

Auch in diesem Fall handelt es sich um eine bis Mitte des 20. Jahrhunderts verbreitete Betriebsart, die in den letzten Jahren in moderner Form wieder eingeführt wurde: Neben dem traditionellen Gütertransport auf Überlandtramstrecken (mit ähnlichen Güterwagen wie auf den Eisenbahnnetzen), existierten in den Städten eine ganze Reihe von Wagen für den Transport von Obst und Gemüse zu den Märkten, aber es gab auch solche für Militärtransporte, die Beförderung des Postgutes, Ambulanztrams, ja sogar für die Leichen- und Trauerndenbeförderung zu Friedhöfen, etc.

Das erste moderne Gütertram verkehrte ab 2001 auf dem Tramstreckennetz von Dresden mit zwei mit Autobestandteilen beladenen Kompositionen vom Bahnhof Dresden-Friedrichstadt zur „Gläsernen Manufaktur" von Volkswagen (4,5 km)[302]. Dieser Betrieb wurde am 10. Dezember 2020 eingestellt.

In Zürich verkehrt seit 2003 der erste vierachsige Leichtstahltriebwagen (Baujahr 1940, umgebaut für den neuen Zweck) mit einem oder zwei Güterwagen für den Abtransport von Sperrgut von einer der total elf Sammelstellen an Tram-Endhaltestellen: Das Cargo-Tram sammelt alte Möbel, Steingut etc., das E-Tram Elektroschrott (Fernseher etc.).

Ein dritter, bedeutenderer Fall war Amsterdam[303], wo ab 2007 ein gross angelegter Probebetrieb von einem Frachtterminal bei einer Autobahnausfahrt zu einer Umschlagsplattform in der Nähe des Stadtzentrums bestand, von wo aus die Pakete mit elektrischen Strassenfahrzeugen zugestellt wurden.

Überlegungen zu Anwendungen dieser Dienstleistungen werden auch anderswo angestellt.[304] Diese können aber nur auf grossen Tramnetzen wirtschaftlich erbracht werden; die Güterstrassenbahnwagen sollen auf dem normalen städtischen Tramnetz verkehren und das Beladen muss auf Anschlussgleisen erfolgen können. Die Fahrzeuge sollten zudem ausserhalb der Hauptverkehrszeiten fahren, um den normalen Tramverkehr so wenig wie möglich zu beeinträchtigen.

Dienstfahrzeuge

Diensttramwagen werden für spezifische Aufgaben benötigt; ohne sie kann ein Trambetrieb nicht funktionieren.

302 Diese beiden Züge wurden von der Schalker Eisenhütte Maschinenfabrik auf revidierten Tatra-Drehgestellen hergestellt. Sowohl die mit einem Führerstand ausgerüsteten Endwagen wie die drei Zwischenwagen waren motorisiert, Gesamtlänge 59,4 m, Transportkapazität 60 t. Der Wagenpark umfasste fünf Trieb- und sieben Zwischenwagen. Die Einstellung des Betriebs wurde damit begründet, dass im Rahmen eines neuen Logistikkonzepts deutlich weniger Lkw-Fahrten zum VW-Werk anfallen, die zuvor im Stadtgebiet durch die CarGoTram ersetzt wurden.

303 Die Unternehmung „City Cargo", welche den Gütertramdienst in Amsterdam betrieb, setzte auf 50 Güter-Gelenktramwagen, 600 elektrische Zustellfahrzeuge und mehrere, an der Peripherie gelegene logistische Plattformen. Anfangs 2009 wurde der Versuchsbetrieb jedoch eingestellt, da die für den Regelbetrieb erhofften Gelder nicht bewilligt wurden und der Betreiber Konkurs machte.

304 Interessant ist das Projekt „regioKArgo" in Karlsruhe, das sich an den in Amsterdam gemachten Erfahrungen orientiert und in den nächsten Jahren verwirklicht werden soll.

▷ **Bild 12.2** Tram für Leichentransport in Prag (Tschechische Republik), 1917

AUFNAHME: ARCHIV DP PRAHA A.S.

◁ **Bild 12.3**
Ein für den Transport des Postgutes eingesetztes Tram in den Vereinigten Staaten, 1898

Aufnahme: Archiv des Nationalen Postmuseums

△ **Bild 12.4** • Ein Tramzug für Früchte- und Gemüsetransport unterwegs von den Mercati Generali (Grossmarkt) zu den verschiedenen Quartiermärkten in Turin (Italien) in den 1930er Jahren Aufnahme: Archiv der Gazzetta del Popolo (Torino)

△ **Bild 12.5** • Ein Cargo-Tramzug in der Löbtauerstrasse in Dresden (Deutschland), Aufnahme (2005): Kaffeeeinstein, Lizenz: CC BY-SA 2.0

◁ **Bild 12.6**
Das Cargo- resp. E-Tram für den Abtransport von Sperrmüll sowie Elektronikschrott vor dem Depot Burgwies in Zürich (Schweiz)

Aufnahme (2021): M. Gut

Zumeist handelt es sich um ältere Fahrzeuge, die nicht mehr im Linienverkehr eingesetzt werden und für den neuen Verwendungszweck angepasst wurden: Wagen für die Schneeräumung (klimaerwärmungsbedingt immer weniger im Einsatz), für das Sanden der Gleise bei schlechten Adhäsionsbedingungen (z.B. in Turin oder Mailand, wo auf den im regulären Linienverkehr eingesetzten Fahrzeugen keine Sandervorrichtung vorhanden ist), für das Abschleppen von defekten Wagen und das Schleifen der Schienen. Zu Beginn der Tram-Ära oblag der Verwaltung der städtischen Verkehrsbetriebe verbreitet auch das Besprengen der noch nicht asphaltierten Strassen zwecks Staubbekämpfung.

▷ **Bild 12.7**
Projekt „TramFret" eines aus einem PCC-Gelenktramwagen umzubauenden Gütertransportwagens für Saint-Étienne (Frankreich)

Abbildung: tramfret.com

▷ **Bild 12.8**
Tram-Schneepflug in Sapporo (Japan)

Aufnahme (2009): Tennen-Gas, Lizenz: CC BY-SA 3.0.

▷ **Bild 12.9**
Tram mit Vorrichtung für das Streuen von Sand auf die Schienen bei schlechten Adhäsionsbedingungen in Turin (Italien)

Aufnahme (2010): ATTS-Archiv

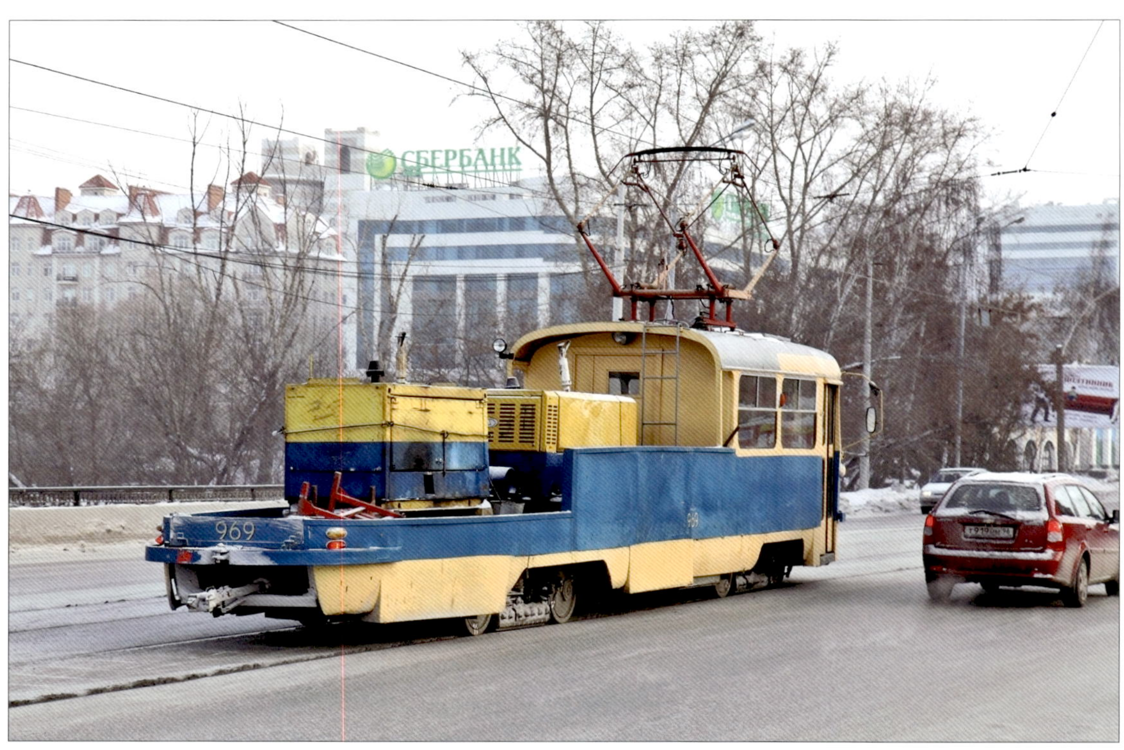

◁ **Bild 12.10**
Für (innerbetrieblichen) Gütertransport umgebautes Tatra-T3SU-Tram in Jekaterinburg (Russland)

Aufnahme (2014): Michael Russell

◁ **Bild 12.11**
Sprengwagen für die Unkrautbekämpfung und Staubbindung in Riga (Lettland)

Aufnahme (2012): S. Göbel

Bibliographie

Bücher

BARRY, M.: Through the cities, Frankfort Press, Dublin, 1991

BERNET, R.: Trams in der Schweiz, Geramond, München, 2012

CORNOLÒ, G., GUT, M.: Ferrovie trifasi nel mondo, Albertelli, Parma, 1999

DUNBAR, C. S.: Buses, Trolleys and Trams, P. Hamlyn, London, 1967

GERBIG, R.: Die Leichtmotorwagen der Zürcher Strassenbahn, Mitteilungsblatt 16, Verein Trammuseum Zürich, 1990

GREEN, O.: Rails in the road, Pen and sword, Barnsley, 2016

GRISA, M.: Die Strassenbahnwagen der Bauart Tatra, Pospischil, Wien, 1992

ELSNER, H.: Three-axle streetcars, N.J. International, Hicksville NY, 1994-1995

KENNEDY, W.S.: Wonders of the railways, Griggs & Co., Chicago, 1884

MESCHEDE, K., REUTER, A., SCHÖBER J.: Der klassische Düwag-Gelenkwagen, Eisenbahn-Kurier, Freiburg i.Br., 2013

REED, J.: London Tramways, Capital Transport, Harrow Weald, 1997

REUTHER, A.: Album der deutschen Strassenbahn Fahrzeuge, Geramond, München, 2005-2006

ROBBINS, R.M.: Un siècle de Transport Public, UITP, Brüssel, 1985

ROBERT, J.: Histoire des transports dans les villes de France, Fabre, Neuilly-sur-Seine, 1974

SCHWANDL, R.: Urban rail down under, Robert Schwandl Verlag, Berlin, 2011

SCHWANDL, R.: Tram Atlas Nordeuropa, Robert Schwandl Verlag, Berlin, 2013

SCHWANDL R., Subways and Light Rail in the U.S.A., Robert Schwandl Verlag, Berlin, 2010-2014

SCHWANDL, R.: Tram Atlas Schweiz und Österreich, Robert Schwandl Verlag, Berlin, 2014

SCHWANDL, R.: Tram Atlas Grossbritannien und Irland, Robert Schwandl Verlag, Berlin, 2015

SCHWANDL, R.: Metro-Tram Atlas Spanien, Robert Schwandl Verlag, Berlin, 2015

SCHWANDL, R.: Tram Atlas Mitteleuropa, Robert Schwandl Verlag, Berlin, 2017

SCHWANDL, R.: Tram Atlas Polen, Robert Schwandl Verlag, Berlin, 2017

SCHWANDL, R.: Tram Atlas Deutschland, Robert Schwandl Verlag, Berlin, 2019

SCHWANDL, R.: Tram Atlas Benelux, Robert Schwandl Verlag, Berlin, 2020

VAN DER GRAGT, F.: Moderne Strassenbahnen, Alba Buchverlag, Düsseldorf, 1973

VIGANO', S.: Pavimento tutto basso: ne vale sempre la pena? - Evoluzione dopo il 2010, Tagungsakten des Kongresses „Sistema Tram", Rom, 2010 und 2017

VUCHIC, V.: Urban public transportation, Prentice-Hall, Englewood Cliffs, 1981

V. A.: Die elektrischen Strassenbahnen der A.E.G., Elsner, Berlin, 1894

V. A.: Deutsches Pferdebahnmuseum Döbeln, Eigenverlag, Döbeln, 2009

V. A.: Sustainable Mobility-Public transport in Germany, VDV, Düsseldorf, 1997

V. A.: Le tramway en France aujourd'hui, La vie du rail, Paris, 2017

Zeitschriften

Brill Magazine, Philadelphia, 1907-1921

Canadian Rail, Saint Constant, 2015

Electric Railway Journal, Chicago, 1908-1931

Ingegneria ferroviaria, Rom, 1946-2021

International Railway Journal, New York, 2001-2021

Railway Gazette International, London, 1971-2021

Strassenbahn Magazin, München, 2017-2021

The Street Railway Journal, New York, 1884-1908

Tramway Review, LRTA, Peterborough, 1950-2021

Tramways & Urban Transit, Peterborough, 2017-2021

Internet-Seiten

American P. T. Association – Heritage Trolley Site: www.heritagetrolley.org

Association Musée Transports Urbains Interurbains Ruraux: www.amtuir.org

Blickpunkt Strassenbahn: www.blickpunktstrab.net

Electric transport in Latin America: www.tramz.com

Light Rail Transit Association: www.lrta.org

Tram di Roma: www.tramroma.org

Tram info: www.tram-info.de

Tramway & Light Rail Railway Society: www.tramwayinfo.com

Transphoto: www.transphoto.ru

Urbanrail: www.urbanrail.net

Anhang A

Meilensteine der Tramgeschichte

(in chronologischer Reihenfolge)

1807
Erste Personenbeförderung auf Schienen: Swansea and Mumbles Railway, S. 9

1832
Pferdetram: J. Stephenson, New York & Harlem Railroad, S. 9

1834
Unterirdischer Streckenabschnitt: Murray Hill Tunnel, New York, S. 31

1852
Rillenschiene: A. Loubat, New York, S. 11

1873
Cablecar (Antrieb mit Drahtseil): A.S. Hallidie, Clay Street Line, San Francisco, S. 13

1881
Elektrisches Tram: W. Siemens, Gross-Lichterfelde, Berlin, S. 22

1881
Speisung ab Fahrleitung: W. Siemens, Internationale Elektrizitätsausstellung in Paris, S. 19

1881
Tram mit Speisung durch Akkumulatoren: N. Raffard, Paris, S. 19

1884
Tram mit unterirdischer Speisung: Bentley-Knight, Cleveland, S. 20

1885
Speisung mit Rollenstromabnehmer: C.J. Van Depoele, Expo Toronto, S. 20

1888
Innerstädtisches Zahnradtram: Museo–Torretta, Neapel, S. 14

1890
Bügel mit Schleifleiste: W. Reichel, Berlin, S. 22

1892
Elektrische Weiche: Stone & Webster, Boston, S. 26

1893
Gelenktram: „Zwei Zimmer mit Küche", Brewer-Krehbiel, Cleveland, S. 41

1905
Fahrgastflusssystem „Pay as you enter": Montréal, S. 35

1912
Fahrgastflusssystem „Pay as you pass": Peter Witt, Cleveland, S. 35

1912
Niederflurtram: One-step Car von Hedley-Doyle, New York, S. 33

1916
Standardisierter, in Serie gebauter Strassenbahnwagen: Birney Safety Car, Seattle, S. 37

1920
Gelenktram mit Drehgestellen: Milwaukee, S. 42

1924
Gelenktram mit „Karussell": T. Elliott, Detroit, S. 42

1934
Halbautomatischer Fahrschalter: PCC (Westinghouse-Hirshfeld), New York, S. 45

1967
Von historischen Wagen fahrplanmässig befahrene Tramlinie: Montevideo, S. 115

1973
Elektronische Antriebsregelung (Serienfahrzeuge): Valmet Nr. I, Helsinki, S. 70

1982
Restaurant-Tram: Colonial Restaurant, Melbourne, S. 123

1989
Niederflurboden auf der ganzen Länge: Prototyp Socimi S350LRV, Mailand, S. 78

1992
Tram-Train: Karlsruhe, S. 96

1993
Niederflurboden auf der ganzen Länge: Serienfahrzeuge: AEG GT6N und GT8N, S. 78

2000
Pneutram: Bombardier GLT, Nancy, S. 84

2001
Gütertram (moderne Version): Cargotram, Dresden, S. 132

2012
Speisung mit Wasserstoff (Brennstoffzellen): Tig/m, Oranjestad, S. 86

2015
Fahrleitungslose Linie, mit Superkapazitoren gespeiste Tramwagen: Huai'an, S. 86

Rekorde

Längstes Tram
CAF Urbos 3, Budapest (56 m)

Niedrigster Wagenboden
ULF Siemens, Wien (197 mm über SOK)

In grösster Stückzahl gebauter Strassenbahnwagen
Ust'Kataw KTM-5 (14.369 Wagen); zweithäufigst gebauter Tramwagen: Tatra T3 (14.011 Fahrzeuge)

Steilste Linie im Adhäsionsbetrieb
Lissabon (Linie 28, 135 ‰); zweitsteilste Linie: Linz (Pöstlingbergbahn: 116 ‰)

Längste Tramlinie
Oostende (Kusttram): 68 km

Älteste Tramlinie
New Orleans (Saint Charles-Linie, seit 1835 bis heute ohne Unterbruch betrieben)

Länder mit den meisten Tramnetzen
Russland (60), Deutschland (53), Vereinigte Staaten von Amerika (40)

Längste Strassenbahnnetze nach Ländern
Deutschland (3753 km), Russland (2266 km), Vereinigte Staaten von Amerika (1609 km)

Grösste Länge der Tramnetze pro Einwohner
Deutschland und Lettland (4,5 cm/Einwohner)

Grösste „Tramagglomerationen"
Karlsruhe (644 km), Rhein-Ruhr (447 km), Köln-Bonn (249 km)

Längste Streckennetze nach Städten
Melbourne (250 km), Sankt Petersburg (222 km), Berlin (198 km).

Länder mit grösster Anzahl Tramwagen
Russland (ca. 6300), Deutschland (ca. 5200), Polen (ca. 3400)

Städte mit grösster Anzahl Tramwagen
Prag (ca. 900), Warschau (ca. 700), Sankt Petersburg (ca. 700)

Besonderheiten

Doppelstocktram im Liniendienst
Hongkong, Alexandria (Ägypten), Blackpool

Internationale Tramlinien
Basel (Linien 3 und 10 Schweiz/Frankreich, Linie 8 Schweiz/Deutschland), Strassburg (Linie D Frankreich/Deutschland), Saarbrücken (Linie S1 Deutschland/Frankreich), Genf (Linie 17 Schweiz/Frankreich)

Auf zwei Kontinenten fahrende Strassenbahnen
Istanbul (Europa–Bosporus Meerenge–Asien, physisch nicht miteinander verbunden), Magnitogorsk (Europa–Ural-Fluss–Asien), Orsk (Europa–Ural-Fluss–Asien)

Anhang B Heutige Strassenbahnnetze weltweit

Die nachstehenden Tabellen basieren auf Angaben in Fachbüchern und Zeitschriften sowie auf den in der Bibliographie angegebenen Webseiten. Lagen widersprüchliche oder unvollständige Informationen vor, mussten in einigen Fällen Interpretationen und/oder Interpolationen vorgenommen werden, die möglicherweise nicht vollständig korrekt sind. Wir bitten deshalb, allfällige Fehler oder mangelnde Genauigkeiten zu entschuldigen und laden die Leser ein, uns mit Belegen versehene Korrekturen an die Adresse cambursano.r@gmail.com zwecks Übernahme in die nächste Ausgabe zu senden.
Zum Zeitpunkt der Veröffentlichung dieses Buches gibt es einige Gebiete, um die Krieg geführt wird, die annektiert sind oder die als Staaten völkerrechtlich nicht allgemein anerkannt sind. Die hier getroffenen Zuordnungen (z.B. Krim bei Russland, Donbass bei der Ukraine, Taiwan separat von der Volksrepublik China) sind pragmatischer Natur und sollen nicht als Parteinahme der Autoren für eine der Konfliktparteien verstanden werden. Wurden die Angaben zu Strassenbahnetzen und Rollmaterialbeständen in der Regel auf den Stand 1. Oktober 2022 gebracht, geben die Angaben über die Ukraine den Stand 24. Februar 2022 wieder.
Eine grosse Schwierigkeit war die Klassifizerung der Linien, insbesondere die Unterscheidung von Stadt- und Überlandlinien und innerhalb der „LRT"-Familie zwischen jenen Linien, die Tramcharakter haben und jenen, die wegen ihrer Charakteristiken eher einem klassischen Untergrundbahnsystem oder einer Eisenbahn ähneln (und aus diesem Grund im Verzeichnis nicht aufgeführt sind).
Weil zudem der Unterschied zwischen Überlandtrambahnen im Vergleich zu lokalen Nebenbahnen oft kontrovers ist und von Land zu Land unterschiedlich definiert wird, wurde die Zuteilung basierend auf Kriterien vorgenommen, die eher von einheitlichen, logischen Überlegungen als von offiziellen Klassifizierungen inspiriert sind. Wenn eine Linie eine Staats-, Regional-, Provinz-, Kreis- oder Gemeindegrenze überquert, wird sie als „Ü" (Überlandinie) deklariert.
Wenn eine Linie gänzlich ausserhalb der Hauptgemeinde verläuft, wird sie als „Ü" eingestuft, unabhängig davon, ob sie mehrere Gemeinden (Beispiel: Linie T1 im Raum Île-de-France/Paris) oder nur eine durchquert (Beispiel: Linie 38 im oberschlesischen Tramnetz von Katowice, die nur innerhalb der Stadt Bytom fährt).
Wenn eine Linie ausschliesslich innerhalb der Hauptgemeinde verkehrt, wird sie als „S" (Stadtlinie) eingestuft, auch wenn es einige Spezialfälle gibt, etwa die Strecke nach Markendorf in Frankfurt (Oder), die ein grosses, nicht verstädtertes Gebiet durchquert und daher stellenweise wirkt wie eine Überlandlinie.
Als „Tramagglomerationen" werden Tramnetze bezeichnet, die verschiedene, miteinander physisch verbundene Städte verbinden, d.h. solche, in denen man von einer zur andern mit dem Tram fahren kann (Beispiel: Köln-Bonn, Phoenix-Tempe).
Das Zeichen „+km" bedeutet „zusätzliche Kilometer zum Stadtnetz". Bei Überlandtramlinien wird zudem in der Spalte „Hinweise" die Endstation bzw. die Gemeinde, in der sie liegt, angegeben.
In der Liste der städtischen Tramnetze figurieren auch die „LRT"-, Prémétro- und Stadtbahnlinien, welche Abschnitte mit niveaugleichen Kreuzungen mit dem Individualverkehr aufweisen oder deren Gleise in den Strassen verlegt sind, nicht aber Linien mit vollständig eigenem Gleiskörper, ohne Kreuzungen mit Strassen, deren Betrieb gemäss Eisenbahnvorschriften erfolgt und mit nicht eigentlichen Tramfahrzeugen durchgeführt wird. Hingegen wurden in städtischen Agglomerationen verkehrende Zahnradbahnen wegen der Ähnlichkeit ihrer Wagen mit Tramfahrzeugen in die Listen aufgenommen.
Bei früher eingestellten und später wieder eröffneten Strassenbahnbetrieben bezieht sich das Eröffnungsjahr auf den Betrieb der zweiten Generation.
Die auf Kilometer aufgerundete Netzlänge umfasst die von fahrplanmässig verkehrenden Linien befahrenen Strecken (von mehreren Linien gemeinsam befahrene Abschnitte nur einmal gezählt) unabhängig davon, ob sie ein- oder zweigleisig sind. Verläuft das Gleis einer Linie auf der Hinfahrt nicht in der gleichen Strasse wie auf der Rückfahrt, wird analog nur eine Richtung gezählt. Nicht inbegriffen sind ferner Dienstgleise und die Gleisanlagen in den Betriebshöfen.
In der Liniennummernliste werden die nur zu gewissen Tageszeiten fahrplanmässig oder anlässlich von Kundgebungen betriebenen Linien nicht aufgeführt.
Museumslinien werden in der Zusammenstellung nur dann aufgeführt, wenn sie dauernd eine effektive, ins lokale Transportnetz eingebundene Funktion erfüllen. Hingegen werden die mit Kursivschrift und * gekennzeichneten historischen/touristischen Linien, welche zwar regelmässig, aber ausschliesslich für Stadtrundfahrten oder als Zubringer zu Anlässen verkehren und nicht für die Abdeckung der normalen Verkehrsbedürfnisse gedacht sind, gesondert aufgeführt.
Die Anzahl Tramwagen jedes Betriebes (die in den zur Verfügung stehenden Unterlagen oft nicht übereinstimmt und deshalb nicht präzise angegeben werden kann) bezieht sich auf die betriebsfähigen, für den kommerziellen Einsatz bestimmten Fahrzeuge, ohne Anhängewagen, Dienstwagen oder Museumswagen (letztere werden nur mitgezählt, wenn sie auf einer Linie von grosser Wichtigkeit regelmässig eingesetzt werden).
Die Spurweite wird in Millimetern (mm), die Netzlänge in Kilometern (km) angegeben.

Legende zu den Symbolen in den Spalten „Linien" und „Hinweise":

Wo nicht anders präzisiert, erfolgt die Speisung der Fahrmotoren ab Fahrleitung. Bei einigen Trambetrieben wird der Strom auf eine andere Art zugeführt. In diesen Fällen wird die Betriebsart mit Kleinbuchstaben erwähnt.

- a APS (unterirdische Speisung)
- b Speisung der Motoren durch Batterie
- c Seilantrieb (Cablecar oder mit den Tramwagen schiebenden/bremsenden Standseilbahnwagen)
- d Speisung der Fahrmotoren durch einen Dieselmotor, der einen Generator antreibt
- h Speisung der Fahrmotoren mit durch Brennstoffzellen erzeugtem Strom
- H mit historischen Tramwagen betriebene Linie
- k Speisung der Fahrmotoren durch Superkapazitoren
- p Tram auf Pneurädern
- S Stadtlinie (Tram)
- t Tram-Train
- Ü Überlandlinie (Tram)
- w TramWave (unterirdische Speisung)
- z Zahnradtrambahn
- Σ Gesamte Netzlänge resp. gesamter Wagenpark
- # nur teilweise (nicht auf der ganzen Linie)

TRAMNETZE WELTWEIT (2022)			
Anzahl Orte	**Linien**	**Netzlängen (in km)**	**Wagen**
439	1911 S + 339 Ü + 41 Üt + 55 HS + 8 HÜ = 2354	17.461	38.209
*+ 43**	*+ 75* (52 HS* + 23 HÜ*)*	*+ 212**	*+ 383**

ÄGYPTEN

Ort	Jahr	Spurweite	Linien	Netzlänge	Wagen	Hinweise
1 Alexandria	1863	1435	16 S+2 Ü	∑ 32	∑ 85	
+ 1 Kairo*	*2022*	*1435*	*1 HS**	*1**	*4**	*Open Air Mall (b)*

ÄTHIOPIEN

Ort	Jahr	Spurweite	Linien	Netzlänge	Wagen	Hinweise
1 Addis Abeba	2015	1435	2 S	32	41	

ALGERIEN

Ort	Jahr	Spurweite	Linien	Netzlänge	Wagen	Hinweise
Alger (Algier)	2011	1435	1 S	23	48	
Constantine	2013	1435	1 S	18	47	
Mostaganem	2022	1435	2 S	14	25	
Oran	2013	1435	1 S	19	30	
Ouargla	2018	1435	1 S	10	23	
Sétif	2018	1435	1 S	15	26	
Sidi bel Abbès	2017	1435	1 S	18	34	
Total 7			8 S	117	233	

AUSTRALIEN

Ort	Jahr	Spurweite	Linien	Netzlänge	Wagen	Hinweise
Adelaide	1878	1435	2 S	16	24	
	1974	*1435*	*1 HÜ**	*2**	*20**	*St. Kilda*
Ballarat	*1975*	*1435*	*1 HS**	*1**	*12**	
Bendigo	*1972*	*1435*	*1 HS**	*4**	*17**	*Vintage Talking Tram*
Canberra	2019	1435	1 S	12	14	
Gold Coast	2014	1435	1 S	20	18	
Melbourne	1885	1435	23 S	250	489	
	1994	1435	1 HS	–	12	35 City Circle
Newcastle	2019	1435	1 S	3	6	(k)
Perth	*1980*	*1435*	*1 HÜ**	*4**	*9**	*Whiteman Park*
Portland	*1996*	*1435*	*1 HS**	*7**	*2**	*(d; ex Cable Car)*
Sydney	1997	1435	3 S	25	72	(a#)
	1993	*1435*	*1 HÜ**	*3**	*12**	*Loftus*
Victor Harbor	*1986*	*1600*	*1 HS**	*1**	*4**	*(Pferdebahn)*
Total 6			31 S +1 HS	326	635	
*+ 5**			*+ 3 HÜ* + 4 HS**	*∑ +22**	*∑ +76**	

ARGENTINIEN

Ort	Jahr	Spurweite	Linien	Netzlänge	Wagen	Hinweise
Buenos Aires	*1980*	*1435*	*1 HS**	*2**	*9**	*Caballito*
	1987	1435	1 S	7	17	
	1995	1435	1 Ü	16	9	Tren de la Costa
Mendoza	2012	1435	1 Ü	18	39	
Mar del Plata	*1997*	*900*	*1 HS**	*3**	*2**	*Parque Camet*
Rosario	*2015*	*1435*	*1 HS**	*1**	*1**	
Valle Hermoso	*1998*	*600*	*1 HS**	*1**	*1**	*Paseo con Ciencia*
Total 2			1 S+2 Ü	41	65	
*+ 3**			*+ 4 HS**	*+ 7**	*+ 13**	

BELARUS

Ort	Jahr	Spurweite	Linien	Netzlänge	Wagen	Hinweise
Mazyr	1988	1524	1 S	20	47	
Minsk	1892	1524	6 S	24	135	
Nawapolazk	1974	1524	1 S	11	34	
Witebsk	1898	1524	8 S	35	60	
Total 4			16 S	90	276	

ARUBA (autonomes Land des Königreichs der Niederlande)

Ort	Jahr	Spurweite	Linien	Netzlänge	Wagen	Hinweise
1 Oranjestad	2013	1435	1 HS	2	4	(h-b)

BELGIEN

Ort	Jahr	Spur-weite	Linien	Netz-länge	Wagen	Hinweise
Antwerpen	1873 1000	1000 1000	8 S 6 Ü	∑ 89	∑ 279	3 Zwijndrecht, 5, 10 Wijnegem, 7 Mortsel, 8 Wommelgem 15 Boechout
Brüssel (Bruxelles)	1869	1435 1435	13 S 4 Ü	∑ 133	∑ 392	19 Gr. Bijgaarden 39 Ban-Eik, 44 Tervuren, 82 Drogenbos
Charleroi	1887	1000 1000	4 S 1 Ü	∑ 30	∑ 45	M1, M2 Anderlues
Erezée	*1966*	*1000*	*1 HÜ**	*12**	*1**	*Tramw. tourist. de l'Aisne (TTA)*
Gent	1875	1000 1000	1 S 2 Ü	∑ 34	∑ 85	1 Ewerdem, 2 Melle Leeuw
Han-sur-Lesse	*1906*	*1000*	*1 HÜ**	*5**	*6**	*Grott. de Han (d)*
Ostende	1885	1000	1 Ü	68	49	Kusttram
Thuin	*1984*	*1000*	*1 HÜ**	*8**	*12**	*Lobbes-Biesme*
Total 5			26S+14Ü	354	850	
*+ 3**			*+ 3 HÜ**	*+ 25**	*+ 19**	

BOLIVIEN

Ort	Jahr	Spur-weite	Linien	Netz-länge	Wagen	Hinweise
1 Cochabamba	2022	1435 1435	1 S 1 Ü	∑ 20	∑ 12	Rote Linie Grüne Linie

BOSNIEN-HERZEGOWINA

Ort	Jahr	Spur-weite	Linien	Netz-länge	Wagen	Hinweise
1 Sarajevo	1895	1435 1435	1 S 3 Ü	∑ 11	∑ 65	Linie 1 3, 4, 6 Ilidza

BRASILIEN

Ort	Jahr	Spur-weite	Linien	Netz-länge	Wagen	Hinweise
Campinas	*1972*	*1000*	*1 HÜ**	*3**	*4**	*Parque Taquaral*
Campos de Jordao	1914	1000	1 HS	8	3	
Itatinga	*1958*	*800*	*1 HÜ**	*7**	*2**	
Juazeiro do Norte	2009	1000	1 Ü	14	2	Crato (d)
Maceió	2011	1000	1 S	32	6	(d)
Natal	2014	1000	2 Ü	56	10	(d)
Recife	2012	1000	2 Ü	32	7	Cabo (d)
Rio de Janeiro	1887 1884 2016	1100 1000 1435	2 HS 1 Sz 3 S	7 4 14	14 4 32	Santa Teresa Corcovado (a)
Santos	*1984* 2016	*1350* 1435	*1 HS** 1 S	*5** 12	*8** 22	*Bonde turistico* (b#)
Sobral	2014	1000	2 S	14	5	(d)
Teresina	2008	1000	1 S	13	3	(d)
Total 9			9 S+5 Ü + 3 HS	206	108	
*+ 2**			*+ 1 HS** *+ 2 HÜ**	*+ 15**	*+ 14**	

BULGARIEN

Ort	Jahr	Spur-weite	Linien	Netz-länge	Wagen	Hinweise
1 Sofia	1898 1987	1009 1435	11 S 3 S	54 23	181 88	 Linien 20, 22, 23

CHILE

Ort	Jahr	Spur-weite	Linien	Netz-länge	Wagen	Hinweise
Iquique	*2004*	*1000*	*1 HS**	*1**	*2**	*(b#, Pferdebahn)*

CHINA

Ort	Jahr	Spur-weite	Linien	Netz-länge	Wagen	Hinweise
Beijing (Peking)	*2008* 2017 2020	*1435* 1435 1435	*1 HS** 1 S 1 S	*1** 9 12	*2** 31 19	*Qianmen St. (b)* Fragrant Hill Yizhuang
Changchun	1941	1435	2 S	13	46	
Chengdu	*2013* 2018	*1435* 1435	*1 HS** 2 S	*2** 39	*2** 40	*Anren* (b#)
Chongli	2022	1435	1 S	2	3	(k) Eröffnung ungewiss
Dalian	1909	1435	2 S	23	33	
Delingha	2022	1435	2 S	14	25	(k) Eröffnung ungewiss
Foshan	2019 2021	1435 1435	1 S 1 S	7 9	8 16	Gaoming Li. (h#) Nanhai Line
Guangzhou	2014	1435	2 S	22	26	(k#)
Hongkong	1904 1988	1067 1435	6 S 12 S	13 36	163 132	 Tuen Mun
Huai'an	2015	1435	1 S	20	26	(k)
Jiaxing	2021	1435	2 S	16	20	(k)
Mengzi	2020	1435	1 S	13	34	(k)
Nanjing	2014	1435	2 S	17	15	(k#)
Qingdao	2016	1435	1 S	9	7	
Shanghai	2010 2018	 1435	1 Sp 1 S	10 34	9 30	Translohr
Sanya	2019	1435	1 S	8	5	(k)
Shenyang	2013	1435	6 S	60	35	(k#)
Shenzhen	2017	1435	1 S	12	15	(k#)
Suzhou	2014	1435	2 S	43	36	
Tianjin	2007		1 Sp	8	8	Translohr
Tianshui	2020	1435	1 S	13	14	(k)
Wenshan	2021	1435	1 S	14	15	(k)
Wuhan	2017	1435	3 S	46	47	(k#)
Wuyi	2021	1435	1 Ü	26	12	Nanping-Nanyuanling
Total 24			58 S+1 Ü	548	870	
			*+ 2 HS**	*+ 3**	*+ 4**	

DÄNEMARK

Ort	Jahr	Spur-weite	Linien	Netz-länge	Wagen	Hinweise
Aarhus	2017	1435	2 Üt	96 +14	12 14	1 Grenaa, 2 Odder Städt. Teil Li. 2
Odense	2022	1435	1 S	14	16	
Total 2			2 Üt+1 S	124	42	

DEUTSCHLAND

Ort	Jahr	Spurweite	Linien	Netzlänge	Wagen	Hinweise
Augsburg	1881	1000 1000	2 S 3 Ü	∑ 45	∑ 86	2 Augsburg West, 3 Königsbrunn, 6 Stadtbergen, 6 Friedberg West
Bad Schandau	1898	1000	1 HÜ	8	6	Kirnitzschtalbahn
Berlin	1865 1913 1910	1435 1435 1000	22 S 1 HÜ 1 Ü	178 6 14	363 7 7	87 Woltersdorf 88 Rüdersdorf
Bielefeld	1900	1000	4 S	33	76	
Bochum und Gelsenkirchen	1894 1989	1000 1000 1435 1435	9 S (1 Ü) 1 Ü (1 Ü)	84 – 15 –	112 – 31 –	107 Essen U35 Herne U11 Essen
Bonn	1891 1883	1435 1435 1435 1000	3 S 1 Ü (2 Ü) 1 HÜz	40 +13 2	∑ 79 5	66 Siegburg, 66 Bad Honnef 16, 18 Köln Drachenfelsbahn
Brandenburg an der Havel	1897	1000	3 S	17	16	
Braunschweig	1897	1100	5 S	36	55	
Bremen	1876 2014	1435 1435	6 S 1 Ü	74 +5	∑ 120	4 Lilienthal
Chemnitz	1960 2002	1435 1435	5 S 4 Üt	31 +119	44 18	C11 Stollberg, C13 Aue (d#), Burgstädt (d#), C14 M'weida (d#), C15 Hainichen (d#)
Cottbus	1903	1000	4 S	23	21	
Darmstadt	1886	1000 1000	3 S 4 Ü	30 +11	∑ 48	4, 9 Griesheim, 6, 8 Alsbach
Dessau	1894	1435	3 S	12	11	
Döbeln	*2007*	*1000*	*1 HS**	*2**	*1**	*(Pferdebahn)*
Dortmund	1891	1435 1435	7 S 1 Ü	72 +2	∑ 121	U41 Brambauer
Dresden	1972	1450 1450	11 S 1 Ü	116 +14	∑ 185	4 Weinböhla
Duisburg	1881	1435 1435	2 Ü (1 Ü)	53 –	63 –	901 Mülheim, 903 Dinslaken U79 Düsseldorf
Düsseldorf	1876	1435 1435	12 S 5 Ü	∑ 127	∑ 309	U72 Ratingen, U75 Neuss, U76 Krefeld, U79 Duisburg, 709 Neuss
Erfurt	1883	1000	6 S	40	76	
Essen	1893 1977	1000 1000 1000 1435 1435	6 S 1 Ü (1 Ü) 1 S 2 Ü	∑ 44 ∑ 27	∑ 122 ∑ 51	107 Gelsenkirchen 104 Mülheim U17 U11 Gelsenkirchen, U18 Mülheim
Frankfurt am Main	1872	1435 1435	15 S 2 Ü	121 +11	∑ 400	U2 Bad Homburg, U3 Oberursel
Frankfurt (Oder)	1898	1000	5 S	20	26	
Freiburg i. Breisg.	1901	1000	5 S	36	61	
Gera	1892	1000	3 S	19	40	

DEUTSCHLAND (1. Fortsetzung)

Ort	Jahr	Spurweite	Linien	Netzlänge	Wagen	Hinweise
Görlitz	1882	1000	2 S	11	16	
Gotha	1894 1929	1000 1000	2 S 2 Ü	8 +18	∑ 20	Thüringerwaldb.
Halberstadt	1887	1000	2 S	9	9	
Halle (Saale)	1882 1902	1000 1000	10 S 1 Ü	53 +22	∑ 109	5 Bad Dürrenberg
Hannover	1872 1898	1435 1435	8 S 4 Ü	100 +18	∑ 336	1 Langenhagen, 1 Sarstedt, 2 Rethen, 3 Altwarmbüchen 4 Garbsen
Heidelberg	1885	1000 1000	3 S 2 Ü (1 Ü)	22 +3 –	* * –	* in Mannheim inbegriffen 22 Eppelheim 23 Leimen 5 Mannheim
Jena	1901	1000	5 S	24	38	
Karlsruhe	1877 1992	1435 1435 1435	5 S 1 Ü 11 Üt	63 +16 +565	∑ 104 226	Linien 1-5 S2 Rheinst./Spöck Regio-Stadtbahn
Kassel	1877 2006	1435 1435 1435	4 S 3 Ü 3 Üt	50 +24 +86	∑ 80 28	4 Hess. Lichtenau, 5 Baunatal G'ritte 8 Kaufungen RT1 Hümme, RT4 W'hagen (d#), RT5 Melsungen
Köln	1877	1435 1435 1435	8 S 2 Ü 2 Ü	142 +8 +44	∑ 402	1 Bensberg, 2 Frechen-B'rath 16, 18 Bonn
Krefeld	1883	1000 1000 1435	3 S 1 Ü (1 Ü)	37 +1 14	∑ 41 D'dorf	041 St. Tönis U76 Düsseldorf
Leipzig	1872	1458 1458	11 S 2 Ü	114 +10	∑ 258	3 Taucha, 11 Schkeuditz, 11 Markkleeberg
Magdeburg	1877	1435	9 S	60	87	
Mainz	1883	1000	5 S	30	40	
Mannheim und Ludwigshafen	1878	1000 1000 1000	7 S 2 Ü 2 Ü	115 +51 +16	∑ 184	5 Heidelberg, 5 Weinheim, 5A Heddesheim, 4,9 Bad Dürkheim
Mülheim an der Ruhr und Oberhausen	1897 1977	1000 1000 1435 1435	2 S 1 Ü (1 Ü) (1 Ü)	∑ 35 ∑ 10	* DU –	* in Essen inbeg. 104 Essen 901 Duisburg U18 Essen
München	1876	1435 1435	9 S 1 Ü	76 +4	∑ 135	25 Grünwald
Naumburg	1892	1000	1 HS	3	6	
Nordhausen	1900 2004	1000 1000	2 S 1 Üt	7 +11	9 3	10 Ilfeld (d#)
Nürnberg	1881	1435	5 S	36	48	
Plauen	1894	1000	5 S	16	24	
Potsdam	1880	1435	7 S	30	53	
Rostock	1881	1435	6 S	35	53	
Saarbrücken	1997	1435	1 Üt	44	28	international: Sarreguemines (F)
Schwerin	1881	1435	4 S	21	30	

DEUTSCHLAND (2. Fortsetzung)

Ort	Jahr	Spur-weite	Linien	Netz-länge	Wagen	Hinweise
Spiekeroog	*1981*	*1000*	*1 HÜ*	*2**	*1**	*(Pferdebahn)*
Strausberg	1893	1435	1 S	6	4	
Stuttgart	*1886* 1884 1983	*1000* 1000 1435 1435	*2 HS** 1 Sz 7 S 6 Ü	*7** 2 113 +16	*21** 3 ∑ 204	*Linien 21, 23* Linie 10 „Zacke" U1 Fellbach, U5 Leinfelden, U6 Gerlingen, U6 Flughafen, U7, U8 Ostfildern U14 Remseck
Ulm	1897	1000	2 S	19	22	
Würzburg	1892	1000	5 S	18	40	
Zwickau	1894	1000	4 S	19	32	
Total 53			284 S + 1 HS + 57 Ü +20 Üt + 3 HÜ	3753	5231	
*+ 2**			*+ 3 HS** *+ 1 HÜ*	*+ 11**	*+ 23**	

Die Orte der „Tramagglomerationen" Rhein-Ruhr (gelb), Rhein-Sieg (rot) und Rhein-Neckar (grau) sind farbig unterlegt

ECUADOR

Ort	Jahr	Spur-weite	Linien	Netz-länge	Wagen	Hinweise
1 Cuenca	2020	1435	1 S	11	14	(a#)

ESTLAND

Ort	Jahr	Spur-weite	Linien	Netz-länge	Wagen	Hinweise
1 Tallinn	1888	1000	4 S	18	94	

FINNLAND

Ort	Jahr	Spur-weite	Linien	Netz-länge	Wagen	Hinweise
Helsinki	1891	1000	10 S	50	122	
Tampere	2021	1435	2 S	18	19	
Total 2			12 S	68	141	

FRANKREICH

Ort	Jahr	Spur-weite	Linien	Netz-länge	Wagen	Hinweise
Angers	2011	1435	1 Ü	12	17	Linie A (a#)
Aubagne	2014	1435	1 S	3	8	
Avignon	2019	1435	1 S	5	14	
Besançon	2014	1435 1435	1 S 1 Ü	∑ 15	∑ 19	Linie 2 1 Chalezeule
Bordeaux	2003	1435	4 Ü	75	130	A, B, C, D (a#)
Brest	2012	1435	1 S	14	20	
Caen	2019	1435 1435	1 S 2 Ü	∑ 17	∑ 26	T2 T1 Hérouville, T1 Ifs, T3 Fleury-sur-Orne
Clermont-Ferrand	2006		1 Sp	16	25	Translohr
Dijon	2012	1435	2 Ü	18	33	T1, T2
Grenoble	1987	1435	5 Ü	44	103	A, B, C, D, E
Le Havre	2012	1435	2 S	13	22	
Le Mans	2007	1435	2 S	18	34	
Lille	1909 *1995*	1000 *1000*	2 Ü *1 HÜ**	19 *3**	24 *3**	R Roubaix, T Tourcoing *Vallée de la Deûle*
Lyon	2000 2010 2012	1435 1435 1435	1 S 6 Ü 1 Üt 2 Üt	∑ 66 +7 40	∑ 103 6 24	T6 T1-T5, T7 Rhônexpress TT de l'Ouest ly.
Marseille	2007	1435	3 S	13	32	
Montpellier	2000	1435 1435	1 S 3 Ü	∑ 56	∑ 87	T4 T1, T2, T3
Mulhouse	2006 2010	1435 1435 1435	2 S 1 Ü 1 Üt	∑ 13 +15	∑ 27 12	1, 2 3 Lutterbach Thann St-Jacques
Nancy	2000		1 Üp	11	25	1 (GLT) Schliessung 2023
Nantes	1985 2011	1435 1435 1435	1 S 2 Ü 2 Üt	∑ 44 88	∑ 91 24	T1 T2 Orvault, T3 St-Herblain Clisson, Châteaubriant
Nice (Nizza)	2007	1435	3 S	25	62	(b#, k#)
Orléans	2000	1435	2 Ü	29	43	A, B (a#)
Paris/ Île-de-France	1991 2006 2006 2013	1435 1435 1435	5 Ü 1 S 3 Üt 2 Üp	65 27 44 21	162 63 56 38	T1,T2,T7,T8,T9 T3 T4, T11, T13 T5, T6
Reims	2011	1435 1435	1 S 1 Ü	∑ 11	∑ 18	A (a#) B Bezannes (a#)
Rouen	1994	1435	2 Ü	15	27	St-Étienne-du-Rouvray, Le Grand-Quevilly
Saint-Etienne	1881	1000 1000	2 S 1 Ü	∑ 16	∑ 44	T2, T3 St-Priest-en-Jarez
Strasbourg (Strassburg)	1994 2017	1435 1435 1435	2 S 3 Ü 1 Ü	∑ 46 +4	∑ 104	C, F A, E Illkirch-Graffenstaden, B Hoenheim, B Lingolsheim, int.: D Kehl (D)
Toulouse	2010	1435	2 Ü	17	28	T1, T2
Tours	2013	1435	1 Ü	15	21	A (a#)
Valenciennes	2006	1435	2 Ü	34	30	T1 Denain (u.a.), T2 Condé-s-l'Esc.
Total 29			27S+52Ü +9 Üt	991	1602	
*+ 1**			*+ 1 HÜ**	*+ 3**	*+ 3**	

GRIECHENLAND

Ort	Jahr	Spurweite	Linien	Netzlänge	Wagen	Hinweise
1 Athen	2004	1435	2 Ü	30	60	6, 7

INDIEN

Ort	Jahr	Spurweite	Linien	Netzlänge	Wagen	Hinweise
1 Kolkata (Kalkutta)	1873	1435	9 S	68	250	

IRLAND

Ort	Jahr	Spurweite	Linien	Netzlänge	Wagen	Hinweise
1 Dublin	2004	1435	2 Ü	44	73	Red Line, Green Line

ISRAEL

Ort	Jahr	Spurweite	Linien	Netzlänge	Wagen	Hinweise
1 Jerusalem	2011	1435	1 S	14	46	

ISLE OF MAN (britische Kronbesitzung)

Ort	Jahr	Spurweite	Linien	Netzlänge	Wagen	Hinweise
Douglas	1876 1893	914 914	1 HS 1 HÜ	3 27	20 8	Pferdetram Manx Electr. Rly.
Laxey	1895	1067	1 HÜ	8	5	Snaefell Mnt. Rly.
Total 2			1 HS + 2 HÜ	38	33	

ITALIEN

Ort	Jahr	Spurweite	Linien	Netzlänge	Wagen	Hinweise
Bergamo	2009	1435	1 Ü	13	14	T1 Albino
Cagliari	2008 2015	950 950	1 S 1 Üt	8 +4	∑ 12	Linie 1 2 Settimo S. P.
Firenze (Florenz)	2010	1435	1 Ü 1 S	∑ 17	∑ 46	T1 Scandicci Linie T2
Genova (Genua)	1901	1200	1 HSz	1	2	Principe-Granar.
Messina	2003	1435	1 S	8	15	
Milano (Mailand)	1876	1445 1445 1445	5 HS 10 S 2 Ü	∑ 117	125 ∑ 272	Li. 1,5,10,19,33 15 Rozzano, 31 Cinisello
Napoli (Neapel)	1875	1435	3 S	13	35	(w#)
Padova (Padua)	2007		1 Sp	10	16	Translohr
Palermo	2015	1435	4 S	18	17	
Ritten	1907	1000	1 Ü	7	5	Rittnerbahn
Roma (Rom)	1882 1916	1445 950	6 S 1 S	36 5	150 26	Termini-Giardin.
Sassari	2006	950	1 Üt	4	4	S. Maria di Pisa
Triest	1883	1000	1 HÜ	5	6	Opicina (c#)
Torino (Turin)	1871 2011 1884	1445 1445 1445	7 S 1 HS 1 HSz	61 +1 3	210 14 3	Linie 7 Sassi-Superga
Venezia (Venedig)	2010		2 Sp	20	20	Translohr
Total 15			37 S/Sp +7 Ü/Üt +8 HS/ HSz +1 HÜ	351	992	

JAPAN

Ort	Jahr	Spurweite	Linien	Netzlänge	Wagen	Hinweise
Enoshima	1902	1067	1 Ü	10	15	
Fukui	1924	1067	1 Üt	27	19	
Hakodate	1897	1372	2 S	11	38	
Hiroshima	1912 1922	1435 1435	7 S 1 Ü	19 +16	∑ 120	Miyajima
Kagoshima	1912	1067	3 S	13	35	
Kitakyushu	1914	1435	1 Ü	16	17	Chikuho
Kochi	1904	1067 1067	1 S 1 Ü	∑ 25	∑ 60	Ino/Gomen
Kumamoto	1907	1435	2 S	12	18	
Kyoto	1896 1912	1435 1435 1435	2 S 2 S 2 Ü	11 14 22	27 22 62	Keifuku Eizan Keihan
Matsuyama	1911	1067	5 S	10	38	
Nagasaki	1915	1435	4 S	12	75	
Okayama	1912	1067	2 S	5	21	
Osaka	1910	1435	2 S	18	28	Hankai
Sapporo	1910	1067	3 S	9	14	
Takaoka	1948	1067	1 S	13	10	
Tokyo	1882 1925	1372 1372	1 S 1 Ü	12 5	51 10	Arakawa Line Setagaya Line
Toyama	1907 2006	1067 1067	3 S 3 Ü	7 +8	∑ 31	Portram
Toyohashi	1925	1067	1 S	5	12	
Total 18			41 S +11 Ü/Üt	300	723	

KANADA

Ort	Jahr	Spurweite	Linien	Netzlänge	Wagen	Hinweise
Calgary	1981	1435	2 S	60	230	C-Train
Edmonton	1978 *1984* *1997*	1435 *1435* *1435*	2 S *1 HÜ** *1 HS**	24 *1** *3**	94 *∑ 8**	LRT *Ft. Edmonton Pk.* *High level bridge*
Nelson	*1992*	*1435*	*1 HS**	*1**	*2**	*Electric Tramway*
Ottawa	2019 2001	1435 1435	1 S 1 S	13 8	34 9	Confederation Li. Trillium Line (d)
Surrey	*2013*	*1435*	*1 HÜ**	*7**	*2**	*Fraser Valley (d)*
Toronto	1861	1495	11 S	83	204	
Waterloo	2019	1435	1 Ü	16	14	Kitchener
Total 5			17 S+1 Ü	204	585	
*+ 2**			*+ 2 HS** *+ 2 HÜ**	*+ 12**	*+ 12**	

KASACHSTAN

Ort	Jahr	Spurweite	Linien	Netzlänge	Wagen	Hinweise
Öskemen	1959	1524	4 S	17	33	
Pawlodar	1965	1524	7 S	45	112	
Temirtau	1959	1524	1 S	11	48	
Total 3			12 S	73	193	

KATAR

Ort	Jahr	Spur-weite	Linien	Netz-länge	Wagen	Hinweise
Doha	2018	1435	1 S	2	3	Msheireb (b/gas)
	2019	1435	2 S	11	19	Education City (k)
Lusail	2022	1435	1 S	6	28	(a#)
Total 2			4 S	19	50	

KOLUMBIEN

Ort	Jahr	Spur-weite	Linien	Netz-länge	Wagen	Hinweise
1 Medellín	2016		1 Sp	4	12	Translohr

KROATIEN

Ort	Jahr	Spur-weite	Linien	Netz-länge	Wagen	Hinweise
Osijek	1884	1000	2 S	12	28	
Zagreb	1891	1000 1000	11 S 4 Ü	∑ 54	∑ 240	Linien 4,7,11,15
Total 2			13 S+4 Ü	66	268	

LETTLAND

Ort	Jahr	Spur-weite	Linien	Netz-länge	Wagen	Hinweise
Daugavpils	1946	1524	3 S	27	53	
Liepāja	1899	1000	1 S	7	17	
Riga	1882	1524	8 S	61	174	
Total 3			12 S	95	244	

LUXEMBURG

Ort	Jahr	Spur-weite	Linien	Netz-länge	Wagen	Hinweise
1 Luxemburg	2017	1435	1 S	9	32	(k#)

MAROKKO

Ort	Jahr	Spur-weite	Linien	Netz-länge	Wagen	Hinweise
Casablanca	2012	1435	2 S	48	124	
Rabat	2011	1435	2 Ü	26	66	Salé
Total 2			2 S+2 Ü	74	190	

MAURITIUS

Ort	Jahr	Spur-weite	Linien	Netz-länge	Wagen	Hinweise
1 Port Louis	2020	1435	1 Ü	26	18	Curepipe

MEXIKO

Ort	Jahr	Spur-weite	Linien	Netz-länge	Wagen	Hinweise
Guadalajara	1989	1435	2 S	25	45	
Mexiko-Stadt	1910	1435	1 Ü	13	24	Xochimilco
Total 2			2 S+1 Ü	38	69	

NEUSEELAND

Ort	Jahr	Spur-weite	Linien	Netz-länge	Wagen	Hinweise
Auckland	*1980*	*1219/ 1435*	*1 HÜ**	*2**	*20**	*Western Springs*
	2011	*1435*	*1 HS**	*2**	*2**	*Wynyard Quarter*
Christchurch	*1995*	*1435*	*1 HS**	*4**	*7**	*City Tour*
Wellington	*1965*	*1219*	*1 HÜ**	*2**	*4**	*Kapiti Coast*
*3**			*2 HS* + 2 HÜ**	*+ 10**	*+ 33**	

NIEDERLANDE

Ort	Jahr	Spur-weite	Linien	Netz-länge	Wagen	Hinweise
Amsterdam	1875	1435 1435	11 S 3 Ü	∑ 96	∑ 200	5, 25 Amstelveen 19 Diemen
	1975	*1435*	*1 HÜ**	*7**	*7**	*Museumtramlijn 30 Amstelveen*
Den Haag	1864	1435 1435	5 S 5 Ü	∑ 139	∑ 201	1, 19 Delft, 15 Nootdorp, 7,16 Wateringen
	2004	1435	2 Üt			3,4 RandstadRail
		1435	*1 HS**	*–*	*20**	*Linie T*
Rotterdam	1879	1435 1435	5 S 3 Ü	∑ 74	∑ 112	21 Woudhoek, 24 Holy, 25 Carnisselande
		1435	*1 HS**	*+1**	*+18**	*Linie 10*
Utrecht	1983	1435 1435	1 S 2 Ü	∑ 28	∑ 76	22 20 Nieuwegein 21 IJsselstein
Total 4			22 S +15 Ü/ Üt	337	634	
			+ 2 HS + 1 HÜ**	*+ 8**	*+ 45**	

NORDKOREA

Ort	Jahr	Spur-weite	Linien	Netz-länge	Wagen	Hinweise
Chongju	1999	1435	1 S	7	10	
Pjöngjang	1991	1435	3 S	50	298	
	1996	1000	1 HS	4	18	Kumsusan Line
Wŏnsan	2020	1000	1 S	8	2?	Kalma Beach
Total 3			5 S+1 HS	69	328	

NORWEGEN

Ort	Jahr	Spurweite	Linien	Netzlänge	Wagen	Hinweise
Bergen	2010 1993	1435 1435	1 S 1 HS*	20 1*	28 4*	
Oslo	1875	1435 1435	5 S 1 Ü	∑ 43	∑ 72	13 Bekkestua
Trondheim	1901	1000	1 S	9	8	
Total 3			7 S+1 Ü	72	108	
			+ 1 HS*	+ 1*	+ 4*	

ÖSTERREICH

Ort	Jahr	Spurweite	Linien	Netzlänge	Wagen	Hinweise
Gmunden	1894	1000	1 Ü	18	8	StadtRegioTram
Graz	1878	1435	6 S	37	85	
Innsbruck	1891	1000 1000	4 S 2 Ü	17 +27	∑ 52	Fulpmes, Igls
Linz	1880	900 900 900	2 S 1 Ü 1 Ü	∑ 31 +3	∑62 4	4 Traun Pöstlingbergbahn
Mariazell	1985	1435	1 HÜ*	4*	1*	(auch Dampftrak.)
Vöcklamarkt	1913	1000	1 Ü	15	3	Attergaubahn
Wien	1865 2009 1886	1435 1435 1435	28 S 1 HS* 1 Ü	167 – +28	505 2* 38	 Vienna Ring Tram Badnerbahn
Total 6			40 S+7 Ü	343	757	
+ 1*			+ 1 HS* + 1 HÜ*	+ 4*	+ 3*	

PERU

Ort	Jahr	Spurweite	Linien	Netzlänge	Wagen	Hinweise
Lima	1997	1435	1 HS*	1*	1*	

POLEN

Ort	Jahr	Spurweite	Linien	Netzlänge	Wagen	Hinweise
Bydgoszcz	1880	1000	11 S	40	144	
Częstochowa	1959	1435	2 S	15	61	
Elbląg	1895	1000	5 S	16	33	
Gdańsk (Danzig)	1873	1435	10 S	58	158	
Gorzów Wlkp.	1899	1435	3 S	12	17	
Grudziądz	1896	1000	1 S	8	24	
Katowice	1894	1435	24 Ü	168	313	Oberschlesien
Kraków (Krakau)	1882	1435	23 S	89	396	
Łódź (Lodz)	1898	1000 1000	17 S 1 Ü	103 +9	∑ 520	41 Pabianice
Mrozy	2012	900	1 HÜ*	2*	1*	(Pferdebahn)
Olsztyn	2015	1435	3 S	10	27	
Poznań (Posen)	1880	1435 1435	18 S 1 HS*	73 –	317 5*	
Szczecin (Stettin)	1879	1435	12 S	53	211	
Toruń	1891	1000	4 S	23	66	
Warszawa (Warschau)	1865 2019	1435 1435 1435	25 S 1 HS 1 HS*	127 – –	719 9 11*	 Linie 36 Linie T
Wrocław (Breslau)	1877	1435	22 S	92	376	
Total 15			156 S + 1 HS + 25 Ü	896	3391	
+ 1*			+ 1 HÜ* + 2 HS*	+ 2*	+ 17*	

PORTUGAL

Ort	Jahr	Spurweite	Linien	Netzlänge	Wagen	Hinweise
Almada	2007	1435	3 S	14	24	
Lisboa (Lissabon)	1873 1965	900 900 900	5 HS 1 Ü 1 HS*	∑ 26 +1*	39 10 7*	Li. 12,18,24,25,28 Linie 15 Algés Hills Tramcar Tour
Porto	1872 2002	1435 1435	3 HS 6 Ü	9 67	34 102	Linien 1, 18, 22 Metro do Porto A, B, C, D, E, F
Sintra	1904	1000	1 HÜ	11	7	
Total 4			3 S+7 Ü + 8 HS + 1 HÜ	127	216	
			+ 1 HS*	+ 1*	+ 7*	

RUMÄNIEN

Ort	Jahr	Spurweite	Linien	Netzlänge	Wagen	Hinweise
Arad	1896	1000	14 S	48	138	
Brăila	1900	1435 1435	3 S 1 Ü	∑ 23	∑ 85	24 Combinat
București (Bukarest)	1874	1435	25 S	143	486	
Cluj-Napoca	1987	1435	3 S	12	38	
Craiova	1987	1435	3 S	17	29	
Galați	1899	1435	9 S	25	64	
Iași	1900	1000	8 S	35	180	
Oradea	1905	1435	4 S	23	72	
Ploiești	1987	1435	2 S	10	33	
Sibiu	1905	1000	1 HÜ*	7*	1*	Rasinari
Timișoara	1899	1435	7 S	31	114	
Total 10			79 S+1 Ü	367	1239	
+ 1*			+ 1 HÜ*	+ 7*	+ 1*	

RUSSLAND

Ort	Jahr	Spur-weite	Linien	Netz-länge	Wagen	Hinweise
Angarsk	1953	1524	8 S	34	16	
Atschinsk	1967	1524	3 S	14	47	
Barnaul	1948	1524	8 S	54	212	
Bijsk	1960	1524	7 S	33	72	
Chabarowsk	1956	1524	5 S	33	42	
Irkutsk	1947	1524	6 S	21	55	
Ischewsk	1935	1524	8 S	31	182	
Jaroslawl	1900	1524	4 S	19	62	
Jekaterinburg	1929 2022	1524 1524	30 S 1 Ü	∑ 87	∑ 441	333 Werchnjaja Pyschma
Jewpatorija	1914	1000	4 S	20	16	
Kaliningrad	1895	1000	1 S	11	20	
Kasan	1875	1524	4 S	59	74	
Kemerowo	1940	1524	5 S	41	63	
Kolomna	1948	1524	10 S	18	51	
Krasnodar	1900	1524	15 S	53	313	
Krasnojarsk	1958	1524	5 S	23	55	
Krasnoturjinsk	1954	1524	1 S	4	2	
Kursk	1898	1524	6 S	38	31	
Lipezk	1947	1524	3 S	30	51	
Magnitogorsk	1935	1524	37 S	73	158	
Moskau	1872	1524	41 S	170	656	
Nabereschnyje-Tschelny	1973	1524	11 S	51	107	
Nischnekamsk	1967	1524	7 S	28	56	
Nischni Nowgorod	1896	1524	14 S	74	224	
Nischni Tagil	1937	1524	11 S	39	100	
Nowokusnezk	1933	1524	7 S	42	93	
Nowosibirsk	1934	1524	11 S	62	112	
Nowotroizk	1956	1524	5 S	11	29	
Nowotscherkassk	1954	1524	4 S	20	7	
Omsk	1936	1524	6 S	31	92	
Orjol	1898	1524	3 S	17	36	
Orsk	1948	1524	8 S	34	45	
Ossiniki	1960	1524	2 S	19	14	
Perm	1929	1524	9 S	48	102	
Pjatigorsk	1903	1000	8 S	23	64	
Prokopjewsk	1936	1524	7 S	29	32	
Rostow am Don	1887	1435	4 S	25	29	
Salawat	1959	1524	2 S	13	48	
Samara	1895	1524	24 S	69	372	
Sankt Petersburg	1863 2018 *2019*	1524 1524 *1524*	37 S 4 S *1 HS**	208 14 *–*	702 23 *2**	Schnelltram-Linien 8,59,63,64 *Linie T1*
Saratow	1887	1524	10 S	54	132	
Slatoust	1934	1524	3 S	22	35	
Smolensk	1901	1524	4 S	21	58	
Stary Oskol	1981	1524	3 S	24	76	
Taganrog	1932	1524	5 S	21	19	
Tomsk	1949	1524	4 S	17	42	
Tscheljabinsk	1932	1524	16 S	61	197	
Tscherepowez	1956	1524	3 S	14	37	
Tscherjomuschki	1991	1524	1 Ü	6	6	
Tula	1888	1524	11 S	37	75	
Ufa	1937	1524	10 S	33	93	
Ulan-Ude	1958	1524	4 S	24	70	
Uljanowsk	1954	1524	18 S	55	139	
Ussolje-Sibirskoje	1967	1524	4 S	11	34	
Ust-Ilimsk	1988	1524	1 Ü	15	22	

RUSSLAND (Fortsetzung)

Ort	Jahr	Spur-weite	Linien	Netz-länge	Wagen	Hinweise
Wladikawkas	1904	1524	9 S	26	22	
Wladiwostock	1912	1524	1 S	5	13	
Wolgograd	1913	1524	13 S	58	242	
Wolschski	1963	1524	7 S	31	58	
Woltschansk	1951	1524	1 S	8	1	
Total 60			521 S + 3 Ü	2266	6277	
			*+ 1 HS**	*–*	*+ 2**	

SCHWEDEN

Ort	Jahr	Spur-weite	Linien	Netz-länge	Wagen	Hinweise
Göteborg	1878	1435 1435 *1435*	10 S 2 Ü *1 HS**	∑ 118 *–*	∑ 260 *19**	2, 4 Mölndal C. *Liseberg*
Lund	2020	1435	1 S	6	7	
Malmö	*1987*	*1435*	*1 HS**	*2**	*5**	
Norrköping	1904	1435	2 S	18	25	
Stockholm	1877	1435 1435 *1435*	3 S 2 Ü *1 HS**	∑ 40 *–*	∑ 89 *16**	Lidingö, Solna *Linie 7N*
Total 4			16 S+4 Ü	182	381	
*+ 1**			*+ 3 HS**	*+ 2**	*+ 40**	

SCHWEIZ

Ort	Jahr	Spur-weite	Linien	Netz-länge	Wagen	Hinweise
Basel	1895 1902 1880 2022	1000 1000 1000 1000 1000 750 1000	6 S 1 Ü 1 Ü 1 Ü 1 Ü 1 Ü	∑ 89 – 13	114 (BVB) 97 (BLT) – 10	3 St-Louis int. (F) 8 Weil int. (D) 10 Leymen int.(F) 11 Aesch Walden-burgerbahn
Bern	1890 1898	1000 1000	4 S 1 Ü	21 +7	48 9	Worb (RBS)
Genève (Genf)	1862	1000	5 Ü	37	117	12 Lancy, 12 Thônex Moill. 14 Bernex, 14 Meyrin Grav., 15 Lancy Palettes, 17 Annemasse (F) 18 Meyrin CERN
Lausanne	1991	1435	1 Ü	8	22	m1 Renens
Lugano	1912 2022	1000	1 Ü	12	9	Ponte Tresa (Modernisierung)
Neuchâtel	1892	1000	1 Ü	9	6	5 Boudry
Sankt Gallen	1903	1000	2 Ü	30	11	Trogen-Appenzell
Zürich	1882 2006 1912 1902 2022 1902 1990	1000 1000 1000 1000 1000 1000 1000 1000	12 S 1 Ü 2 Ü 1 Ü 1 Ü 1 Ü 1 Sz 1 HS	∑ 86 +13 19 +10 1 –	∑ 189 18 25 14 8 2 10	VBZ 2 Schlieren Geiss. VBG Glattalbahn 10, 12 Flughafen S18 Forchbahn S17 Dietikon-Wn. 20 Limmattalb. Dolderbahn Linie 21
Total 8			22 S + 22 Ü + 1 Sz + 1 HS	355	709	

SERBIEN

Ort	Jahr	Spurweite	Linien	Netzlänge	Wagen	Hinweise
1 Belgrad	1892	1000	11 S	47	205	

SIMBABWE

Ort	Jahr	Spurweite	Linien	Netzlänge	Wagen	Hinweise
Victoria Falls	*2018*	*1067*	*1 HÜ**	*3**	*1**	*(d)*

SLOWAKEI

Ort	Jahr	Spurweite	Linien	Netzlänge	Wagen	Hinweise
Bratislava	1895	1000	9 S	38	196	
Košice	1891	1435	7 S	32	127	
Trenčianske Teplice	1909	760	1 Ü	6	3	
Total 3			16 S+1 Ü	76	326	

SPANIEN

Ort	Jahr	Spurweite	Linien	Netzlänge	Wagen	Hinweise
Alicante	1999 2007	1000 1000 1000	2 S 2 Ü 1 Üt	∑ 28 +29	∑ 25 9	L4, L5 L2 San Vicente del Raspeig, L3 El Campello L1 Benidorm
Barcelona	1901 2004 2006	1435 1435 1435	1 HS 3 Ü 3 Ü	1 14 15	5 ∑ 41	Tramvia Blau T4-T6 Trambesòs T1-T3 Trambaix
Bilbao	2002	1000	1 S	8	11	
Cádiz	2022	1668	1 Üt	24	7	Chiclana
Granada	2017	1435	1 Ü	16	23	(k#) Albolote
Madrid	2007	1435 1435	2 S 1 Ü	∑ 28	∑ 35	ML1, ML2 ML3 Boadilla
Málaga	2014	1435	2 S	11	14	
Murcia	2007	1435	2 S	17	11	
Parla	2007	1435	1 S	8	9	
Santa Cruz de Tenerife	2007	1435 1435	1 S 1 Ü	∑ 15	∑ 26	La Laguna
Sevilla	2007	1435	1 S	2	4	(k#)
Sóller	1913	914	1 HÜ	5	10	
Valencia	1994	1000 1000	3 S 1 Ü	∑ 26	∑ 44	Linien 6, 8, 10 4 Mas del Rosari
Vitoria-Gasteiz	2008	1000	2 S	9	15	
Zaragoza	2011	1435	1 S	13	21	(k#)
Total 15			18 S + 1 HS +14 Ü/Üt + 1 HÜ	269	310	

SÜDAFRIKA

Ort	Jahr	Spurweite	Linien	Netzlänge	Wagen	Hinweise
Kimberley	*1985*	*1067*	*1 HS**	*1**	*1**	

SÜDKOREA

Ort	Jahr	Spurweite	Linien	Netzlänge	Wagen	Hinweise
Busan	*2020*	*1435*	*1 HÜ**	*5**	*2**	*(b) Haeundae Park*

TAIWAN

Ort	Jahr	Spurweite	Linien	Netzlänge	Wagen	Hinweise
Kaohsiung	2016	1435	1 S	17	24	(k)
Taipeh	2018	1435	2 S	10	15	(b#)
Total 2			3 S	27	39	

TSCHECHIEN

Ort	Jahr	Spurweite	Linien	Netzlänge	Wagen	Hinweise
Brno (Brünn)	1884 1977	1435 1435	10 S 1 Ü	68 +4	∑ 299	Modrice
Liberec (Reichenberg)	1897 1998	1435 1435	1 Ü 2 S	∑ 20	∑ 72	11 Jablonec (früher 1000 mm)
Most (Brüx)	1957 1957	1435 1435	1 S 3 Ü	13 +6	∑ 52	Litvinov
Olomouc (Olmütz)	1899	1435	7 S	15	69	
Ostrava (Mähr. Ostrau)	1894 1925	1435 1435	13 S 1 Ü	53 +9	∑ 270	Zatisi
Plzeň (Pilsen)	1899	1435	3 S	22	114	
Praha (Prag)	1875 *1993*	1435 1435 *1435*	22 S 1 HS *1 HS**	138 +1 *–*	883 15 *5**	 Linie 23 *Linie 41*
Total 7			58 S + 6 Ü + 1 HS	349	1774	
			*+ 1 HS**	*–*	*+ 5**	

TUNESIEN

Ort	Jahr	Spurweite	Linien	Netzlänge	Wagen	Hinweise
1 Tunis	1985	1435	6 Ü	45	173	Li. 1, 2, 3, 4, 5, 6

TÜRKEI

Ort	Jahr	Spurweite	Linien	Netzlänge	Wagen	Hinweise
Antalya	2009	1435	2 S	41	32	Linien T1,T3
	1999	1435	1 HS	5	2	Linie T2
Bursa	2011	1000	1 HS	2	6	Linie T3
	2013	1435	2 S	16	29	Linien T1, T2
Eskişehir	2004	1000	8 S	54	47	
Gaziantep	2011	1435	3 S	20	55	
Istanbul	1992	1435	3 S	43	200	Li. T1, T4,T5(a)
	1990	1000	2 HS	4	7	Linien T2,T3
Izmir	2017	1435	2 S	22	38	
İzmit	2017	1435	1 S	9	12	
Kayseri	2009	1435	2 S	34	58	
Konya	1992	1435	2 S	25	73	(b#)
Samsun	2010	1435	1 S	36	29	
Total 10			26 S + 4 HS	311	588	

USBEKISTAN

Ort	Jahr	Spurweite	Linien	Netzlänge	Wagen	Hinweise
1 Samarkand	2017	1524	2 S	11	18	

VEREINIGTE ARABISCHE EMIRATE

Ort	Jahr	Spurweite	Linien	Netzlänge	Wagen	Hinweise
1 Dubai	2014	1435	2 S	11	11	(a)
	2015	*1435*	*1 HS**	*1**	*2**	*(b-h)*

UKRAINE

Ort	Jahr	Spurweite	Linien	Netzlänge	Wagen	Hinweise
Awdijiwka	1965	1524	2 S	11	24	
Charkiw	1882	1524	13 S	109	301	
Dnipro	1897	1524	13 S	88	260	
		1524	*1 HS**	*–*	*2**	*Linie 1E*
Donezk	1928	1524	10 S	55	166	
Druschkiwka	1945	1524	3 S	13	13	
Horliwka	1932	1524	4 S	36	14	
Jenakijewe	1932	1524	3 S	23	30	
Kamjanske	1935	1524	4 S	39	33	
Kiew	1892	1524	19 S	145	439	
Konotop	1949	1524	3 S	28	14	
Krywyj Rih	1935	1524	18 S	106	144	
Lwiw (Lemberg)	1880	1000	9 S	34	129	
Mariupol	1933	1524	11 S	54	81	
Mykolajiw	1887	1524	6 S	35	56	
Odessa	1880	1524	23 S	99	225	
Saporischschja	1932	1524	10 S	50	122	
Schytomyr	1899	1000	1 S	7	32	
Winnyzja	1913	1000	6 S	22	152	
Total 18			158 S	954	2235	
			*+ 1 HS**	*–*	*+ 2**	

UNGARN

Ort	Jahr	Spurweite	Linien	Netzlänge	Wagen	Hinweise
Budapest	1866	1435	25 S	147	610	
	1874	1435	1 Sz	4	7	Széchenyi-hegy
Debrecen	1911	1435	2 S	10	29	
Miskolc	1897	1435	2 S	13	36	
Szeged	1884	1435	3 S	17	40	
	2021	1435	1 Üt	+26	12	Hódmezővás. (d#)
Total 4			33 S/Sz + 1 Üt	217	734	

VEREINIGTE STAATEN VON AMERIKA

Ort	Jahr	Spurweite	Linien	Netzlänge	Wagen	Hinweise
Astoria	*1999*	*1435*	*1 HS**	*5**	*1**	*Riverfront (d)*
Atlanta	2014	1435	1 S	4	4	
Baltimore	1992	1435	1 S	∑ 48	∑ 53	LRT Red Line
		1435	2 Ü			Blue, Yellow Line
Boston	1856	1435	3 S	∑ 38	∑ 200	Green Line B,C,E
		1435	1 Ü			Green Line D
	1929	1435	1 HS	5	10	Ashmont-Matt.
Buffalo	1984	1435	1 S	10	27	Metro Rail
Charlotte	2007	1435	2 S	36	48	Lynx, CityLynx
Chisholm	*1986*	*1435*	*1 HÜ**	*4**	*2**	*MN Discovery*
Cincinnati	2016	1435	1 S	6	5	
Cleveland	1913	1435	2 Üt	29	48	RTA Shaker RT
Dallas	1996	1435	4 Ü	149	163	DART
	1989	1435	1 HS	7	8	M-Line
	2015	1435	1 S	4	4	Streetcar (b#)
Denver	1994	1435	1 S	∑ 94	∑ 172	The Ride L
		1435	7 Ü			C, D, E, F, H, R, W
	1989	*1435*	*1 HS**	*6**	*1**	*Platte Valley (d)*
Detroit	2017	1435	1 S	5	6	(b#)
El Paso	2018	1435	2 HS	8	6	
El Reno	*2001*	*1435*	*1 HS**	*1**	*1**	*Heritage Ex. (Gas)*
Fort Collins	*1985*	*1435*	*1 HS**	*2**	*2**	*Municipal Rly.*
Fort Smith	*1991*	*1435*	*1 HS**	*1**	*1**	*Trolley Museum*
Galveston	*1988*	*1435*	*1 HS**	*11**	*4**	*Island Trolley (d)*
Houston	2004	1435	3 S	36	76	Metrorail
Issaquah	*2012*	*1435*	*1 HS**	*1**	*1**	*Valley Trolley*
Jersey City	2000	1435	3 Ü	27	52	Hudson-Bergen
Kansas City	2016	1435	1 S	4	6	
Kenosha	*2000*	*1435*	*1 HS**	*3**	*6**	
Little Rock	2004	1435	2 HS	5	5	
Los Angeles	1990	1435	5 Ü	150	352	Metro Rail
	2002	*1435*	*1 HS**	*1**	*1**	*The Grove (b)*
	2008	*1435*	*1 HS**	*1**	*1**	*America at B. (b)*
Lowell	*1984*	*1435*	*1 HS**	*3**	*4**	*Nat. Historic Park*
Memphis	1993	1435	3 HS	10	19	
Milwaukee	2018	1435	1 S	3	5	(b#)
Minneapolis-	2004	1435	2 Ü	35	86	
Saint Paul	*1971*	*1435*	*1 HS**	*2**	*3**	*Como-Harriet*
Newark	1935	1435	1 S	∑ 10	∑ 20	Broad Street Stn.
		1435	1 Ü			Grove Street
New Orleans	1835	1588	5 HS	24	66	
Norfolk	2011	1435	1 S	12	9	The Tide
Oklahoma City	2018	1435	2 S	8	7	(b#)
Philadelphia	1858	1581	5 S	34	112	
	2005	1581	1 HS	13	18	Linie 15
	1906	1581	2 Ü	19	29	Media, Sharon H.
Phoenix	2009	1435	1 Ü	45	75	Valley Metro
Pittsburgh	1859	1588	3 Ü	42	83	The T
Portland	1986	1435	1 S	∑ 96	∑ 145	MAX Yellow Line
		1435	4 Ü			MAX Blue, Red, Green, Orange Li.
	2001	1435	2 S	12	17	Portland Streetcar
	1990	*1435*	*1 HÜ**	*9**	*2**	*Willamette Shore*
Rockford	*1994*	*1435*	*1 HS**	*3**	*1**	*Park Distr. T. (Gas)*
Sacramento	1987	1435	1 S	∑ 69	∑ 76	RT Green line
		1435	2 Ü			RT Yellow, Blue L.
Saint Louis	1993	1435	2 Ü	73	87	Metrolink
	2018	*1435*	*1 HS**	*3**	*3**	*Delmar Loop*
Salt Lake City	1999	1435	3 Ü	72	∑ 117	TRAX
	2013	1435	1 S	3		S Line
San Diego	1981	1435	3 Ü	100	146	San Diego Trolley
	2011	1435	1 HS	–	3	Silver Line

VEREINIGTE STAATEN VON AMERIKA (Fortsetzung)

Ort	Jahr	Spurweite	Linien	Netzlänge	Wagen	Hinweise
San Francisco	1860	1435	6 S	59	215	Muni Metro
	1873	1067	3 HSc	8	40	Cable Car
	1995	1435	2 HS	+10	50	Linien E,F
San José	1987	1435	3 Ü	65	100	VTA
Seattle	2007	1435	2 S	6	10	Seattle Streetcar
	2009	1435	1 Ü	39	122	Link
Tacoma	2003	1435	1 S	3	3	
Tampa	2002	1435	1 HS	4	11	TECO
Tempe	2022	1435	1 S	5	6	
Trenton	2005	1435	1 Üt	55	20	River Line (d)
Tucson	2014	1435	1 S	6	8	Sunlink
Washington	2016	1435	1 S	4	6	
Yakima	*1974*	*1435*	*1 HÜ**	*8**	*3**	*Valley Trolley*
Total 40			43 S + 49 Ü + 3 Üt + 22 HS	1609	2956	
*+ 11**			*+ 14 HS** *+ 3 HÜ*	*+ 64**	*+ 37**	

Phoenix und Tempe (gelb unterlegt) bilden eine „Tramagglomeration"

VEREINIGTES KÖNIGREICH

Ort	Jahr	Spurweite	Linien	Netzlänge	Wagen	Hinweise
Birkenhead	*1995*	*1435*	*1 HS**	*1**	*7**	*Wirral Herit. Tr.*
Birmingham	1999	1435	1 Ü	22	21	West Midlands Metro (b#) Wolverhampton
Blackpool	1885	1435	1 Ü	18	18	Fleetwood
			1 HS	–	9	
Edinburgh	2014	1435	1 S	14	27	
London	2000	1435	3 Ü	28	34	Tramlink Croydon
Manchester	1992	1435	9 Ü	99	147	Metrolink
	1980	*1435*	*1 HS**	*1**	*3**	*Heaton Park*
Nottingham	2004	1435	1 S	∑ 31	∑ 37	NET
		1435	1 Ü			NET Beeston, NET Hucknall
Sheffield	1994	1435	3 S	29	25	
	2018	1435	1 Üt	+6	+7	Rotherham
Total 7			5 S +16Ü/Üt + 1 HS	247	325	
*+ 1**			*+ 2 HS**	*+ 2**	*+ 10**	

Anhang C Sachregister

Legende (farbliche Zuordnung):
Hersteller
Fahrzeuge und Bordeinrichtungen
Linien und feste Einrichtungen
Personen (Name und Vorname)

F

G

H

I

J

K

L

M

N

O

P

R

S

T

U

V

W

Z

Anhang C Ortsverzeichnis

E

F

G

H

I

J

K

L

M

N

T

U

V

W

Y

Z